EUL VERLAG

PERSONAL, ORGANISATION UND ARBEITSBEZIEHUNGEN

Herausgegeben von Prof. Dr. Fred G. Becker, Bielefeld, und Prof. Dr. Walter A. Oechsler, Mannheim

Band 37
Andreas Schmidt
Strategisch-aktienorientiertes Anreizsystem für Führungskräfte
Lohmar – Köln 2005 • 310 S. • € 52,- (D) • ISBN 3-89936-361-2

Band 38
Michael Gebauer
Unternehmensbewertung auf der Basis von Humankapital
Lohmar – Köln 2005 • 290 S. • € 49,- (D) • ISBN 3-89936-381-7

Band 39
Anja Karlshaus
Weiche HR-Kennzahlen im strategischen Personalmanagement
Lohmar – Köln 2005 • 370 S. • € 55,- (D) • ISBN 3-89936-391-4

Band 40
Markus Faller
Strategieorientierte HR Due Diligence
Lohmar – Köln 2006 • 324 S. • € 52,- (D) • ISBN 3-89936-421-X

Band 41
Mathias Friedrich Masberg
Implementierung der betrieblichen Altersversorgung in mittelständischen Unternehmen
Lohmar – Köln 2006 • 442 S. • € 58,- (D) • ISBN 3-89936-440-6

Band 42
Michael K. Ruppel
Vorstandsorganisation – Eine Betrachtung aus gruppenpsychologischer Perspektive
Lohmar – Köln 2006 • 276 S. • € 48,- (D) • ISBN 3-89936-471-6

Band 43
Nicole Richter
Interne Kommunikation im Krisenmanagement
Lohmar – Köln 2007 • 286 S. • € 48,- (D) • ISBN 978-3-89936-584-9

JOSEF EUL VERLAG

Reihe: Personal, Organisation und Arbeitsbeziehungen · Band 43
Herausgegeben von Prof. Dr. Fred G. Becker, Bielefeld, und Prof. Dr. Walter A. Oechsler, Mannheim

Dr. Nicole Richter

Interne Kommunikation im Krisenmanagement

Mit einem Geleitwort von Prof. Dr. Winfried Hamel,
Heinrich-Heine-Universität Düsseldorf

EUL VERLAG

Bibliographische Information der Deutschen Bibliothek

Die Deutsche Bibliothek verzeichnet diese Publikation in der Deutschen Nationalbibliographie; detaillierte bibliographische Daten sind im Internet über <http://dnb.ddb.de> abrufbar.

Dissertation, Universität Düsseldorf, 2007

ISBN 978-3-89936-584-9
1. Auflage April 2007

Printed in Germany
Druck: RSP, Troisdorf

JOSEF EUL VERLAG GmbH
Brandsberg 6
53797 Lohmar
Tel.: 0 22 05 / 90 10 6-6
Fax: 0 22 05 / 90 10 6-88
E-Mail: info@eul-verlag.de
http://www.eul-verlag.de

Bei der Herstellung unserer Bücher möchten wir die Umwelt schonen. Dieses Buch ist daher auf säurefreiem, 100% chlorfrei gebleichtem, alterungsbeständigem Papier nach DIN 6738 gedruckt.

Geleitwort

Krisen in Unternehmen stellen Herausforderungen für das Management dar, die den Einsatz aller Kräfte zur Überwindung der bedrohlichen Situation erfordern. Dabei konzentriert sich das Management in erster Linie auf finanz- und erfolgswirtschaftliche Aspekte, vielfach auch auf technische und organisatorische Probleme, um den turn-around zu bewältigen. **Ein** wesentlicher Bereich wird dabei häufig ausgeklammert oder nur stiefmütterlich behandelt: das eigene Personal - es wird in zahlreichen Fällen geradezu als Verfügungsmasse betrachtet, deren Reduzierung zu krisenüberwindenden finanziellen und erfolgsausweisenden Effekten beiträgt, vornehmlich über Entlassungen von Mitarbeitern. Ob damit eine sehr erfolgreiche - und vor allem zeitüberdauernde - Krisenbewältigung verbunden ist, kann häufig bezweifelt werden. Denn es sind die Mitarbeiter, durch deren Leistungen das krisenbedrohte Unternehmen wieder „flottgemacht" werden kann. Unter dieser Betrachtung ist es zwingend geboten, die Mitarbeiter in eine Krisenbewältigung einzubeziehen.

Nicole Richter hat diesen Aspekt aufgegriffen und untersucht, inwieweit eine spezifische Berücksichtigung der innerbetrieblichen Leistungsträger zur Bewältigung von „repulsiven Krisen" - also solchen, die bereits manifest und damit jedermann erkennbar, aber noch nicht so weit fortgeschritten sind, dass sie nicht noch positiv bewältigt werden könnten - beitragen kann. Sie unterstellt dabei zu Recht, dass Mitarbeiter informiert sein wollen über alle Sachverhalte, von denen sie direkt oder indirekt, sofort oder später berührt werden können. Daraus erwächst das Erfordernis für die Unternehmensleitung, eine interne Kommunikation zu etablieren, um die Mitarbeiter in der Krisensituation zur aktiven Mitwirkung bei der Krisenabwehr zu veranlassen. Damit beschreitet die Verfasserin zwar kein betriebswirtschaftliches Neuland, wohl aber ein bisher nur rudimentär bestelltes Problemfeld. Sie entwickelt dabei nicht nur einen prägnanten Bedingungsrahmen für interne Kommunikationserfolge im Krisenfall, sondern dringt bis zu Anwendungsempfehlungen vor, die dann für unterschiedliche Krisensituationen noch einer weiteren Konkretisierung bedürfen. Insofern hat die Verfasserin das Ideal der Betriebswirtschaftslehre als angewandte Wissenschaft Ernst genommen und einen Managementbereich durchleuchtet, der für jedes Unternehmen höchste Relevanz erlangen kann - auch wenn sich kein Unternehmen eine Krise wünscht; aber: Prophylaxe ist stets besser als Therapie, ist eine Gefahr erkannt, lässt sich auch bannen, wenn das zweckdienliche Instrumentarium verfügbar ist - das intern kommunikative Instrumentarium liegt mit der Arbeit von Nicole Richter jetzt vor.

Düsseldorf, im April 2007 Winfried Hamel

Vorwort

Die vorliegende Arbeit entstand während meiner Tätigkeit als wissenschaftliche Mitarbeiterin am Lehrstuhl für Unternehmensführung, Organisation und Personal an der Wirtschaftswissenschaftlichen Fakultät der Heinrich-Heine-Universität Düsseldorf.

An dieser Stelle möchte ich mich bei allen jenen bedanken, die zum erfolgreichen Abschluss der vorliegenden Arbeit beigetragen haben. Meinem Doktorvater Herrn Prof. Dr. Winfried Hamel, Lehrstuhl für Unternehmensführung, Organisation und Personal an der Heinrich-Heine-Universität Düsseldorf, danke ich für die Freiheiten in der Themenfindung und die hilfreichen und konstruktiven Anmerkungen, die die Arbeit in allen Phasen ihrer Entstehung gefördert haben. Ein herzlicher Dank gilt weiterhin Herrn Prof. Dr. Bernd Günter, Lehrstuhl für Marketing an der Heinrich-Heine-Universität Düsseldorf, für die Übernahme des Zweitgutachtens und die inhaltlichen Anregungen.

Meinen Kollegen der Fakultät und insbesondere dem gemeinsam gegründeten „Doktoranden-Kolloquium" danke ich für die wertvollen Diskussionen, die inhaltlichen Inputs und die Unterstützung bei der Vorbereitung der Disputation. Die netten tagtäglichen Gänge zur Uni-Mensa und Cafeten-Besuche haben meine Arbeitstage an der Fakultät stets erheitert und damit einen großen Anteil an Motivation in der Promotionszeit geleistet.

Meinen lieben Freunden danke ich für die schöne und spaßige Freizeitgestaltung. Ganz besonders möchte ich mich bei denjenigen bedanken, die mich in den letzten Jahren immer wieder zum Lachen gebracht haben und mir damit den nötigen Abstand und die Gelassenheit zur Fertigstellung der Arbeit verpasst haben.

Meinen Eltern, meinem Bruder und meiner Familie danke ich ebenfalls für ihr Verständnis und ihre Unterstützung. Ihnen ist diese Arbeit gewidmet.

Kaarst, im April 2007 Nicole Richter

Inhaltsverzeichnis

Abbildungsverzeichnis

Abkürzungsverzeichnis

AG	Arbeitgeber
AIK	Arbeitsstelle für innerbetriebliche Kommunikation
AktG	Aktiengesetz
AN	Arbeitnehmer
Aufl.	Auflage
BetrVG	Betriebsverfassungsgesetz
BGB	Bürgerliches Gesetzbuch
bzw.	beziehungsweise
DAX	Deutscher Aktien Index
DBW	Der Betriebswirt
d.h.	das heißt
DPRG	Deutsche Public Relations Gesellschaft
Dt.	Deutsche
etc.	et cetera
EU	Europäische Union
e.V.	eingetragener Verein
f.	folgende
ff.	fortfolgende
ggfs.	gegebenenfalls
GmbH	Gesellschaft mit beschränkter Haftung
HNT	Hessen – Nassau – Thüringen
Hrsg.	Herausgeber
i.e.S.	im engeren Sinne
Jg.	Jahrgang
KonTraG	Gesetz zur Kontrolle und Transparenz im Unternehmensbereich
KoR	Zeitschrift für kapitalmarktorientierte Rechungslegung
MAZ	Mitarbeiterzeitschrift
Nr.	Nummer
No.	Number
O.V.	Ohne Verfasser
PR	Public Relations

S.	Seite
SARS	Severe Acute Respiratory Syndrome
Sp.	Spalte
TV	Television
u.a.	und andere
USA	United States of America
WiSt	Wirtschaftswissenschaftliches Studium
WISU	Das Wirtschaftsstudium
WPg	Die Wirtschaftsprüfung
Vgl.	Vergleiche
Vol.	Volume
z.B.	Zum Beispiel
ZfB	Zeitschrift für Betriebswirtschaft
ZfbF	Zeitschrift für betriebswirtschaftliche Forschung
Zfwu	Zeitschrift für Wirtschafts- und Unternehmensethik
ZO	Zeitschrift für Organisation

1 Einführung in die Thematik

1.1 Problemstellung und Zielsetzung der Arbeit

Seit mehreren Jahren ist in Deutschland die anhaltende Wirtschaftskrise zentrales Thema in Medien, Politik und privaten Diskussionen. Tägliche Meldungen über Insolvenzen, Firmenpleiten, Auftragsrückgänge und Massenentlassungen verbreiten eine lähmende Untergangsstimmung.[1] Unternehmenskrisen treten gehäuft auf und ihre Konsequenzen sind immer gravierender.[2] Das Management von Krisensituationen, welches häufig auch mit Turnaround-Management, Change-Management oder Restrukturierungs-Management gleichgesetzt wird, gehört in zahlreichen Unternehmen schon fast zum „daily business" und beeinflusst den betrieblichen Alltag der Mitarbeiter und Führungskräfte wesentlich.[3]

Ob ein Unternehmen eine potenzielle oder existente Krise bewältigen kann, hängt von einer Vielzahl spezifischer Faktoren ab. In der Regel handelt es sich bei den Instrumenten zur Krisenbewältigung um leistungs-, erfolgs- und finanzwirtschaftliche

1 Über die folgenden Beispiele wurde in den Medien in der jüngsten Vergangenheit umfangreich berichtet: Der RAG-Konzern plant einen Arbeitsplatzabbau in seinen Verwaltungen. Davon sind ca. 2.000 Stellen betroffen. Ziel ist, die Verwaltungsprozesse effizienter zu gestalten und Entscheidungsprozesse zu beschleunigen. Bei Coca-Cola Deutschland droht ein Stellenabbau von 3.000 Arbeitsplätzen aufgrund der bevorstehenden Änderung des Pfandsystems. In der Verwaltung des DaimlerChrysler-Konzerns werden weltweit 6.000 Stellen gestrichen. 60% dieser Stellenstreichungen betreffen Deutschland. Der amerikanische Automobilhersteller Ford plant, 25.000 bis 30.000 Stellen zu streichen. Seit Anfang Februar 2006 wird die Streitfrage diskutiert, ob ein Unternehmen wie die Deutsche Bank einen Milliardengewinn erzielen und gleichzeitig weltweit 6.400 Stellen streichen darf. Vorstandssprecher Josef Ackermann geriet damit in die Kritik von Öffentlichkeit und Mitarbeitern. In einer E-Mail an die Beschäftigten rechtfertigte er den Stellenabbau jedoch mit der Aussage, er habe die unternehmerische Verantwortung, aus Deutschland heraus eine Bank zu führen, die im Weltkonzert ganz vorne mitspielt. Die Deutsche Telekom plant, sich vor allem in der Festnetzsparte T-Com von 32.000 Mitarbeitern zu trennen. Dabei sollen betriebsbedingte Kündigungen ausgeschlossen werden. VW kündigt im September 2005 den größten Personalabbau seit Jahren an. Allein in Westdeutschland sollen 10.000 Stellen abgebaut werden. Ebenfalls im September 2005 kündigt Siemens an, in den krisenbedrohten Sparten 10.000 Arbeitsplätze zu streichen oder auszulagern. Bei der deutschen General-Motors-Tochter Opel sollen im Zuge eines radikalen Sanierungskurses des weltgrößten Automobilherstellers 9.500 Stellen abgebaut werden.

2 Statistiken zur Anzahl der Unternehmensinsolvenzen in Deutschland und die daraus resultierenden Schäden und Arbeitsplatzverluste werden in Kapitel 2.1 und 2.3 dargestellt.

3 Globalisierung, Dynamisierung der Unternehmensumwelt und zunehmender Wettbewerb haben dazu geführt, dass sich der Unternehmensalltag verändert hat. Klare und einheitliche Strukturen sind in Unternehmen kaum noch zu finden – in nahezu allen Großunternehmen gehören Umstrukturierungen, Restrukturierungen, die Einführung neuer Technologien und Arbeitsweisen, neue Geschäftsmodelle und Fusionen zu möglichen Herausforderungen im Geschäftsalltag.

Strategien. Vielfach vernachlässigt wird die Bedeutung der Humanressourcen einer Unternehmung. Seit Jahren wird eine frühzeitige Einbeziehung der Mitarbeiter „gepredigt", die „angeblich" das wertvollste Kapital einer Unternehmung darstellen.[4] In Zeiten wirtschaftlichen Wohlstands wird das Personal stets als strategischer Erfolgsfaktor gesehen und Personal-Management als ein wesentlicher Bestandteil der strategischen Unternehmensführung begriffen. In der Krise trifft dies häufig nicht mehr zu: „Nicht der Erfolg durch die Mitarbeiter, sondern der Erfolg durch Personalkostensenkung zählt"[5]. Personalabbau und Freisetzung charakterisieren die Situation. Man mag den Eindruck gewinnen, dass sich Personalarbeit nur noch um das Ziel der Personalkostenreduzierung rankt.[6] Die bisher noch viel umworbenen Prinzipien einer kooperativen und mitarbeiterorientierten Personalführung werden selbst von renommierten Unternehmen verletzt, die in der Personalarbeit eine Vorbildfunktion inne hatten.[7]

Bei der Notwendigkeit zum Personalabbau stehen meist nur die Mitarbeiter im Vordergrund, von denen sich das Unternehmen trennen möchte. Ein professioneller Umgang mit Personalfreisetzung verlangt aber auch die Berücksichtigung der verbleibenden Mitarbeiter.[8] Wird eine Krise als noch beherrschbar eingeschätzt, so gilt es, die Leistungsträger, die für das Überleben der Unternehmung von entscheidender Bedeutung sind, zu identifizieren. Es bedarf Maßnahmen zur Personalerhaltung, da die akute Gefahr besteht, dass gerade diejenigen Mitarbeiter das Unternehmen verlassen, die für die Neuorientierung und -ausrichtung der Organisation von essenzieller Bedeutung sind.[9]

4 Vgl. Wever (Der Mensch im Mittelpunkt, 1994), S. 138.

5 Schramm/Boeven (Personalmanagement in der Wirtschaftskrise, 1994), S. 436.

6 Vgl. dazu z.B. Buerke/Watzka (Motivation, 2004), S. 6.

7 Vgl. Knebel (Mitarbeiterorientierte Führung, 1993), S. 368.

8 Vgl. Hindel/Ratzke (Personalabbau, 2004), S. 60.

9 Man erkannte beispielsweise im Insolvenzfall der Oberhausener Babcock Borsig AG im Jahre 2003, dass eine Sanierung des Unternehmens mit Hilfe einer Auffanggesellschaft ohne qualifizierte und erfahrene Ingenieure nicht möglich sein würde. Die neue Insolvenzordnung von 1999, welche an die Stelle des früheren Konkursverfahrens getreten ist, sieht vor, dass das betroffene Unternehmen nicht in jedem Fall zerschlagen bzw. liquidiert wird. Vielmehr soll die entsprechende Insolvenzverwaltung die Chancen auf einen möglichen Turnaround nutzen und die Wettbewerbsfähigkeit wieder herstellen, um so nachhaltig Einnahmeüberschüsse zur Befriedigung der Gläubiger zu erzielen. Gelingt es jedoch im Insolvenzfall nicht, die zentralen Leistungs- und Know-how-Träger des betroffenen Unternehmens zu sichern, so ist die Insolvenzverwaltung schlichtweg „aufgeschmissen". Vgl. dazu Schulz (Interne Kommunikation im Change Management, 2006), S. 9.

Auf theoretischer Grundlage der Anreiz-Beitrags-Theorie[10] wird das Gleichgewicht aus Anreizen und Beiträgen in Krisensituationen zu ungunsten der Mitarbeiter und Führungskräfte gestört. Es vermindern sich die wahrgenommenen extrinsischen Anreize wie z.B. erfolgsabhängige Vergütungskomponenten und gleichzeitig erweitern sich die von der Belegschaft erwarteten Leistungsbeiträge. Es kommt z.B. zu Arbeitszeitverlängerungen ohne Entgeltausgleich und erhöhten Anforderungen.[11] Qualifizierte, engagierte und leistungsfähige Mitarbeiter verlassen in solchen Situationen frühzeitig die Unternehmung, da sie auf dem Arbeitsmarkt die besten Chancen für eine Neuorientierung besitzen. Diese ungewollte Abwanderung von Personal, das zur Bewältigung der Krise dringend gebraucht wird, kann eine Krise unkalkulierbar verschärfen.[12] Aber auch, wenn die Mitarbeiter im Unternehmen verbleiben, kann es zu einer Reduzierung ihrer Leistungsbeiträge durch geringere Einsatzbereitschaft, mangelnde Orientierung an Kundenwünschen, erhöhte Fehl- und Krankheitszeiten, Dienst nach Vorschrift oder sogar zur inneren Kündigung kommen, um das gestörte Anreiz-Beitrags-Gleichgewicht wiederherzustellen.[13]

Weiterhin lässt sich beobachten, dass Unternehmen, die in der Krise stecken, die Kommunikation mit ihren Mitarbeitern nicht oder nicht mehr beherrschen.[14] So erfuhren beispielsweise die Mitarbeiter der *AgfaPhoto GmbH* an einem Feiertag von der Insolvenz der Firma. Die Geschäftsführung teilte die Nachricht eine Woche nach Einreichen des Insolvenzantrages beim Kölner Amtsgericht per Intranet mit und hatte die Belegschaft aber nie zuvor auf wirtschaftliche Schwierigkeiten im Unternehmen hingewiesen.[15] Mitarbeiter des deutschen Handy-Konzerns *BenQ-Mobile* erfuh-

---

10 Vgl. die weiteren Ausführungen zur Anreiz-Beitrags-Theorie im Kapitel 5.3.2.1. Hier werden die wesentlichen Charakteristika dieser Theorie dargestellt und auf die besondere Situation einer Unternehmenskrise adaptiert.

11 Vgl. Buerke/Watzka (Motivation, 2004), S. 7 ff.

12 Vgl. Schramm/Boeven (Personalmanagement in der Wirtschaftskrise, 1994), S. 436.

13 Vgl. Buerke/Watzka (Motivation, 2004), S. 7. Hierzu lässt sich das Beispiel der AEG Nürnberg zitieren. Im Jahre 2005 kündigte der schwedische Mutterkonzern Elektrolux an, die Werke in Hochlohnländern zu schließen und die Produktion nach Osteuropa zu verlegen. Nach einem sechswöchigen Streik ab Januar 2006 ist mittlerweile der Krankenstand auf fast 30% angestiegen. Dies führte dazu, dass das Werk bereits früher als geplant geschlossen werden muss. Die Ankündigung einer Standortschließung kann zu derart hohen Krankenständen führen, dass es zu einer akuten Gefährdung der Aufrechterhaltung des Produktionsbetriebes kommen kann.

14 Vgl. Stoehlker (Kommunikation als Kunst des Krisenmanagements, 1996), S. 26 ff.

15 Vgl. Sywottek (Vertrauensfrage, 2005), S. 73. Dieser „Kommunikations-Gau“ ereignete sich am 26. Mai 2005 bei der Firma AgfaPhoto GmbH und betraf 1.800 Mitarbeiter.

ren größtenteils aus dem Radio vom Insolvenzantrag des eigenen Arbeitgebers.[16] Wenn die oberste Unternehmensleitung nicht mehr kommuniziert, ist dies nicht nur für Anleger, Aktionäre, Lieferanten ein „Gefahrensignal", sondern vor allem für die Mitarbeiter. Häufig scheitert die Bewältigung einer Krisensituation am Unvermögen, die Mitarbeiter auf „unpopuläre" und „schmerzliche" Maßnahmen einzustimmen.[17] Immer wieder erfahren Mitarbeiter zuerst aus den öffentlichen Medien, dass beim eigenen Arbeitgeber eine Schieflage existiert und möglicherweise ein Personalabbau ansteht.[18] Auch als bei *Karstadt-Quelle* die akute Bedrohung durch Insolvenz bestand, erfuhren die Mitarbeiter übers „Eingemachte" aus der Presse.[19] Rund 50% der Beschäftigten fühlen sich unzureichend über interne Abläufe, aktuelle und geplante Unternehmensentwicklungen sowie Struktur- und Personalveränderungen informiert.[20] Dabei ist gerade die interne Kommunikation in der Krise ein entscheidender Antrieb zu Motivation und Erhalt der Leistungsfähigkeit der Mitarbeiter. In den

16 Die ehemalige Handysparte von Siemens wurde Ende 2005 an die taiwanische BenQ verkauft. Nachdem Ende September 2006 der Mutterkonzern in Taipeh sämtliche Zahlungen an die deutsche Tochterunternehmung einstellte, ist das Unternehmen gezwungen, beim Münchener Amtsgericht Insolvenzantrag zu stellen. 3.000 Arbeitsplätze an den Standorten in München, Kamp-Lintfort und Bocholt sind betroffen. Zwar hatte es im Vorfeld einige Gerüchte um den Verkauf einzelner Werke bzw. den Verlust der europäischen Fertigung gegeben. Nicht desto trotz wurde die Belegschaft genau wie die Öffentlichkeit lediglich über eine Pressemeldung zur schwerwiegenden Krise im Unternehmen unterrichtet. Auch Clemens Joos, der Chef des deutschen Unternehmens, bekam per Handy mitgeteilt, dass die Zahlungen aus dem Mutterkonzern eingestellt werden. Hier hatte fern ab der Münchener Zentrale der Verwaltungsrat ohne die Teilnahme deutscher Manager getagt. Vgl. dazu z.B. Hardt (Scheidung, 2006), S. 10; Schilder (Lebenslügendetektor, 2006), S. 1; O.V. (Dax-Unternehmen, 2006), S. 16.

17 Vgl. Baumruk (Motivation und Krisenmanagement, 1984), S. 8.

18 Hier sei außerdem das Beispiel der Firma AOL von August 2006 genannt. Der amerikanische Internet-Dienstleister plant, sich bis spätestens Anfang 2007 von 5.000 Mitarbeitern zu trennen. Gegenüber der Presse äußerten sich hier Mitarbeiter, dass sie erst aus der Zeitung erfahren haben, dass AOL Entlassungen plant. Ebenso berichten Mitarbeiter den Medienvertretern, dass die Jobangst im eigenen Unternehmen schon zur Gewohnheit geworden ist. Vgl. www.stern.de.

19 Vgl. Sywottek (Vertrauensfrage, 2005), S. 73-74. Das Intranet wurde zu diesem Zeitpunkt bei Karstadt-Quelle ausschließlich für positive Nachrichten verwendet und die Mitarbeiterzeitung beschränkte sich auf Berichte über betriebliche Sportaktivitäten und Jubiläen. Es wurde Aufgabe des Betriebsrats, die Mitarbeiter auf die negativen Nachrichten vorzubereiten. Nachdem dem Vorstand von Karstadt-Quelle die Bedeutung der internen Kommunikation im Krisenfall bewusst wurde, begann man damit, die Kommunikationsstruktur zu verändern. Vom Vorstand wurden beispielsweise regelmäßige Mitarbeiterbriefe verschickt und Treffen mit der Führungsmannschaft des Konzerns veranstaltet.

20 Vgl. Lau (Personalmanagement, 2004), S. 8. Eine bundesweite Studie mit 1.700 Beschäftigten und 70 Unternehmen der CSC Deutschland Akademie in Kooperation mit der Dr. Dr. Heissmann Unternehmensberatung und der Fiebes in Company Personalmarketing hat Befragungen zum Thema „antizyklisches Personalmanagement" durchgeführt und ist dabei zu dem Ergebnis gekommen, dass sich rund 50% der Beschäftigten schlecht informiert fühlen.

Worten von *Max Frisch* formuliert: „Krise kann ein produktiver Zustand sein. Man muss ihr nur den Beigeschmack der Katastrophe nehmen.“[21]

Neben den so genannten „hard facts“ im Krisenmanagement gehört die interne Kommunikation als wesentlicher Bestandteil der Mitarbeiterführung zu den „weichen“ Erfolgsfaktoren einer Krisenbekämpfung. Eine empirische Analyse zum Thema „Erfolgreiches Krisenmanagement in der Unternehmung“ konnte nachweisen, dass sich erfolgreiche Krisenbewältigungen durch eine offene Informations- und Kommunikationspolitik gegenüber den unterschiedlichen Stakeholdergruppen im gesamten Krisenmanagement-Prozess auszeichnen.[22] Wissenschaft und Praxis sind sich einig: „Klarheit und Transparenz sind Grundvoraussetzungen für Orientierung, und nichts lähmt Motivation und Aktivität so sehr, wie Unsicherheit und Unklarheit.“[23] Interne Kommunikation wird zu einem wichtigen Steuerungsinstrument in Veränderungsprozessen. Sie schafft Transparenz, nimmt den betroffenen Mitarbeitern Ängste und Unsicherheiten und zeigt Chancen und mögliche Orientierungspunkte auf.[24] Schmerzliche Veränderungen haben nur dann eine Chance, verstanden zu werden, wenn offen, glaubwürdig und dialogorientiert kommuniziert wird.[25] Kernaufgabe der internen Kommunikation im Krisenmanagement ist es folglich, Ängste, Unsicherheiten und Widerstände der Mitarbeiter und Führungskräfte in konstruktives Verhalten umzuwandeln, um die Voraussetzungen für eine erfolgreiche Krisenbewältigung zu schaffen.

Das Top-Management stellt sich in Krisensituationen meist die Frage, wie frühzeitig man die Mitarbeiter über eine kritische Entwicklung informieren sollte. Eine unnötige Beunruhigung durch wenig konkrete Informationen versucht man oftmals zu vermeiden.[26] Aber Gerüchten kann vorgebeugt, Unsicherheiten und Ängste können abgebaut werden. Der mit einer Krise verbundene Wandel kann mit Hilfe einer umfassenden internen Krisenkommunikation als positive Entwicklung vermittelt und als

---

21 Vgl. Baumruk (Motivation und Krisenmanagement, 1984), S. 9.

22 Vgl. Bergauer (Erfolgreiches Krisenmanagement, 2001), S. 118-122 und S. 249-50.

23 Hindel/Ratzke (Personalabbau 2004), S. 60.

24 Vgl. Beger/Gutzeit (Mensch im Mittelpunkt, 2003), S. 29.

25 Vgl. Lau (Personalmanagement, 2004), S. 8.

26 Vgl. Wever (Der Mensch im Mittelpunkt, 1994), S. 139.

Chance dargestellt werden. Offene Informationen, Gespräche und die ehrliche Erläuterung von Hintergründen zahlen sich für das Unternehmen aus: Konflikte, Missverständnisse und Leerlauf können minimiert und die Personalressourcen auf die Bewältigung der Krise vorbereitet und ausgerichtet werden. „Es ist ein Trugschluss anzunehmen, Mitarbeiter könnten keine unpopulären Wahrheiten vertragen, man müsse sie deshalb so lange wie möglich davor schützen – bis es gar nicht mehr anders geht, weil es sich nicht mehr leugnen lässt, dass das Kind in den Brunnen gefallen ist". [27] Auch in Bezug auf die Krisenprävention kann die interne Kommunikation als ein wichtiger Erfolgsfaktor angesehen werden. Unternehmen mit einer offenen und kommunikativen Unternehmenskultur sind weniger krisenanfällig. Mit Hilfe eines ungefilterten Informationsflusses, welcher hierarchische Barrieren überwindet, können Fehlentwicklungen frühzeitig erkannt und deshalb zukunftssichere Entscheidungen rechtzeitig getroffen werden.[28]

Die Kommunikation im Krisenmanagement unterscheidet sich in einer Reihe von Steuerungsdeterminanten von der normalen „Regelkommunikation". So haben die Erwartungen an den Grad der Information seitens der Mitarbeiter, Konsumenten, Investoren und Bürger stark zugenommen.[29] Unternehmenskrisen stellen öffentliche Angelegenheiten dar und können dadurch schnell zu einer Vertrauens-, Glaubwürdigkeits- und Imagekrise mutieren.[30] Gleichzeitig erschweren der Zeitdruck und die Ressourcenknappheit in Krisensituationen eine Ansprache aller betroffenen Zielgruppen. Aus PR-Sicht wäre es jedoch wünschenswert, die Informationsbedürfnisse der unterschiedlichen Stakeholder-Gruppen aufzugreifen und in ein Kommunikations-Konzept einfließen zu lassen.[31]

---

27 Wever (Der Mensch im Mittelpunkt, 1994), S. 142.

28 Vgl. Wever (Der Mensch im Mittelpunkt, 1994), S. 143.

29 Vgl. Ulsamer (Krisenkommunikation, 2000), S. 32-33.

30 Vgl. Schmitt/Hauser (Krisen-PR von Unternehmen, 1994), S. 123-124.

31 Vgl. Ulsamer (Krisenkommunikation, 2000), S. 35.

Die folgenden Punkte fassen die Kernaspekte der Fragestellung zusammen:

- Krisensituationen treten in ihren unterschiedlichen Ausprägungen in Unternehmen immer häufiger auf und haben weitreichende Folgen. Krisenmanagement wird damit für viele Unternehmen fast schon zum „daily business".

- Der Umgang mit Personal in Krisensituationen gestaltet sich meist höchst fragwürdig. Es wird vernachlässigt, dass Mitarbeiter wichtige Leistungsträger zur Krisenbewältigung darstellen.

- Mitarbeiter fühlen sich in Krisensituationen oftmals schlecht informiert. Die Krisenkommunikation wird von vielen Unternehmen nicht beherrscht. Die Zielgruppe der internen Unternehmensangehörigen wird vernachlässigt. Mitarbeiter und Führungskräfte erfahren häufig über die öffentlichen Medien, dass im eigenen Unternehmen eine Schieflage existiert. Diese Situation führt zu einer ausgeprägten Ungewissheit, zu Ängsten und Orientierungsverlust bei Mitarbeitern und Führungskräften.

- Wissenschaft und Praxis sind sich einig, dass eine offene und glaubwürdige Kommunikation einen wesentlichen Erfolgsfaktor zur Krisenbewältigung darstellt. Die Anforderungen an eine Krisenkommunikation nehmen aufgrund des Zeit- und Handlungsdrucks bei gleichzeitiger Verknappung der Ressourcen derart zu, dass ein besonderes Konzept zur Ausgestaltung derselben vonnöten ist. Hierbei sind eine enge Abstimmung und Synchronisation von interner und externer Kommunikation, eine enge Anbindung an die Unternehmensleitung sowie die Berücksichtigung der ausgeprägten Emotionalität der Situation zu berücksichtigen.

Die wissenschaftliche Literatur hat sich mit dem Bereich der internen Kommunikation im Bezug auf Krisensituationen nur wenig auseinandergesetzt. Die obigen Ausführungen zeigen jedoch, dass dieses Thema derzeit sehr aktuell und für Unternehmen von hohem Interesse ist.

Grundlegendes Ziel der Arbeit ist es, die Bedeutung einer internen Krisenkommunikation herauszustellen. Dazu sollen die Wirkungen der Mitarbeiterkommunikation[32] analysiert und die Frage beantwortet werden: Was kann Mitarbeiterkommunikation in Krisensituationen leisten und was nicht? Die sozio-psychologischen Wirkungen von Kommunikationsprozessen stehen meist im Vordergrund. Die vorliegende Arbeit bezieht sich jedoch in erster Linie auf die tangierten ökonomischen Größen. Die Literatur liefert zwar Entwürfe von Gestaltungskonzepten der externen Krisen-PR. Es fehlt jedoch ein Transfer der Erkenntnisse auf interne Zielgruppen. Die Arbeit untersucht, wie das vorhandene Instrumentarium der internen Kommunikation auf Krisensituationen angewendet werden kann und welche Besonderheiten zu beachten sind: Ist für die außergewöhnliche Situation einer Unternehmenskrise auch ein außergewöhnlicher Einsatz von Kommunikationsinstrumenten erforderlich, um den Kommunikationszielen in Krisensituationen gerecht werden zu können?

1.2 Gang der Untersuchung

Die vorliegende Arbeit ist wie folgt aufgebaut und gegliedert: Im Anschluss an eine Einleitung und Abgrenzung der Thematik wird die theoretische Basis der tangierten Themenbereiche dargestellt. Kapitel 2 erläutert die Grundlagen des Krisenmanagements. Hier wird sowohl der Begriff der Unternehmenskrise definiert als auch deren Ursachen und Wirkungen dargestellt. Danach erfolgt eine Explikation des Begriffs „Krisenmanagement“, der zum einen als Funktion und zum anderen als Institution im Unternehmen zu verstehen ist.

Kapitel 3 widmet sich der internen Kommunikation. Da die Begriffe Information und Kommunikation in Wissenschaft und Praxis nicht einheitlich verwendet werden, hat Kapitel 3.1 die Aufgabe, einen möglichen Bezugsrahmen zu präsentieren. In Kapitel 3.2 werden alternative Konzepte der menschlichen Kommunikation, d.h. sprachtheo-

[32] Der Begriff der Mitarbeiterkommunikation soll im Folgenden synonym zum Begriff der internen Kommunikation verwendet werden. Eine genaue Begriffsexplikation folgt in Abschnitt 3.3. An dieser Stelle ist jedoch doch darauf hinzuweisen, dass hierunter in erster Linie die institutionalisierte Kommunikationspolitik und der zielorientierte Einsatz eines ausgewählten Kommunikationsinstrumentariums zur Beeinflussung der internen Zielgruppen eines Unternehmens zu verstehen ist.

retische, informationstheoretische und sozialpsychologische Modelle erklärt. Diese bilden den Ausgangspunkt für jegliche Kommunikation im Unternehmen und sind bei der Diskussion der Ausgestaltung der Mitarbeiterkommunikation in Krisensituationen einzubeziehen. Die wissenschaftliche Literatur zum Bereich der internen Kommunikation präsentiert gegenwärtig wenige, überdies nicht hinreichend systematische Ansätze. Kapitel 3.3, 3.4 und 3.5 haben dementsprechend die Aufgabe, einen umfassenden Überblick darzubieten. Neben einer Begriffsexplikation wird eine Kategorisierung der alternativen Ausgestaltungsoptionen der Mitarbeiterkommunikation vorgenommen und die Rolle derselben als Komponente der Personalführung, des internen Marketings und der Unternehmenskultur erklärt.[33]

Kapitel 4 erläutert die Einflussfaktoren der internen Kommunikation im Krisenmanagement. Im Rahmen der personellen Rahmenbedingungen wird differenziert, dass das Personal in Krisensituationen einen Leistungsfaktor darstellt, dessen Einsatz für die Krisenbewältigung unabdingbar ist. Ohne Mitarbeiter ist ein Unternehmen weder existenzfähig noch aus einer Krisensituation wieder herauszuführen. Durch seine individuelle Entscheidung über Leistungsbereitstellung oder -zurückhaltung kann das Personal den Erfolg oder Misserfolg von Maßnahmen des Krisenmanagements entscheidend beeinflussen. Auf der anderen Seite gilt es, den Umgang mit den Humanressourcen aus einer ethischen Perspektive zu beleuchten. Es geht um Menschen und soziale Interaktionen und dies erfordert einen anderen Umgang als mit den sachlichen Produktionsfaktoren. Auch kann die interne Kommunikation im Krisenmanagement nicht unabhängig von rechtlichen Vorschriften erfolgen. In Kapitel 4.2 werden die arbeitsrechtlichen und betriebsverfassungsrechtlichen Bestimmungen sowie die EU-Richtlinie zur Mitarbeiterinformation erläutert. Dort finden sich einige Mindestanforderungen an die Ausgestaltung der Mitarbeiterkommunikation, die es insbesondere in Zusammenarbeit mit den betrieblichen Sozialpartnern einzuhalten gilt.

[33] Wie in Kapitel 3.5 später dargestellt, werden die drei Aspekte Personalführung, internes Marketing und Unternehmenskultur in der einschlägigen Literatur zur internen Kommunikation vielfach zitiert. Dabei unterbleibt eine systematischen Einordnung und Abgrenzung der eng verknüpften Themengebiete. Die Unternehmenskultur stellt jedoch eine wichtige interne Rahmenbedingung der kommunikativen Beeinflussung von Mitarbeitern und Führungskräften im Unternehmen dar und determiniert maßgeblich die Kommunikationskultur und das Kommunikationsklima. Die Personalführung stellt eine wesentliche Rahmenbedingung in der Mitarbeiter-Vorgesetzten-Beziehung dar. Das interne Marketing als wissenschaftlicher Ansatz zur Übertragung von Marketing-Aspekten auf unternehmensinterne Fragestellungen beschäftigt sich ebenfalls mit der kommunikativen Verhaltensbeeinflussung von Unternehmensangehörigen und sieht in der Gestaltung der Kommunikationspolitik eine wesentliche Einflussvariable.

Als eine weitere Rahmenbedingung wird das öffentlichkeitswirksame Umfeld des Unternehmens betrachtet. So hängt die Notwendigkeit zur Integration der internen und externen Kommunikation in Krisensituationen vor allem vom Grad der öffentlichen Exponiertheit von Unternehmen ab. Was sich hinter diesem Begriff verbirgt und inwiefern die Mitarbeiterkommunikation externen Einflussfaktoren ausgesetzt ist, wird in Kapitel 4.3 erläutert.

In Kapitel 5 wird die gesamte Kommunikationsaufgabe im Krisenmanagement in Teilbereiche und damit in einzelne Kommunikationsfelder parzelliert. Dazu werden unterschiedliche Krisenphasen differenziert, die einzelnen Zielgruppen der internen Kommunikation segmentiert und die alternativen Gestaltungsoptionen mit ihren jeweiligen Ausprägungen vorgestellt. Es wird aufgezeigt, welche grundlegenden Fragestellungen von der Unternehmensleitung und den Kommunikationsverantwortlichen zu beantworten sind, um ein schlüssiges Kommunikationskonzept vorlegen zu können.

In Kapitel 6 werden die konkreten Wirkungen der internen Kommunikation im Krisenmanagement untersucht. Aufbauend auf dem Zielsystem der Mitarbeiterkommunikation und einer anschließenden Explikation des Begriffes „Effektivität" wird dargestellt, anhand welcher Kriterien sich die Erfolgswirkung bestimmen lässt. Dazu werden die individuumsbezogene und die gruppenbezogene Effektivität der internen Kommunikation unterschieden. Erstere meint die Wirkung auf die einzelnen Individuen im Unternehmen, d.h. die einzelnen Mitglieder der zuvor dargestellten Zielgruppen. Im Rahmen der gruppenbezogenen Effektivität geht es um die Wirkungen auf das Gruppengefüge, d.h. die Interaktionen in der Gesamtbelegschaft als soziales System.

Die konkrete Umsetzung der bis zu diesem Punkt gewonnenen Erkenntnisse wird in Kapitel 7: „Implementierung der internen Kommunikation im Krisenmanagement" dargestellt. Dabei wird zunächst ein Überblick über die Gesamtkonzeption gegeben und anschließend die besonderen Anforderungskriterien an die interne Krisenkommunikation, die Organisation der internen Kommunikation sowie die Auswahl und Gestaltung der Kommunikationsmedien und -inhalte erläutert. Kapitel 7 endet mit der Kontrolle der internen Kommunikation, wobei Ziele und Aufgaben sowie Probleme und Grenzen eines Kommunikationscontrollings diskutiert werden. Die Arbeit schließt mit einem Fazit und Ausblick. Die folgende Abbildung fasst den gesamten Aufbau der vorliegenden Arbeit zusammen.

Interne Kommunikation im Krisenmanagement
1. Einleitung
1.1 Problemstellung und Zielsetzung
1.2 Gang der Untersuchung
2. Grundlagen des Krisenmanagements
2.1 Begriff der Unternehmenskrise
2.2 Ursachen von Unternehmenskrisen
2.3 Wirkungen von Unternehmenskrisen
2.4 Krisenmanagement
3. Grundlagen der internen Kommunikation
3.1 Begriffe Information und Kommunikation
3.2 Modelle der menschlichen Kommunikation
3.3 Relevanz und definitorische Abgrenzung der internen Kommunikation
3.4 Kategorisierung der internen Kommunikation
3.5 Die Rolle der internen Kommunikation im Unternehmen
4. Rahmenbedingungen der internen Kommunikation im Krisenmanagement
4.1 Personelle Rahmenbedingungen
4.2 Rechtliche Rahmenbedingungen
4.3 Öffentlichkeitswirksame Rahmenbedingungen
5. Abgrenzung von Kommunikationsfeldern im Krisenmanagement
5.1 Notwendigkeit und Dimensionen Kommunikationsfelder
5.2 Phasen des Krisenmanagements
5.3 Zielgruppen der internen Kommunikation im Krisenmanagement
5.4 Gestaltungsdeterminanten der internen Kommunikation im Krisenmanagement
6. Effektivität der internen Kommunikation im Krisenmanagement
6.1 Zielsystem der internen Kommunikation im Krisenmanagement
6.2 Begriff Effektivität
6.3 Individuumsbezogene Effektivität
6.4 Gruppenbezogene Effektivität
7. Implementierung der internen Kommunikation im Krisenmanagement
7.1 Gesamtkonzeption der internen Krisenkommunikation
7.2 Anforderungskriterien an die interne Krisenkommunikation
7.3 Organisation der internen Krisenkommunikation
7.4 Auswahl und Gestaltung der Kommunikationsmedien
7.5 Auswahl und Gestaltung der Kommunikationsinhalte
7.6 Kontrolle der internen Krisenkommunikation
8. Fazit und Ausblick

Abbildung 1: Aufbau der Arbeit

2 Grundlagen des Krisenmanagements

2.1 Der Begriff der Unternehmenskrise

Die aktuelle Statistik zur Zahl der Insolvenzen in Deutschland rückt die Thematik der Unternehmenskrise immer stärker in den Mittelpunkt des öffentlichen Interesses. Wie die folgende Abbildung zeigt, hat es in den letzten Jahren einen erheblichen Anstieg an Unternehmensinsolvenzen gegeben. Dabei handelt es sich nicht nur spektakuläre Großinsolvenzen. In zunehmender Zahl sind auch immer mehr mittelständische und kleine Unternehmen betroffen.

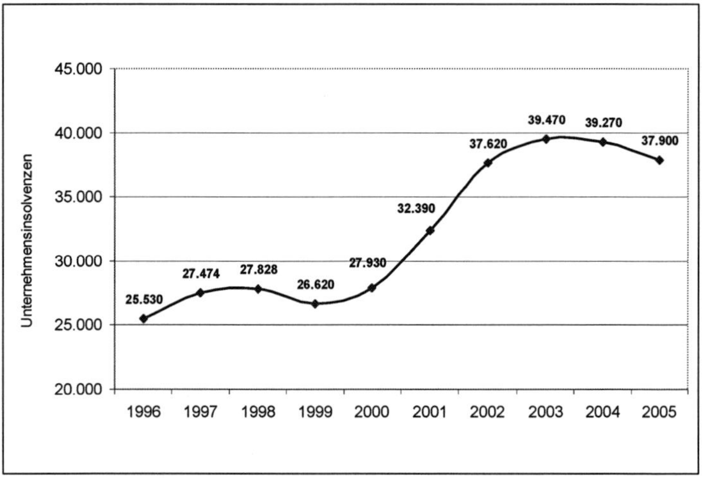

Abbildung 2: Unternehmensinsolvenzen in Deutschland[34]

[34] Vgl. O.V. (Insolvenzen, Neugründungen, Löschungen, 2005). Es handelt sich um eine Untersuchung zur Unternehmensentwicklung der Creditreform Wirtschafts- und Konjunkturforschung. Die Grafik zeigt die Gesamtzahl der Unternehmensinsolvenzen. 95,4% dieser Insolvenzen betreffen Unternehmen mit einem Umsatz von maximal 5 Millionen Euro. Es handelt sich in erster Linie um kleine und mittelgroße Betriebe. Es reicht nicht aus, ausschließlich die Zahl der Unternehmensinsolvenzen zu betrachten, ohne hierbei die Zahl der entsprechenden Neugründungen im gleichen Zeitraum zu berücksichtigen. Creditreform hat identifiziert, dass im Jahr 2005 155.000 wirtschaftsaktive Neugründungen stattgefunden haben. Die Zahl der Neuanmeldungen wird dabei um diejenigen Unternehmen vergrößert, die eine nur geringe oder gar keine Wirtschaftsaktivität aufweisen. Die Zahl der neugeschaffenen Arbeitsplätze durch wirtschaftsaktive Betriebe liegt im Jahr 2005 bei ca. 232.400. Vergleicht man diese Zahl mit der Zahl der Arbeitsplatzverluste durch Insolvenzen in Abbildung 4, so wird deutlich, dass durchaus von Negativwirkungen der Insolvenzen auf die Wirtschaft ausgegangen werden kann. Die Neugründungen kompensieren die auftretenden Insolvenzen nicht.

Zwar scheint der Höhepunkt der Insolvenzen bekannter Firmen wie *Holzmann, KirchMedia, Babcock* oder *Fairchild* im Jahr 2002 vorerst überstanden. Doch betreffen Insolvenzen weiterhin auch große Traditionshäuser, die über lange Jahre am Markt agierten und dennoch gezwungen waren, die Geschäftstätigkeit einzustellen. Im Jahr 2005 zählten zu den größten Unternehmensinsolvenzen beispielsweise die Unternehmen *Walter Bau AG, Ihr Platz GmbH & Co. KG* sowie *AgfaPhoto GmbH.*[35] Die Unternehmensinsolvenz stellt jedoch nur die Extremausprägung bzw. das finale Stadium einer Unternehmenskrise dar, was zu der Notwendigkeit führt, den Begriff der Krise näher zu betrachten und ihn für die Bearbeitung der Thematik dieser Arbeit greifbar zu machen.

Der *Duden* beschreibt den Begriff der Krise mit den folgenden Worten: „Entscheidungssituation, Wende-, Höhepunkt einer gefährlichen Entwicklung“[36]. Etymologisch entstammt das Wort „krísis“ dem Griechischen und kann mit „Entscheidung“ oder „Wendepunkt“ übersetzt werden. Die Krise in ihrem ursprünglichen Sinn bezeichnet folglich die entscheidende Entwicklungsphase einer Krankheit oder die Zuspitzung einer Handlungssituation im antiken Drama.[37] Der Begriff Krise in seiner allgemeinen Bedeutung lässt sich auf alle Lebensbereiche anwenden: individuelle bzw. persönliche Krisen, technische Krisen, politische Krisen und auch ökonomische Krisen in makro- und mikroökonomischer Hinsicht.

Im Rahmen der ökonomischen Betrachtung von Krisen waren zunächst volkswirtschaftliche Aspekte, d.h. gesamtwirtschaftliche Implikationen vordergründig. Betriebswirtschaftliche, volks- bzw. weltwirtschaftliche Krisenphänomene sind jedoch so eng miteinander verknüpft, dass sie nicht getrennt voneinander betrachtet werden sollten. Eine isolierte Betrachtung einzelwirtschaftlicher Unternehmenskrisen ist schon deshalb nicht möglich, weil deren destruktive Wirkungen wie z.B. die Vernichtung von Arbeitsplätzen durch einen erheblichen Teil der Gesamtbevölkerung eines Landes mittel- oder unmittelbar erfahren werden.[38]

35 Vgl. O.V. (Insolvenzen, Neugründungen, Löschungen, 2005), S. 22 ff.

36 Vgl. dazu Duden: Das Fremdwörterbuch, Stichwort Krise.

37 Vgl. dazu z.B. Krummenacher (Krisenmanagement, 1981), Witte (Unternehmenskrise, 1981), S. 9; S. 3-4; Hauser (Unternehmungskrisen, 1988), S. 77; Cezanne (Krisenmanagement, 1999), S. 8.

38 Vgl. Hauser (Unternehmungskrisen, 1988), S. 77; Staehle (Krisenmanagement, 1993), Sp. 2452; Cezanne (Krisenmanagement, 1999), S. 9.

Unternehmenskrisen wurden in der betriebswirtschaftlichen Literatur zahlreichen und vielfältigen Interpretationen unterworfen. Im weiteren Sinne stellt eine Unternehmenskrise eine außergewöhnliche Entscheidungssituation dar, welche sich anhand bestimmter Kriterien von alltäglichen Normalsituationen unterscheiden lässt.[39] Dazu zählt die nachhaltige Existenzgefährdung der Unternehmung, d.h. die Erreichung hochrangiger Ziele der Unternehmung ist bedroht. Zahlungsunfähigkeit und/oder Überschuldung eines Unternehmens stellen die entsprechenden gesetzlich normierten Insolvenztatbestände dar. Eine Unternehmenskrise liegt aber bereits dann vor, wenn eine latente Bedrohung von Erfolgspotenzialen bzw. Erfolgspositionen gegeben ist.[40] Die Entscheidungszeit, d.h. die Reaktionszeit bis zum Abschluss einer Entscheidung, ist eingeschränkt. Das Maß des Entscheidungsdrucks kann dabei je nach Stadium der Krise sehr unterschiedlich sein. Es besteht außerdem eine Ambivalenz der Entwicklungsmöglichkeiten. Sowohl eine Existenzauflösung als auch eine Existenzerhaltung und Gesundung des Unternehmens sind denkbar. Der Gefährdungsausgang ist folglich undeterminiert. Weiterhin besteht ein erheblicher Entscheidungs- und Handlungsdruck auf die Unternehmensleitung.

Krystek fasst in seiner Definition die wesentlichen Merkmale einer Unternehmenskrise wie folgt zusammen: „Unternehmenskrisen sind ungeplante und ungewollte Prozesse von begrenzter Dauer und Beeinflussbarkeit sowie mit ambivalentem Ausgang. Sie sind in der Lage, den Fortbestand der gesamten Unternehmung substanziell und nachhaltig zu gefährden oder sogar unmöglich zu machen. Dies geschieht durch die Beeinträchtigung dominanter Ziele, deren Gefährdung oder gar Nichterreichung gleichbedeutend ist mit einer nachhaltigen Existenzgefährdung oder Existenzvernichtung der Unternehmung als selbständig und aktiv am Wirtschaftsprozess teilnehmender Einheit mit ihren bis dahin gültigen Zweck- und Zielsetzungen.“[41]

---

39 Vgl. Witte (Unternehmenskrise, 1981), S. 9-11; Hauser (Unternehmungskrisen, 1988), S. 77; Krystek (Unternehmenskrisen, 2002), S. 88-89; Feldbauer-Durstmüller (Sanierungsmanagement, 2003), S. 129.

40 Vgl. Feldbauer-Durstmüller (Sanierungsmanagement, 2003), S. 129.

41 Krystek (Unternehmenskrisen, 2002), S. 89.

2.2 Ursachen von Unternehmenskrisen

Die Literatur zu Unternehmenskrisen und Krisenmanagement bietet umfangreiche Kataloge von singulären bzw. monokausalen Krisenursachen. Die Krisenursachenforschung kommt in der Regel zu eindimensionalen Ursache-Wirkungs-Zusammenhängen, auch wenn augenscheinlich mehrere miteinander verknüpfte und sich gegenseitig verstärkende Ereignisketten zur Entstehung einer Krise als Systemzustand beigetragen haben.[42] Die bedeutendsten theoretischen Ansätze zur Krisenforschung sind:[43]

1. **(Sozial-)Psychologische Konzepte**, welche Krisen vordergründig mit persönlichen Defiziten des Managers begründen;
2. **Lebenszyklus-Konzepte**, welche die Ursache für Krisen darin sehen, dass die Unternehmensleitung wesentliche Schlüsselereignisse im Lebenszyklus eines Unternehmens nicht zu bewältigen weiß;
3. **Situative Konzepte** des (organisatorischen) Wandels, welche die Unternehmensleitung als unfähig ansehen, auf externe Ereignisse entsprechend zu reagieren und organisatorische Anpassungen vorzunehmen;
4. **Chaostheoretische Konzepte**, welche Krisen als Konsequenz aus dem Zusammentreffen von mehreren Einzelursachen mit dem Unvermögen, diese rechtzeitig zu erkennen und zu durchbrechen, erklären.

Hierbei besteht ein Forschungsmangel hinsichtlich positiv verlaufender Unternehmenskrisen, die das Endstadium der Insolvenz gar nicht erst erreichen.[44] Meist werden nur die möglichen Ursachen von Insolvenzen untersucht. Mit Eröffnung des Insolvenzverfahrens endet die Krise. Es geht dabei um Insolvenzmanagement von der

[42] Vgl. Staehle (Krisenmanagement, 1993), Sp. 2454; Feldbauer-Durstmüller (Sanierungsmanagement, 2003), S. 130.

[43] Vgl. dazu die Ausführungen in Hauschildt/Grape/Schindler (Typologien von Unternehmenskrisen, 2006), S. 10-11.

[44] Vgl. Krystek (Unternehmenskrisen, 2002), S. 90; Hauschildt/Grape/Schindler (Typologien von Unternehmenskrisen, 2006), S. 8.

Zerschlagung des Unternehmens bis zu seiner Sanierung und nicht mehr um Krisenmanagement im eigentlichen Sinne.[45]

Die folgende Darstellung der unternehmensexternen und -internen bzw. exogenen und endogene Krisenursachen gibt einen Überblick über die häufigsten Gründe für eine Krise hinsichtlich ihres Entstehungsortes.[46] Diese Krisenklassifikation liefert wichtige Anhaltspunkte, ob Probleme aus einer mangelnden Anpassung der Unternehmung an ihre Umwelt oder aus innerbetrieblichen Mängeln herrühren.[47]

2.2.1 Unternehmensexterne Ursachen von Unternehmenskrisen

Unternehmensexterne oder auch exogene Krisenursachen liegen in Unterscheidung zu endogenen Faktoren außerhalb des direkten Einflussbereiches eines Unternehmens. Zu dieser Gruppe von Krisenursachen zählen einmalige Unglücksfälle bzw. Katastrophen, z.B. Naturkatastrophen, kriegerische Auseinandersetzungen, Explosionen, Sabotage und Streiks.[48] Bei Beispielen aus der jüngeren Vergangenheit, wie die Terroranschläge vom 11. September 2001, die Hochwasserkatastrophe an der Elbe im Sommer 2002, das Tankerunglück der „Prestige" im Atlantik im November 2002, die Tsunami-Katastrophe in Ostasien Weihnachten 2004 oder Hurrikan Katrina im August 2005 handelt sich um extrem existenzbedrohende Zustände, auf die sich Unternehmen nur äußerst begrenzt vorbereiten können.

Darüber hinaus umfassen exogene Krisenursachen überbetriebliche bzw. gesamtwirtschaftliche oder makroökonomische Faktoren, wie die Verschlechterung der Konjunkturlage, Wechselkursveränderungen, Währungskrisen sowie politische Sachver-

---

45 Vgl. Hauschildt/Grape/Schindler (Typologien von Unternehmenskrisen, 2006), S. 7-8.

46 Vgl. dazu z.B. Krystek (Unternehmungskrisen, 1987), S. 67-68; Schulten (Krisenmanagement, 1995), S. 47 ff.; Witte (Unternehmenskrise, 1981), S. 16-17.

47 Vgl. Schulten (Krisenmanagement, 1995), S. 49.

48 Vgl. Wagenhofer (Unternehmenssanierung, 1993), Sp. 4381.

halte, wie Umweltnormen, Einfuhrbeschränkungen, technischer Fortschritt im Sinne einer strukturellen Veränderung des Unternehmensumfelds etc.[49]

Die genannten exogenen Krisenursachen müssen nicht in jedem Fall Anlass für eine Unternehmenskrise sein. Erst eine Kombination mit unternehmensinternen Schwachstellen führt dazu, dass Unternehmen auf derartige Zustände nicht angemessen vorbereitet sind. Krisen sind selten monokausal begründet, sondern ergeben sich aus einer Vielzahl von Umständen, die gemeinsam zum Ausbruch einer Krise führen können.

2.2.2 Unternehmensinterne Ursachen von Unternehmenskrisen

Unternehmensinterne bzw. endogene Ursachen von Unternehmenskrisen sind in der „Unternehmensinnenwelt" zu suchen. Zahlreiche Autoren haben Ursachenkataloge zu innerbetrieblichen Krisenursachen zusammengetragen und in wissenschaftlichen Untersuchungen erforscht.[50] Letztendlich lassen sich alle Krisenursachen der endogenen Art auf Führungs- und Managementfehler bzw. unternehmerisches Versagen zurückführen.[51] Neben den in Abbildung 3 genannten endogenen Krisenursachen gelten falsche Markteinschätzung, Fehlinvestitionen, falsche Finanzierungsansätze, Mängel im Rechnungswesen, ein technologisch veraltetes Produktprogramm sowie strukturelle Faktoren wie Unternehmensstandort, -organisation und -rechtsform als die wichtigsten potenziellen Krisenursachen.[52]

---

[49] Vgl. Wagenhofer (Unternehmenssanierung, 1993), Sp. 4381; Schulten (Krisenmanagement, 1995), S. 47-48.

[50] Vgl. dazu z.B. Krystek (Unternehmungskrisen, 1987), S 32 ff.; Hauschildt/Grape/Schindler (Typologien von Unternehmenskrisen, 2006), S. 7 ff.; Bellinger (Unternehmenskrisen, 1962), S. 51 ff.

[51] Vgl. Hauser (Unternehmungskrisen, 1988), S. 77; Wagenhofer (Unternehmenssanierung, 1993), S. 4381.

[52] Vgl. Wagenhofer (Unternehmenssanierung, 1993), Sp. 4381-4382; Hauser (Unternehmungskrisen, 1988), S. 77; Bea/Kötzle (Ursachen von Unternehmenskrisen, 1983), S. 565-568; Vogelsang (Unternehmenskrisen, 1988), S. 100 ff.; Becker (Unternehmenskrise, 1978), S. 673 ff.; Cezanne (Krisenmanagement, 1999), S. 13-19.

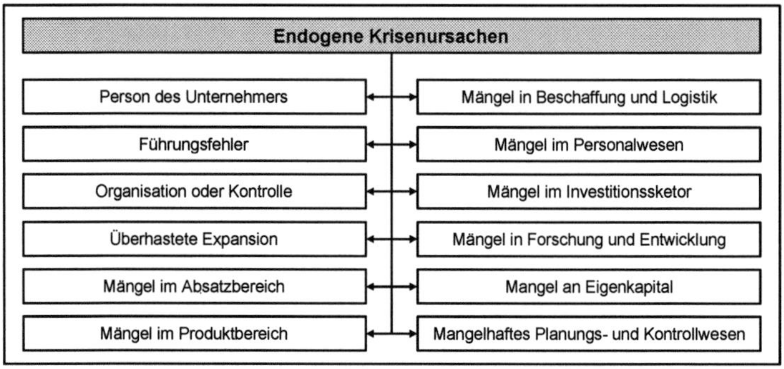

Abbildung 3: Endogene Krisenursachen[53]

Eine Untersuchung von 52 Insolvenzfällen großer deutscher Mittelstandsunternehmen mit einem Umsatz von mindestens 15 Millionen Euro in unterschiedlichen Branchen hat ergeben, dass für 73% der insolventen Unternehmen die operativen Verluste nicht mehr finanzierbar waren und Banken zusätzliche Mittel verweigerten. 65% der Unternehmen waren überschuldet und bei einer Mehrheit der betroffenen Unternehmen zeigten sich nachhaltige strategische Schwächen im Hauptgeschäftsfeld. 81% des Umsatzes wurde durchschnittlich in nur einem Geschäftsfeld gemacht, wobei nur 45% der untersuchten Teilnehmer in einem wesentlichen Geschäftsfeld Marktführer waren. Man kann nicht davon ausgehen, dass die untersuchten Unternehmen sich auf „Nebenkriegsschauplätzen verzettelten", sondern in ihrem Stammgeschäft über zu wenig Wettbewerbsvorteile verfügten, im Markt sozusagen „mitschwammen" und dadurch dem Preis- und Mengendruck bei stagnierenden Märkten nicht standhalten konnten. Weiterhin konnte als Ergebnis der Untersuchung festgestellt werden, dass in 57% der Fälle Fehlentscheidungen von Gesellschaftern und Management zur Insolvenz führten.[54]

---

53 In Anlehnung an Hauschildt (Schaden, 1983), S. 144.

54 Vgl. Insolvenzen in Deutschland – Insolvenzursachen und Erfolgsfaktoren einer Sanierung aus der Insolvenz, Untersuchung vom Mai 2003 der Firma Dr. Wieselhuber & Partner GmbH München.

Hauschildt analysierte in einer Ausgangstudie in der Zeit von 1972-1982 sowie in einer Aktualisierungsstudie in den Jahren 1992-2001 mögliche Krisenursachen in Form einer inhaltsanalytischen Studie der Zeitschrift „ManagerMagazin".[55] *Hauschildt* untersuchte die Kategorien personengeprägte Krisenursachen, d.h. Führungsmängel und Unfähigkeit bzw. Unerfahrenheit, institutionelle Krisenursachen, d.h. strategische Probleme, Organisation und Beziehung zu den Arbeitnehmern, operative Krisenursachen im Absatz-, Investitions-, Forschungs- und Entwicklungs-Bereich und in Produktion und Logistik sowie weitere Krisenursachen, d.h. Marktbedingungen und Marktentwicklung. Dabei sind die personengeprägten Krisenursachen in der Aktualisierungsstudie mit 27,5% die bedeutsamsten Krisenursachen. Aufgeführt wurden z.B. charakterliche Mängel, interpersonelle Konflikte, Rivalität oder zu enge Verbindungen im Top-Management und fehlende Kontrollen im Aufsichtsrat. Auch Mängel im Absatzbereich stellten sich in den Studien als wesentliche Krisenursache heraus. Vor allem Defizite in Produkt-, Preis-, Qualitäts- und Vertriebspolitik und eine suboptimale Distribution sind genannt.

An dieser Stelle ist noch einmal darauf hinzuweisen, dass Insolvenzursachen nicht gleichbedeutend mit Krisenursachen zu sehen sind. Die Mehrzahl der entsprechenden Untersuchungen und Studien stellt die insolvente Unternehmung in den Mittelpunkt der Betrachtung. Hierbei können lediglich ex-post Aussagen zu möglichen Insolvenzursachen getroffen werden.

2.3 Wirkungen von Unternehmenskrisen

Die Wirkungen von Unternehmenskrisen lassen sich in einer positiven und einer negativen Sichtweise betrachten. Zum einen wird die Krise in ihren verschiedenen Ausprägungen primär als Bedrohung oder Gefahr gesehen. Der Krise wird ein destruktiver Charakter zugeschrieben und da die Begriffe „Krise" und „Insolvenz" gleichgesetzt. Die Insolvenz ist die negativste Extremausprägung einer Krise, muss aber nicht in jedem Fall den Ausgang einer Krise beschreiben. Einer Unternehmens-

[55] Vgl. Hauschildt, J. (Schaden, 1983), S. 142 ff.; Hauschildt (Unternehmenskrisen, 1988), S. 1 ff.; Hauschildt (Unternehmenskrisen, 2000), S. 1 ff.; Hauschildt/Grape/Schindler (Typologien von Unternehmenskrisen, 2006), S. 7 ff.

krise kann auch eine konstruktive Rolle zukommen. Japaner beispielsweise sehen in einer Krise stets auch positive Aspekte. Im Japanischen setzt sich das Wort für Krise aus einem Symbol für Gefahr und Chance zusammen.[56]

2.3.1 Krise als Bedrohung: destruktive Wirkungen von Unternehmenskrisen

Meist steht der Bedrohungs- und Existenzgefährdungsaspekt im Vordergrund der Betrachtung einer Krise. Erfasst man die Zahl der Unternehmensinsolvenzen, ist diese Sichtweise durchaus zu belegen.[57] Die destruktive Wirkung von Unternehmenskrisen zeigt sich sowohl auf einzel- als auch auf gesamtwirtschaftlicher Ebene. Primär werden Kapital und Arbeitsplätze im direkten Zusammenhang zum betroffenen Unternehmen vernichtet. Die nachfolgende Grafik zeigt die Zahl der Arbeitsplatzverluste insolventer Unternehmen in Deutschland. Dabei sind nicht jene berücksichtigt, die in verbundenen Unternehmen zu suchen sind und aufgrund einer engen Kunden-/Lieferantenbeziehung ebenfalls bedroht sind. Insbesondere kleinere und mittelgroße Unternehmen sind von dieser Problematik betroffen, da aufgrund von hohen Abhängigkeitsverhältnissen und einer unausgewogenen Kundenstruktur die Insolvenz eines Kundenunternehmens unmittelbar die eigene Insolvenz zur Folge haben kann. Darüber hinaus entstehen Insolvenzschäden im Sinne von Kosten für Dritte, d.h. offene Forderungen der Gläubiger der insolventen Unternehmen. Dies zeigt Abbildung 5.

[56] Vgl. Dollinger (Psychologie und Wirtschaftskrise, 1994), S. 183.

[57] Die destruktiven Wirkungen von Unternehmenskrisen werden meist deshalb betont, weil in erster Linie Unternehmensinsolvenzen zur Untersuchung herangezogen werden. Hier existiert eine umfangreiche Forschung und Analyse der Ursachen und Auswirkungen. Die Wissenschaft hat jedoch bisher kaum die Unternehmen einbezogen, die eine Krise erfolgreich bewältigt und den „turnaround“ praktiziert haben. Empirisches Datenmaterial liegt hierzu kaum vor. Die meist einseitige Betrachtungsweise der Negativ-Konsequenzen einer Unternehmenskrise könnte damit relativiert werden.

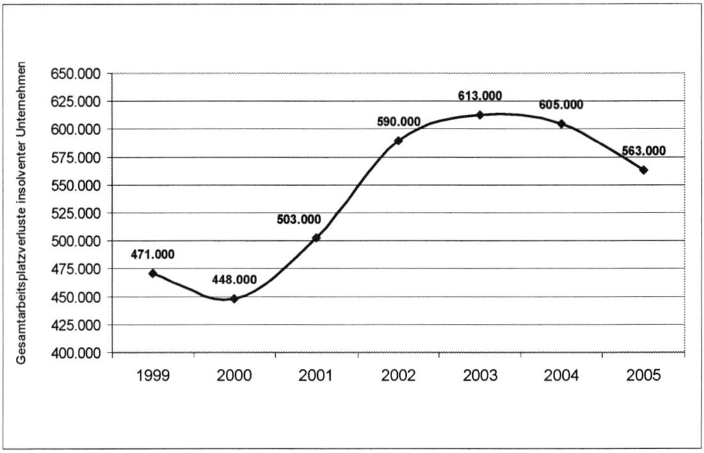

Abbildung 4: Arbeitsplatzverluste in Deutschland[58]

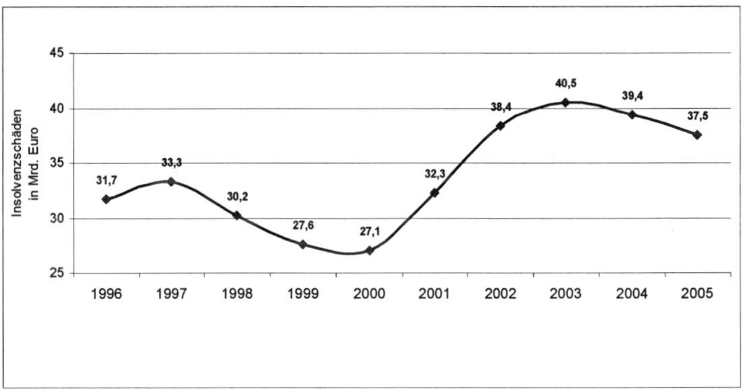

Abbildung 5: Insolvenzschäden in Deutschland[59]

Neben diesen gesamtwirtschaftlichen Konsequenzen aus Unternehmenskrisen zeigen sich aber auch unmittelbar beim betroffenen Unternehmen destruktive Wirkungen. Unternehmenskrisen bedeuten meist einen erheblichen Imageverlust des Unterneh-

[58] Vgl. O.V. (Insolvenzen, Neugründungen, Löschungen, 2005), S. 18.

[59] Vgl. O.V. (Insolvenzen, Neugründungen, Löschungen, 2005), S. 16.

mens bei Kunden, Lieferanten, Gläubigern, Aktionären bzw. Investoren, der Öffentlichkeit und sämtlichen weiteren Interessengruppen. Auch im Fall der Gesundung eines Unternehmens kann sich dieser Verlust von Ansehen und Vertrauen negativ auf die weitere Geschäftstätigkeit auswirken. Demotivation, Frustration, Vertrauensverlust, Verlust von Engagement, Arbeitsunzufriedenheit und mangelndes Commitment sind die wichtigsten Merkmale im Bezug auf das Personal einer krisenbetroffenen Unternehmung. Darüber hinaus liegt die Bedrohung im Verlust spezifischen Knowhows durch die ungewollte Fluktuation von Mitarbeitern und die damit möglicherweise verbundene Unterbrechung von Innovationen, Produktentwicklungen und Neuerungen im Unternehmen. Sämtliche Erfolgspotenziale, die ein Unternehmen am Markt wettbewerbs- bzw. konkurrenzfähig machen, sind bedroht. Auch im Falle einer positiv verlaufenden Krise sind diese Erfolgspositionen vorübergehend geschwächt und erschweren die Wiedererlangung einer erfolgreichen Geschäftstätigkeit.[60]

2.3.2 Krise als Chance: konstruktive Wirkungen von Unternehmenskrisen

Trotz der geschilderten Probleme können Krisen durchaus positive Effekte haben.[61] So bietet die Krise eine Chance zur Erneuerung und Weiterentwicklung des Unternehmens. Die Undeterminiertheit des Entscheidungsausgangs einer Krise führt zu einer Ambivalenz von Bedrohung und Chance. Würde von Anfang an feststehen, dass es zu einer Existenzauflösung des betroffenen Unternehmens kommt, kann nicht mehr von einer Krise gesprochen werden. Es besteht stets die Chance auf eine „kritische Wendung".[62]

---

[60] Vgl. dazu Feldbauer-Durstmüller (Sanierungsmanagement, 2003), S. 129. Feldbauer-Durstmüller definiert die Unternehmenskrise im weitesten Sinne als eine latente Bedrohung von Erfolgspotenzialen bzw. Erfolgspositionen.

[61] Vgl. z.B. Witte (Unternehmenskrise, 1981), S. 21; Staehle (Krisenmanagement, 1993), Sp. 2464; Thom/Zaugg (Unternehmenskrise als Auslöser für Change- und Innovationsmanagement, 2002), S. 355 ff.; Feldbauer-Durstmüller (Sanierungsmanagement, 2003), S. 129 ff.

[62] Vgl. Witte (Unternehmenskrise, 1981), S. 11.

Nach *Albach* ist die unternehmerische Tätigkeit als eine „permanente Auseinandersetzung mit dem Ernstfall“[63] anzusehen. Aus volkswirtschaftlicher Perspektive ist in einer freiheitlichen Wirtschaftsordnung die Konfrontation mit Krisen und das Absterben ebenso Normalfall wie die Neugründung und Errichtung von Unternehmen. In freien Marktwirtschaften sind Unternehmen letztendlich ab dem Zeitpunkt ihrer Gründung dem kontinuierlichen Risiko ausgesetzt, aus dem Wirtschaftsleben eliminiert zu werden.[64] Zwar ist es aus gesamtwirtschaftlicher Perspektive nicht erwünscht, kranke Unternehmen um jeden Preis aus der Krise zu retten. Vitaleren und konkurrenzfähigeren Unternehmen sollen viel eher Entwicklungsmöglichkeiten zukommen. Trotzdem wird staatliche Hilfe bei der Sanierung von Unternehmen, wie z.B. der Holzmann AG, aufgrund der hohen Anzahl gefährdeter Arbeitsplätze und den entsprechenden regionalen Wirkungen auf die Wirtschaftsstruktur zugesagt.[65]

Auch *Schumpeters* Theorie der wirtschaftlichen Entwicklung[66] beschreibt Unternehmenskrisen als „Normalfall“ im Wirtschaftsgeschehen und kennzeichnet den Begriff der „schöpferischen Zerstörung“. Im idealtypischen Verlauf der wirtschaftlichen Entwicklung tritt zunächst ein Pionierunternehmer auf. Eine Innovation setzt sich durch, woraufhin eine Vielzahl von Folgeunternehmern auftreten. Die Möglichkeiten einer Innovation erschöpfen sich nach einer gewissen Zeit, so dass auf eine Periode von Neugründungen ein Prozess der Statisierung folgt. Dieser wird meist als Abschwung wahrgenommen. Unternehmen mit veralteten Produkten und/oder Produktionsmethoden, die nicht mehr konkurrenzfähig sind, werden aus dem Markt ausgeschlossen. Dies ist Voraussetzung für den Neubeginn des beschriebenen Zyklus, d.h. zum Hervorbringen neuer Innovationen.

In diesem Zusammenhang steht ebenfalls eine empirische Untersuchung von *Perlitz* und *Löbler*[67]. Die Autoren sind der Frage nachgegangen, inwieweit Unternehmen zum Hervorbringen von neuartigen Innovationen Krisen benötigen bzw. inwiefern Unternehmenskrisen in der Lage sind, Innovationsprozesse anzustoßen. Untersucht

63 Albach (Kampf ums Überleben, 1978), S. 24. Vgl. dazu auch Witte (Unternehmenskrise, 1981), S. 12.

64 Vgl. Uhlenbruck (Krise, Konkurs, Vergleich und Sanierung, 1981), S. 175.

65 Vgl. Witte (Unternehmenskrise, 1981), S. 12-13.

66 Vgl. Kesting (Schumpeters Theorie, 2003), S. 36-38; Schumpeter (Theorie, 1934).

67 Vgl. Perlitz/Löbler (Brauchen Unternehmen zum Innovieren Krisen, 1985), S. 424-450.

wurde, ob Ertragserwartungen oder Krisen Initialwirkungen auf die Innovationstätigkeit eines Unternehmens ausüben. Ergebnis der Studie ist: Von Krisen kann eine beträchtliche Initialwirkung für Prozess- und Produktinnovationen ausgehen. So ist es für Fachpromotoren in Chancensituationen weitaus schwieriger, einen Machtpromotor mit Risikobereitschaft zu finden als in Krisensituationen. Machtpromotoren wollen in der Krise jeden „Strohhalm“ ergreifen, um das Unternehmen herauszuführen und sind wesentlich aufgeschlossener für innovative Ideen.[68] Dies führt zu einem Streben nach Produkt- und Prozessinnovationen, die einen Strukturwandel im Unternehmen auslösen und so wiederum zu einer Überwindung der Krise führen können.

Für die betroffenen Unternehmen kann eine Krise folglich mit einer Vielzahl positiver Erscheinungen einhergehen. Kräfte werden auf dem Weg der Transformation eines nicht mehr lebensfähigen in ein neues System auf das wirklich Wesentliche konzentriert. Es kann zu einer verbesserten Gruppenkohäsion kommen. Man möchte auf Basis eines neuen „Wir-Gefühls“ gemeinsam die missliche Lage unter Kontrolle bringen. Das persönliche Leistungspotenzial der betroffenen und beteiligten Mitarbeiter kann aktiviert und gesteigert werden, innerorganisatorische Gegensätze, insbesondere zwischen den Sozialpartnern einer Unternehmung lassen sich abbauen. Außerdem kann es aufgrund des erhöhten Zeitdruckes zu einer verbesserten Entscheidungseffizienz kommen. Bisher verfolgte Bürokratien werden umgangen oder gänzlich vernachlässigt.[69]

Diese positiven Aspekte von Unternehmenskrisen stellen lediglich ein Potenzial dar und werden nicht zwingenderweise realisiert. Eine Krise kann nur dann eine Chance darstellen, wenn die Unternehmensleitung dieses Potenzial erkennt. Inwiefern die interne Kommunikation eine Maßnahme zur Verringerung der negativen Aspekte sein kann, ist Kern dieser Arbeit. Das Verständnis einer Krise als Chance ist somit Voraussetzung für die weiteren Überlegungen zur Unterstützung einer Krisenbewältigung durch interne Kommunikation.

„Sanierung“, „Restrukturierung“, „Business Reengineering“, „Reorganisation“, „Change-Management“, „Turnaround-Management“ sind Begriffe, die in engem

68 Vgl. Perlitz/Löbler (Brauchen Unternehmen zum Innovieren Krisen, 1985), S. 431 ff.

69 Vgl. Witte (Unternehmenskrise, 1981), S. 16-21.

Zusammenhang zum Verständnis der Krise als Chance stehen. Eine eindeutige Differenzierung dieser unterschiedlichen Betrachtungen fällt jedoch schwer. Die Sanierung als Gesundung eines Unternehmens wird im engeren Sinne als überwiegend finanzwirtschaftliche Maßnahme zur Beseitigung einer zeitweiligen Liquiditätskrise verstanden.[70] Im weiteren Sinne beschreibt die Sanierung alle erforderlichen leistungswirtschaftlichen und finanzwirtschaftlichen Maßnahmen zur Überwindung einer Unternehmenskrise, bzw. das Setzen von Reorganisationsmaßnahmen, um eine Unternehmenskrise zu beseitigen.[71] „Change-Management" und „Turnaround-Management" befassen sich mit dem Management von tief greifenden Veränderungen im Unternehmen, d.h. einer umfassenden Neugestaltung einer Organisation mit dem Ziel der positiven Veränderung eines Unternehmens.[72]

Im folgenden Abschnitt wird auf den Begriff des Krisenmanagements eingegangen, der zu den bisher genannten Begrifflichkeiten in einem engen Zusammenhang steht.

2.4 Krisenmanagement

Der Begriff „Krisenmanagement" wird seit den 70er Jahren in der betriebswirtschaftlichen Wissenschaft und Literatur verwendet und seitdem mit unterschiedlichen und teilweise stark plakativen Inhalten belegt. Häufig wird die Kuba-Krise im Jahre 1962 in der Amtszeit von J.F. Kennedy als Ursprung des Krisenmanagements zitiert.[73] „Krisenmanagement" bedeutet in seiner weitesten Abgrenzung den Umgang mit Krisen. Meist steht die reaktive Komponente im Vordergrund. Alle kurzfristigen, administrativen und operativen Maßnahmen zur Sicherung des Überlebens einer Unternehmung umfassen die Bewältigung akuter Bedrohungen der Überlebensfähigkeit einer Unternehmung. Wie die folgende Darstellung zum funktionalen Krisenmana-

---

70 Vgl dazu z.B. Wagenhofer (Unternehmenssanierung, 1993), Sp. 4380; Bergauer (Erfolgreiches Krisenmanagement, 2001), S. 7-8.

71 Vgl. Wagenhofer (Unternehmenssanierung, 1993), Sp. 4380.

72 Vgl. Gabele (Reorganisation, 1992), Sp. 2196-2211; Bergauer (Erfolgreiches Krisenmanagement, 1993), S. 7-11; Coenenberg/Fischer (Ansatzpunkte des Turnaround-Management, 1993), S. 2-11; Shuchmann (Die Kunst des Turnaround, 1995), S. 27 ff; Al-Ani/Gattermeyer (Umsetzung von Change Management-Programmen, 2000), S. 13-15.

73 Vgl. dazu z.B. Raven (Konflikte, 1968), S. 33; Krystek (Unternehmenskrisen, 2002), S. 97.

gement zeigt, lässt sich diese Definition auch auf die Krisenvorsorge und -vermeidung ausdehnen.

2.4.1 Krisenmanagement als Funktion

Staehle definiert „Krisenmanagement“ in der funktionalen Sichtweise als „eine besondere Form des Managements mit der Aufgabe, latente Krisensituationen möglichst frühzeitig zu erkennen und Maßnahmen zur Verhinderung oder Bewältigung von akuten Krisen zu planen und durchzuführen“[74]. Zum Krisenmanagement als Funktion gehören neben der Krisenbewältigung auch Krisenerkennung und Krisenvermeidung. Diese umfassende Sichtweise ist wenig verbreitet. Meist wird nur die Bewältigung akuter Krisen oder Katastrophen unter „Krisenmanagement“ verstanden. Das Krisenmanagement ist aber eine laufende Managementaufgabe, die einen permanenten Bestandteil einer jeden Unternehmensführung darstellt. Jedwede Unternehmung kann potenziell in eine Krise geraten.[75] Weiterhin lässt sich das Krisenmanagement in Abhängigkeit von den unterscheidbaren Krisenphasen betrachten, so dass im weitesten Sinne ein aktives bzw. präventives sowie ein reaktives Krisenmanagement differenziert werden können. Dieser Aspekt der phasenspezifischen Differenzierung von Maßnahmen wird in Kapitel 5 näher beleuchtet.[76]

2.4.2 Krisenmanagement als Institution

Weniger häufig wird das Krisenmanagement im Sinne einer Institution verstanden, d.h. als Personengruppe, der die Durchführung der Managementfunktionen „Krisenerkennung“, „-vermeidung“ und „-bewältigung“ obliegt.[77] Damit sind sämtliche Akteure innerhalb und außerhalb einer Unternehmung tangiert, die aufgrund ihrer Per-

---

[74] Staehle (Krisenmanagement, 1993), Sp. 2456.

[75] Vgl. Staehle (Krisenmanagement, 1993), Sp. 2456.

[76] Vgl. dazu Kapitel 5.2. Hier werden alternative Phasenkonzepte des Krisenmanagements vorgestellt.

[77] Vgl. Staehle (Krisenmanagement, 1993), Sp. 2463; Schulten (Krisenmanagement, 1995), S. 70-79.

son oder Zuständigkeit das Risiko einer Existenzgefährdung zu „managen" haben.[78] Differenzieren lassen sich ein dezentrales Krisenmanagement im Sinne einer allgemeinen und geschulten Sensibilität für Fehlentwicklungen und die permanente Bereitschaft zur Korrektur von erkannten Fehlentwicklungen sowie ein zentrales Krisenmanagement. Insbesondere krisenanfällige Unternehmen bilden ein permanentes Team, das mit der Antizipation von Krisen, der Entwicklung von strategischen und operativen Plänen zum Umgang mit Krisen und dem Management von akuten Krisen betraut ist.[79]

Weiterhin schreibt das „Gesetz zur Kontrolle und Transparenz im Unternehmensbereich" (KonTraG), welches am 01.05.1998 in Kraft getreten ist, gesetzlich eine Risikofrüherkennung in Unternehmen vor. Aktiengesellschaften, Kommanditgesellschaften auf Aktien sowie GmbHs mit einem mitbestimmten oder fakultativen Aufsichtsrat sind zur Einführung und Betreibung eines unternehmensweiten Risikomanagementsystems verpflichtet. Gemäß § 91 Abs. 2 AktG sind „geeignete Maßnahmen zu treffen, insbesondere ein Überwachungssystem einzurichten, damit den Fortbestand der Gesellschaft gefährdende Entwicklungen früh erkannt werden". Auch wurde durch das KonTraG eine Pflicht zur Risikoberichterstattung im Konzernlagebericht eingeführt.[80] So sind Aussagen zu Risiken und Risikostruktur des Unternehmens im Lagebericht des Jahresabschlusses der Gesellschaft zu veröffentlichen. Die Einhaltung der neuen Vorschriften, d.h. das Bestehen und der Betrieb des Risikomanagementsystems, sind durch den Abschlussprüfer zu prüfen und in den Prüfungsbericht aufzunehmen. Im internationalen Kontext konkretisiert sich eine Institutionalisierung des Krisenmanagements beispielsweise im Sarbanes-Oxley Act.[81]

Die Häufung von Terroranschlägen oder Bilanzskandalen in den vergangenen Jahren (z.B. Anschläge auf das World Trade Center und das Pentagon, Bilanzskandale bei Enron, Andersen und Worldcom) haben viele Unternehmen dazu veranlasst, die

---

78 Vgl. dazu Schulten (Krisenmanagement, 1995), S. 70 ff; Müller (Krisenmanagement, 1982), S. 100; Krystek (Unternehmungskrisen, 1987), S. 97.

79 Vgl. Staehle (Krisenmanagement, 1993), Sp. 2463-2464.

80 Vgl. dazu Kajüter/Winkler (Risikoberichterstattung, 2003), S. 217 ff.; Kajüter/Winkler (Risikoberichterstattung, 2004), S. 249 ff.

81 Vgl. zum Sarbanes-Oxley Act z. B. Caspari/Maier/Caspari (Sarbanes-Oxley Act, 2005), S. 719 ff.; Büssow/Taetzner (Sarbanes-Oxley Act, 2005) S. 2437 ff.

möglichen Folgen solcher Katastrophen zu antizipieren. Eine Vorbereitung auf mögliche Krisen- und Katastrophenfälle - wie Naturkatastrophen, wirtschaftliche Krisen durch Rezession oder Crash des Aktienmarktes, Industrieunfälle, Produktversagen und bösartige Attacken, wie Cyberangriffe, terroristische Akte, Produktmanipulationen - durch einen fest etablierten Krisenstab ist Bestandteil eines institutionalisierten Krisenmanagements. Banken beispielsweise sind in der Regel auf Cyber-Angriffe vorbereitet, da die Computerkriminalität im Kontext der Finanzdienstleistungsbranche nahe liegt.[82] Auch die Bundesregierung hat nach den Anschlägen vom 11. September 2001 von der Öffentlichkeit relativ unbemerkt einen Krisenstab zur Abwehr von Bioattacken eingerichtet und sich mit Hilfe eines institutionalisierten Krisenmanagements auf mögliche Bedrohungen wie SARS und Pockenviren zumindest gedanklich vorbereitet.[83]

Um der Vorbereitung auf den Krisenfall mehr Gewicht zu verleihen, haben aktive Unternehmen häufig eine Abteilung für Krisenmanagement oder ein Krisenzentrum geschaffen, das direkt dem Vorstandsressort untergeordnet ist. Hier werden Pläne zu Prävention und Reaktion erarbeitet, es besteht eine permanente Alarmbereitschaft, Krisenkompetenzen bei Mitarbeitern und Führungskräften und Mitarbeitern werden entwickelt, Audits und Trainings durchgeführt.[84]

3 Grundlagen der internen Kommunikation

3.1 Die Begriffe Information und Kommunikation

Die Begriffe „Information“ und „Kommunikation“ werden in vielen Lebensbereichen thematisiert.[85] „Man spricht auch von einer Kommunikationsgesellschaft und meint damit in der Regel eine Informationsgesellschaft“[86]. Information und Kommunikation sind zu Schlüsselbegriffen geworden, die wissenschaftliches, politisches und

82 Vgl. Mitroff/Alpaslan (Gewappnet gegen das Böse, 2003), S. 61 ff.

83 Vgl. Müller/Schneider (Für den Notfall gerüstet, 2003), S. 38-39.

84 Vgl. Mitroff/Alpaslan (Gewappnet gegen das Böse, 2003), S. 77 ff.

85 Vgl. Weingarten (Information ohne Kommunikation, 1990), S. 7.

86 Weingarten (Information ohne Kommunikation, 1990), S. 7.

wirtschaftliches Handeln leiten und sich auf vielfältigste Bereiche der modernen Welt beziehen.

In ökonomischer Hinsicht spielen in jeder arbeitsteilig organisierten Volkswirtschaft „Information" und „Kommunikation" eine wichtige Rolle.[87] Die Koordination von Leistungserstellungs- und Allokationsprozessen ist nur durch einen Austausch von Informationen im Rahmen von Kommunikationsprozessen möglich. „Ein Betrieb ist ohne Informationsfluss im Inneren und nach außen schlichtweg nicht funktionsfähig"[88].

Der Wandel von der Industrie- zur Informationsgesellschaft wird primär als ein technologisch-wirtschaftlicher Wandel gedeutet. Die neuen Informations- und Kommunikationstechnologien gelten als Auslöser und stehen in vielen Diskussionen um „Information" und „Kommunikation" im Fokus.[89] Der Umbruch tangiert jedoch nicht nur die technologischen und ökonomischen Aspekte, sondern alle Bereiche der Gesellschaft und verändert sie erheblich. Die Ausgestaltung der formellen und informellen zwischenmenschlichen Kommunikation in Organisationen wird dabei weniger betrachtet und in ihrer Bedeutung im Hinblick auf den Erfolg einer Unternehmung unterschätzt.

Die vorliegende Arbeit untersucht die spezifischen Wirkungen und Rahmenbedingungen der Mitarbeiterkommunikation aus betriebswirtschaftlicher Sicht und weniger die technologischen Aspekte. Dazu werden im Folgenden die Begriffe „Information" und „Kommunikation" abgegrenzt und die wichtigsten Modelle und Theorien der Kommunikation dargestellt.

Das Phänomen der Kommunikation wird in der Literatur nicht eindeutig definiert und aus unterschiedlichen Perspektiven beleuchtet. *Merten* hat bereits 1977 in einer Begriffs- und Prozessanalyse 160 unterschiedliche Definitionen der Kommunikation zusammengetragen.[90] Generell bezeichnet „Kommunikation" den Austausch von

87 Vgl. Bode (Informationsbegriff, 1997), S. 449.

88 Bode (Informationsbegriff, 1997), S. 449.

89 Vgl. Tauss, J./Kollbeck, J./Mönikes, J. (Wege in die Informationsgesellschaft, 1996), S. 14 ff.

90 Vgl. Merten (Kommunikation, 1977), S. 29 ff.

Informationen und Nachrichten bzw. den Prozess der Informationsübertragung.[91] Eine Dyade, d.h. die Beteiligung von mindestens zwei Stellen, stellt die kleinstmögliche Kommunikationsbeziehung dar.[92] Zahlreiche Autoren differenzieren ihre Definition in eine enge und weite Fassung des Kommunikationsbegriffs. Im weiteren Sinne beschreibt „Kommunikation" den „Prozess der Übertragung von Nachrichten zwischen einem Sender und einem oder mehreren Empfängern"[93]. Darunter lassen sich die menschliche Kommunikation, die Kommunikation unter Tieren, die Biokommunikation, d.h. die Kommunikation innerhalb lebender Organismen, die technische bzw. Maschinenkommunikation, d.h. die Kommunikation innerhalb und zwischen technischen Maschinen sowie die Mensch-Maschine-Kommunikation, d.h. die Kommunikation zwischen Menschen und technischen Apparaten subsumieren.[94] Im engeren Sinne bezieht sich der Begriff der Kommunikation auf Gemeinsamkeiten von Menschen, d.h. auf einen sozialen Prozess. Dieser wird auch als zwischenmenschliche Kommunikation bezeichnet.[95] Sowohl in der weiten als auch in der engen Begriffsfassung wird ein konstitutives Merkmal der Kommunikation deutlich. Abgleitet aus dem Lateinischen „communis", d.h. „gemeinsam", bezeichnet Kommunikation einen Vorgang, der auf Gemeinsamkeiten zwischen verschiedenen Objekten beruht.[96]

Kommunikation und Information werden im allgemeinen Sprachgebrauch häufig synonym verwendet. Sie sind mit siamesischen Zwillingen vergleichbar, denn ohne Information ist keine Kommunikation und ohne Kommunikation keine Information überlebensfähig. Auch für die Information existiert keine allgemeingültige Definition, da sich unterschiedliche Wissenschaftsdisziplinen dem Begriff nähern.[97]

---

91 Vgl. Gebert (Kommunikation, 1992), Sp. 1110 ff.; Reichwald (Kommunikation und Kommunikationsmodelle, 1993); Sp. 2174; Picot/Röntgen (Kommunikation, 1993), S. 1142.

92 Vgl. Picot/Röntgen (Kommunikation, 1993), S. 1143.

93 O.V. (Kommunikation, 2000), S. 1765.

94 Vgl. Maletzke (Kommunikationswissenschaft, 1998), S. 40.

95 Vgl. O.V. (Kommunikation, 1992), S. 1859; Maletzke (Kommunikationswissenschaft, 1998), S. 40.

96 Vgl. Maletzke (Kommunikationswissenschaft, 1998), S. 39.

97 Vgl. Bode (Information, 1993), S. 275 ff.; Reichwald (Informationsmanagement, 1999), S. 227.

Es ist zweckmäßig, eine statische und dynamische Informationsdefinition zu unterscheiden. Die statische Sichtweise beschreibt Informationen als „zweckbezogenes, gespeichertes Wissen über Zustände und Ereignisse“[98]. Gemäß der dynamischen Perspektive repräsentiert „Information“ den einseitigen Prozess der Nachrichtenübermittlung. Kommunikation stellt einen zweiseitigen Austausch dar, der eine Rückkopplung zwischen den beteiligten Partnern zulässt. Die Weitergabe von Informationen im Sinne von „informieren“ steht im Vordergrund dieser Betrachtung.[99]

Der Information aus betriebswirtschaftlicher Perspektive können unterschiedliche Rollen beigemessen werden.[100] Im Rahmen der produktionswirtschaftlichen Sichtweise stellen Informationen einen Produktionsfaktor dar, der als Input in betriebliche Transformationsprozesse einfließt. Diese Auseinandersetzung mit Informations- und Kommunikationsphänomenen aus ökonomischer Perspektive stellt ein vergleichsweise neues Gebiet dar. Produktionsfaktoren wie Arbeit, Boden und Kapital wurden indessen schon sehr früh beschrieben und als wichtige Elemente ökonomischer Aktivitäten identifiziert. Neben ihrer Rolle als Inputfaktor kann die Information ferner als Zwischenprodukt, welches z.B. spezifische Fragen der Speicherung aufwirft, und als Outputfaktor im Sinne von Produkten eines Unternehmens angeführt werden (z.B. Nachrichtenagenturen).[101] Durch die folgenden speziellen charakteristischen Eigenschaften unterscheidet sich die Information von anderen Produktionsfaktoren:[102] Informationen sind ein immaterielles Gut, das bei mehrfacher Nutzung nicht verbraucht wird. Es kann immer nur als Kopie zur Verfügung stehen und ist schnell komprimier- und transportierbar. Informationen erweitern sich während der Nutzung, neigen zur Diffusion und erlangen ihren Wert erst dadurch, dass sie beim Verwender oder Rezipienten einen Nutzen stiften.

Gemäß der entscheidungstheoretischen Sicht entsprechen Informationen der häufig zitierten Definition *Wittmanns* im Sinne zweckorientierten Wissens zur Vorbereitung

98 Dürr (Information, 1994), S. 308.

99 Gaugler (Information, 1995), Sp. 1175.

100 Vgl. z.B. Keuper (Information in der Informationsgesellschaft, 2002), S. 119-141.

101 Vgl. Gemünden (Information, 1993), Sp. 1725; Reichwald (Informationsmanagement, 1999), S. 226.

102 Vgl. Reichwald (Informationsmanagement, 1999), S. 226; Picot/Reichwald/Wigand (Die grenzenlose Unternehmung, 2003), S. 61-62.

von Handlungen und Entscheidungen.[103] Aus der großen Menge des verfügbaren Wissens ist in Entscheidungsprozessen nur ein Teil für die Unternehmung relevant: das zweckorientierte Wissen. Diese Auffassung hat sich zwar für zahlreiche betriebswirtschaftliche Fragestellungen als zweckmäßig erwiesen – ein wesentlicher Makel der Definition liegt aber in der Eigenschaft der Zweckorientierung.[104] Das Sichtfeld wird hierbei auf Informationen als Input von Entscheidungen eingeschränkt und verkennt andere und weitere Funktionen von Information und Kommunikation im Betrieb. Wissensgüter, die allein aus „Lust am Wissen" erworben werden und nicht zur Vorbereitung von Handlungen verwendet werden, sind aus Wittmanns Begriffsdefinition ausgeklammert.[105]

Die strategische Perspektive sieht Informationen als Voraussetzung zur Erzielung von Wettbewerbsvorteilen[106]. Diese sind häufig im Informationsvorsprung eines Anbieters begründet, der die Wünsche und Bedürfnisse seiner Kunden besser einzuschätzen weiß und dieses Wissen ausnutzt, um Wettbewerbsvorteile zu generieren.[107] Im Rahmen der institutionenökonomischen Sichtweise werden die transaktionskostentheoretische und die agencytheoretische Perspektive unterschieden. Informationskosten als Kostenart der Transaktionskostentheorie beeinflussen die Entscheidung zwischen marktlicher und hierarchischer Koordinationsform. Die Auswahl bestimmter Lenkungs- und Kontrollmaßnahmen im Verhältnis zwischen Prinzipal und Agent liegt in ihren unterschiedlichen Informationsständen begründet.[108] Auch der Begriff der Interaktion steht in engem Zusammenhang zur Kommunikation. Interaktion und

[103] Vgl. Wittmann (Unvollkommene Information, 1959), S. 14.

[104] Vgl. Bode (Informationsbegriff, 1997), S. 454-455.

[105] Vgl. Bode (Informationsbegriff, 1997), S. 455-456.

[106] Vgl. Günter (Wettbewerbsvorteile, 1997), S. 215 ff; Günter (Verlässlichkeit als Wettbewerbsvorteil, 2006), S. 3 ff. Günter unterscheidet vier Kategorien von Wettbewerbsvorteilen. Zum einen können Wettbewerbsvorteile in der Qualität bzw. dem Nutzen eines Vertragsobjektes für den Kunden bestehen, d.h. sie können „besser als die Wettbewerbsangebote" sein. Zum anderen können Wettbewerbsvorteile an den Total Cost of Ownership ansetzten. Ein Anbieter verfügt demnach über einen Wettbewerbsvorteil, wenn er kostengünstiger für den Kunden anbieten kann als die Wettbewerber. Die dritte Kategorie besteht in einem zeitlichen Vorsprung des Anbieters. Kann dieser beispielsweise durch Angebots- und Lieferzeiten dafür sorgen, dass er aus Kundensicht schneller Bedürfnisse befriedigt, so kann dies zu einer Vorziehenswürdigkeit seiner Angebote führen. Als vierte Kategorie beschreibt Günter das Konstrukt der Verlässlichkeit. Hier lässt sich danach fragen: „Auf welchen Anbieter kann ich als Auftraggeber mich mehr verlassen, wer wird mit höherer Wahrscheinlichkeit seine Leistungsversprechen einhalten?".

[107] Vgl. Bode (Informationsbegriff, 1997), S. 449; Günter/Platzek (Stenose von Feedbackkanälen, 1999), S. 391 ff.; Platzek (Selektion von Informationen, 1998).

[108] Vgl. Bode (Informationsbegriff, 1997), S. 449-450.

Kommunikation bedingen sich gegenseitig. Dabei beschreibt die Interaktion den übergeordneten Prozess der Wechselbeziehung zwischen zwei oder mehreren Größen. Die Kommunikation als untergeordnetes Element stellt eine spezifische Form der sozialen Interaktion dar.[109]

Die obigen Ausführungen machen deutlich, dass Verständnis und Abgrenzung von Informations- und Kommunikationsprozessen in Theorie und Praxis erheblich voneinander abweichen und Ansätze aus unterschiedlichen Traditionen ihre jeweiligen Betrachtungsstandpunkte manifestieren. In welcher Art und Weise die Begriffe „Kommunikation“, „Information“ und „Interaktion“ miteinander verknüpft werden können, zeigen die Ausführungen im folgenden Abschnitt. Grundlegenden Kommunikationstheorien und -modelle werden dargestellt und erläutert.

3.2 Modelle der menschlichen Kommunikation

Eine Informations- und Kommunikationswissenschaft im Sinne einer einheitlichen Wissenschaftsdisziplin existiert bisher nicht. Die Kommunikationswissenschaft als Wissenschaft der Kommunikation zu bezeichnen, führt erneut zu der Problematik, dass eine einheitliche Definition des Kommunikationsbegriffs fehlt. Die Kommunikationswissenschaft stellt ein interdisziplinäres Feld dar.[110] Im Allgemeinen zählt sich die Kommunikationswissenschaft zu den Sozialwissenschaften, wodurch zahlreiche Schnittstellen zur Soziologie, Psychologie, Politikwissenschaft, Kulturanthropologie und Wirtschaftswissenschaft entstehen. Nachrichtentechnik, Mathematik und Linguistik beschäftigen sich ebenfalls mit Aspekten der Kommunikation und Information. Publizistik- und Medienwissenschaft können auch als enge Anknüpfungspunkte zur Kommunikationswissenschaft genannt werden.[111]

Diese Vielfalt an Perspektiven beinhaltet die Möglichkeit, je nach Erklärungs- und Gestaltungsproblem eine geeignete Kombination von Modellaspekten herauszufiltern

[109] Vgl. Maletzke (Kommunikationswissenschaft, 1998), S. 42-44.

[110] Vgl. Reichwald (Kommunikation und Kommunikationsmodelle, 1993), Sp. 2174-2175.

[111] Vgl. Maletzke (Kommunikationswissenschaft, 1998), S. 16-20; Reichwald (Informationsmanagement, 1999), S. 231.

und für den spezifischen Betrachtungsraum nutzbar zu machen. Die wichtigsten Modelle des menschlichen Kommunikationsverhaltens werden im Folgenden dargestellt. Sie bilden die Grundlage für alle weiteren kommunikationsbezogenen Überlegungen und ein Grundgerüst für die Analyse der internen Kommunikation im Krisenmanagement. Die nachstehenden Modelle sind für das allgemeine Verständnis von Kommunikationsprozessen fundamental und Ausgangspunkt für weitere Argumentationen.

3.2.1 Sprachtheoretisches Kommunikationsmodell

Die Semiotik, ein abstrakter Ansatz der allgemeinen Sprachtheorie, befasst sich mit der wissenschaftlichen Erforschung der Gegenstände und Funktionsweisen von Kommunikationsvorgängen, d.h. der Analyse von Kommunikations- und Zeichenprozessen. Drei Ebenen der Kommunikation werden unterschieden: die Ebene der Syntaktik, die Ebene der Semantik und die Ebene der Pragmatik.[112] Je nachdem, an welchen Fragestellungen die Kommunikationsbetrachtung ansetzt, ist eine spezifische Ebene angesprochen, wobei die einzelnen Untersuchungsebenen nicht völlig getrennt voneinander zu betrachten sind. Alle drei Ebenen befassen sich mit Zeichen, deren Beziehungen und Regeln sich überschneiden und aufeinander aufbauen.[113]

Die syntaktische Ebene beschreibt die Übertragung von Signalen und Zeichen entsprechend der Sichtweise der physikalisch-technischen Kommunikationstheorie.[114] Es geht um die Frage, welche (technischen) Eigenschaften der Übertragungskanal aufweisen muss, um Informationen schnell und fehlerfrei zu einem Empfänger zu transportieren.[115] Eine Kommunikationsstörung könnte auf der syntaktischen Ebene

---

[112] Vgl. Gebert (Kommunikation, 1992), Sp.1110-1111; O.V. (Kommunikation, 1992), S. 1859; Reichwald (Kommunikation und Kommunikationsmodelle, 1993), Sp. 2176; Reichwald (Informationsmanagement, 1999), S. 231-232; Picot/Reichwald/Wigand (Die grenzenlose Unternehmung, 2003), S. 89 ff.

[113] Vgl. Picot/Reichwald/Wigand (Die grenzenlose Unternehmung, 2003), S. 89. Hier ließe sich noch die sigmatische Ebene der Kommunikation ergänzen. In der Ebene der Sigmatik findet eine reine Abbildung von Daten statt. Es wird ein System von Zeichenvorräten bereitgestellt, das für die weiteren Ebenen der Kommunikation elementar ist.

[114] Vgl. Reichwald (Kommunikation und Kommunikationsmodelle, 1993), Sp. 2176.

[115] Vgl. Gebert (Kommunikation, 1992), Sp. 1110.

beispielsweise darin bestehen, dass während eines Telefongespräches einzelne Worte wegen zu starken Rauschens nicht verstanden werden können.[116]

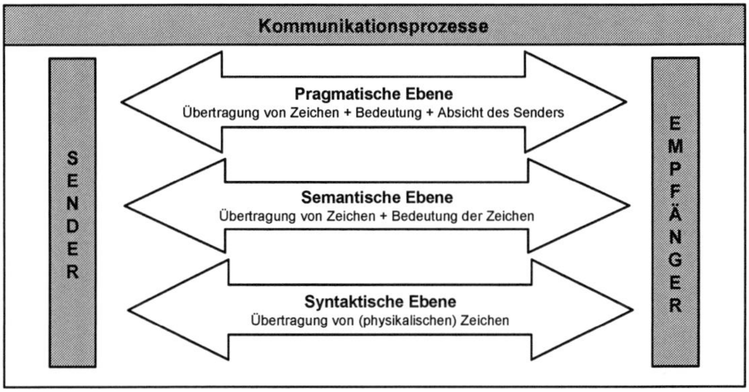

Abbildung 6: Ebenen der Semiotik[117]

Auf der Ebene der Semantik steht die Analyse der Beziehungen zwischen Zeichen und ihrer Bedeutung im Vordergrund. Für den Erfolg der Kommunikation ist es wichtig, dass Sender und Empfänger den gleichen Zeichen die gleiche Bedeutung beimessen, d.h. über einen gemeinsamen Zeichenvorrat verfügen, die gleichen Verbindungsregeln nutzen und einheitliche Begriffszuordnungen vornehmen.[118] Eine Störung entstünde auf der semantischen Ebene dadurch, dass ein Kommunikationspartner ein Fremdwort verwendet, das der andere nicht kennt oder falsch versteht.[119]

Die Pragmatik kann als die umfassendste Ebene bezeichnet werden, da sie sämtliche persönlich-psychologischen und konstitutionellen Faktoren berücksichtigt.[120] Es geht um die Frage, ob technisch störungsfrei übermittelte und semantisch korrekt decodierte Informationen Entscheidungen und Handlungen des Empfängers beeinflussen

[116] Vgl. Reichwald (Informationsmanagement, 1999), S. 232.

[117] In Anlehnung an: Picot/Reichwald/Wigand (Die grenzenlose Unternehmung, 2003), S. 90.

[118] Vgl. Reichwald (Kommunikation und Kommunikationsmodelle, 1993), Sp. 2176; Gebert (Kommunikation, 1992), Sp. 1110.

[119] Vgl. Reichwald (Informationsmanagement, 1999), S. 232.

[120] Vgl. Picot/Reichwald/Wigand (Die grenzenlose Unternehmung, 2003), S. 89 ff.

und verhaltensbestimmend wirken.[121] Dabei wird zugrunde gelegt, dass der Sender mit seiner Nachricht beim Empfänger eine bestimmte Wirkung auslösen möchte.

3.2.2 Informationstheoretisches Kommunikationsmodell

Das bekannteste Kommunikationsmodell stammt aus der mathematischen Kommunikations- und Informationstheorie und wurde 1949 von *Shannon* und *Weaver* entwickelt. Es wird auch als „Nachrichtentechnisches Kommunikationsmodell" bezeichnet und bildet die Grundlage für die Behandlung einer Vielzahl von kommunikationstheoretischen Fragestellungen.[122]

Das so genannte „Sender-Empfänger-Modell" fokussiert in erster Linie die zuvor beschriebene syntaktische Ebene der Kommunikation und zeichnet den Weg einer Nachricht von einem Sender über einen Übertragungskanal hin zu einem Empfänger nach. Eine Informationsquelle erzeugt eine Nachricht. Der Sender bearbeitet die Nachricht, so dass sie als Signal über das Kommunikationsmedium gesendet werden kann. Während dieser Übertragung kann es zu Störungen des Kommunikationsvorgangs kommen, deren Ursprünge im Modell zu einer Störquelle zusammengefasst werden. Das empfangene Signal entspricht demnach unter Umständen nicht dem gesendeten Signal.[123]

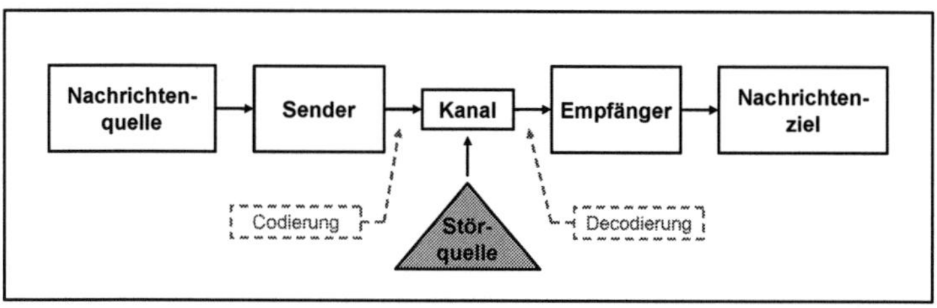

Abbildung 7: Informationstheoretisches Kommunikationsmodell[124]

[121] Vgl. Gerbert (Kommunikation, 1992), Sp. 1110-1111.

[122] Vgl. Picot/Reichwald/Wigand (Die grenzenlose Unternehmung, 2003), S. 91 ff.

[123] Vgl. Reichwald (Informationsmanagement, 1999), S. 232-233.

[124] In Anlehnung an: Shannon/Weaver (Informationstheorie, 1976), S. 44.

Das nachrichtentechnische Übertragungs- bzw. Transmissionsmodell wurde in vielen Varianten übernommen und erweitert[125]. Es herrscht der allgemeine Konsens, dass das „Sender-Empfänger-Modell“ zur Beschreibung menschlicher Kommunikation nicht ausreicht.[126] Es kann zwar für die Analyse von Kommunikationsvorgängen durchaus als Ausgangspunkt dienen, da es eine grundlegende Vorstellung des Prozesses erlaubt und eine tendenzielle Übertragung auf spezifische und situative Problembereiche ermöglicht.

3.2.3 Sozialpsychologische Kommunikationsmodelle

Die sozialpsychologische Kommunikationsforschung betont den zwischenmenschlichen Aspekt der Kommunikation und ist deshalb für die Betrachtung von Kommunikationsbeziehungen in Unternehmen von besonderer Bedeutung. Zahlreiche unterschiedliche Modelle beschreiben die Kommunikation vor dem Hintergrund sozialer Interaktion, d.h. der Verständigung von Menschen als Teile sozialer Systeme. Unternehmen können nur dann existieren, wenn Menschen miteinander kommunizieren. Kommunikation ist Voraussetzung für das Erzielen von Verständigung, für das Einsehen und die Sinngebung von Handlungen.[127] Im Folgenden sollen das pragmatische Kommunikationsmodell von *Watzlawick*, *Beavin* und *Jackson* und das Vier-Seiten bzw. TALK-Modell erläutert werden, wobei auf eine Vielzahl weiterer Modelle dieser Forschungsrichtung hinzuweisen ist.[128]

Watzlawick, *Beavin* und *Jackson* entwickelten innerhalb der psychologischen Kommunikationsforschung eine umfassende, sozialpsychologisch orientierte Modellierung menschlicher Verständigung.[129] Dieser Ansatz zur Beschreibung der pragmatischen Wirkungsweisen der menschlichen Kommunikation hat wie kaum ein anderer

---

125 Vgl. Seiwert (Kommunikation im Betrieb, 1992), Sp. 1128.

126 Vgl. Reichwald (Informationsmanagement, 1999), S. 233.

127 Vgl. Reichwald (Kommunikation und Kommunikationsmodelle, 1993), Sp. 2178.

128 Picot/Reichwald/Wigand (Die grenzenlose Unternehmung, 2003) präsentieren eine umfangreiche Erläuterung weiterer sozialpsychologischer Kommunikationsmodelle.

129 Vgl. Picot/Reichwald/Wigand (Die grenzenlose Unternehmung, 2003), S. 93.

die neuere Kommunikationsforschung und auch die betriebswirtschaftliche Kommunikationsforschung beeinflusst.[130]

In ihrem grundlegenden Werk „Menschliche Kommunikation: Formen, Störungen, Paradoxien" beschreiben die Autoren verschiedene allgemeine Grundeigenschaften menschlicher Kommunikationsweisen und leiten daraus Kalküle oder Axiome ab.[131] Auf Basis dieser so genannten „Axiome der menschlichen Kommunikation" lassen sich Störungen in menschlichen Kommunikationsvorgängen und Möglichkeiten ihrer Behebung erkennen.

Axiom 1	Man kann nicht nicht kommunizieren.
Axiom 2	Jede Kommunikation besitzt einen Inhalts- und einen Beziehungsaspekt.
Axiom 3	Die Beziehung zwischen Kommunikationspartnern ist durch die Interpunktion von Kommunikationsabläufen geprägt.
Axiom 4	Menschliche Kommunikation bedient sich dialoger und analoger Medien.
Axiom 5	Kommunikation kann auf symmetrischen und komplementären Beziehungen beruhen.

Abbildung 8: Axiome der menschlichen Kommunikation[132]

Die Axiome haben wegen ihrer hohen praktischen Bedeutung in Theorie und Praxis eine weite Verbreitung gefunden und lassen sich auch auf betriebliche Informations- und Kommunikationssysteme übertragen.[133] Zwar bieten die fünf Axiome kein vollständiges und in sich geschlossenes Kommunikationsmodell. Eine Reihe wichtiger Kommunikationsaspekte, denen ein großer Einfluss auf zwischenmenschliche Kommunikationsbeziehungen beigemessen werden kann, lassen sich jedoch identifizieren und auf Unternehmenssituationen übertragen. Der Frage nach Art und Ausgestaltung

130 Vgl. Reichwald (Kommunikation und Kommunikationsmodelle, 1993), Sp. 2177.

131 Vgl. Watzlawick/Beavin/Jackson (Menschliche Kommunikation, 1969).

132 Vgl. hierzu Picot/Reichwald/Wigand (Die grenzenlose Unternehmung, 2003), S. 93. Auf eine umfassendere Darstellung der Inhalte und Bedeutungen der einzelnen Axiome soll im Rahmen dieser Arbeit verzichtet werden, da die betriebswirtschaftliche Relevanz dieses Modells im Vordergrund steht. Zum Zwecke eines detaillierteren Literaturstudiums sein hier auf die Quelle Watzlawick/Beavin/Jackson (Menschliche Kommunikation, 1969) verwiesen.

133 Vgl. Reichwald (Informationsmanagement, 1999), S. 233-236.

des Einsatzes von Kommunikationsmedien im Rahmen unternehmensinterner und unternehmensübergreifender Kommunikationsbeziehungen kann man sich auf der Grundlage der Axiome der menschlichen Kommunikation nähern. Verschiedene Kommunikationsmedien sind z.B. in unterschiedlichem Maße dazu geeignet, Inhalts- und Beziehungsaspekte einer Kommunikation zu vermitteln. Eine schnelle und eindeutige Übermittlung von gedrucktem Zahlenmaterial spricht in erster Linie den Inhaltsaspekt einer Kommunikation an, während der face-to-face-Kontakt in einem Mitarbeitergespräch vordergründig den Beziehungsaspekt betont.[134] Betriebliche Kommunikation dient nicht nur dem sachlichen Informationsaustausch zur Erfüllung von Aufgaben, sondern dem Aufbau von sozialen Beziehungen innerhalb und über Organisationen hinaus. „Die sozialen Beziehungen prägen die Randbedingungen der betrieblichen Leistungserstellung und des Leistungsaustausches zwischen Unternehmen“[135]. Dieser wichtige Sachverhalt wird bei der rein technischen Betrachtung von Informations- und Kommunikationssystemen oftmals vernachlässigt.[136]

Insbesondere die Aussage des ersten Axioms steht in einem engen Zusammenhang zur internen Kommunikation im Krisenmanagement. „Man kann nicht nicht kommunizieren“ heißt, dass eine unterlassene Kommunikation seitens der Unternehmensleitung im Krisenfall dennoch Wirkungen auf die Belegschaft entfacht. Auch wenn nicht explizit und öffentlich kommuniziert wird, heizt dies die Gerüchteküche durch bestimmte Verhaltensweisen, Äußerungen etc. an und unterstützt Spekulationen. In den späteren Ausführungen wird auf diesen Sachverhalt noch genauer eingegangen.

Schulz von Thun entwickelte aus dem Organon-Modell der menschlichen Sprache von *Bühler* und den Axiomen der Kommunikation von *Watzlawick/Beavin/Jackson* das Vier-Seiten-Modell der menschlichen Kommunikation: „Jede Nachricht, die ein Sender einem Empfänger übermittelt, ist ein Paket, in dem vier Botschaften gleichzeitig enthalten sind“[137]. Die folgenden vier Aspekte werden hinsichtlich ihrer Intentionen und Wirkungen zwischen Sender und Empfänger analysiert.[138]

---

134 Vgl. Picot/Reichwald/Wigand (Die grenzenlose Unternehmung, 2003), S. 95.

135 Vgl. Reichwald (Kommunikation und Kommunikationsmodelle, 1993), Sp. 2177.

136 Vgl. Reichwald (Informationsmanagement, 1999), S. 236.

137 Vgl. Seiwert (Kommunikation im Betrieb, 1992), Sp. 1129.

138 Vgl. Seiwert (Kommunikation im Betrieb, 1992), Sp. 1129-1130; Picot/Reichwald/Wigand (Die grenzenlose Unternehmung, 2003), S. 95-96.

1. **Sachinhalt:** Worüber der Sender informiert.
2. **Selbstoffenbarung:** Was der Sender über sich selbst mitteilt.
3. **Beziehung:** Was der Sender vom Empfänger hält.
4. **Appell:** Wozu der Sender den Empfänger veranlassen möchte.

Die aufgeführten Aspekte des „Vier-Seiten-Modells" machen deutlich, dass *Schulz von Thun* kein eigenständiges, neuartiges Modell der zwischenmenschlichen Kommunikation präsentiert. Das Modell von *Watzlawick*, *Beavin* und *Jackson* wurde weiterentwickelt und differenziert, um so besser auf konkrete Kommunikationsstörungen und -probleme zu eingehen zu können.[139]

In engem Zusammenhang zum Kommunikationsmodell von *Schulz von Thun* steht das von *Neuberger* entwickelte TALK- Modell, das die Ansätze des „Vier-Seiten-Modells" mit dem TZI- Konzept von *Cohn* verbindet.[140] In diesem Modell werden bei einem Kommunikationsprozess die folgenden vier Aspekte unterschieden:[141]

1. Tatsachendarstellung, Themenorientierung, Problemlösung, Information
2. Ausdruck, Selbstoffenbarung und Selbstdarstellung
3. Lenkung, Handlungsaufforderung, Beeinflussung, Appell
4. Kontakt, Beziehung, Klima

Das TALK- Modell von *Neuberger* dient als theoretische Grundlage für Kommunikationsschulungen in Organisationen und ist dazu geeignet, zwischenmenschliche Kommunikationsprozesse und deren Störungen zu analysieren.[142]

Neben den zuvor dargestellten Modellen der menschlichen Kommunikation existieren zahlreiche weitere Ansätze, deren Darstellung im Rahmen dieser Arbeit zu weit führen würde. Als Grundlage für die weitere Abgrenzung und Darstellung der internen Kommunikation reichen die aufgezeigten Modelle aus, um ein Grundverständnis

[139] Vgl. Picot/Reichwald/Wigand (Die grenzenlose Unternehmung, 2003), S. 96.

[140] Vgl. Seiwert (Kommunikation im Betrieb, 1992), Sp. 1130.

[141] Vgl. Seiwert (Kommunikation im Betrieb, 1992), Sp. 1130; Reichwald (Informationsmanagement, 1999), S. 236; Picot/Reichwald/Wigand (Die grenzenlose Unternehmung, 2003), S. 97-98.

[142] Vgl. Picot/Reichwald/Wigand (Die grenzenlose Unternehmung, 2003), S. 97.

darüber zu entwickeln, wie Kommunikationsbeziehungen im Unternehmen idealtypisch aussehen und welche Einflussfaktoren von vordergründiger Bedeutung sind.

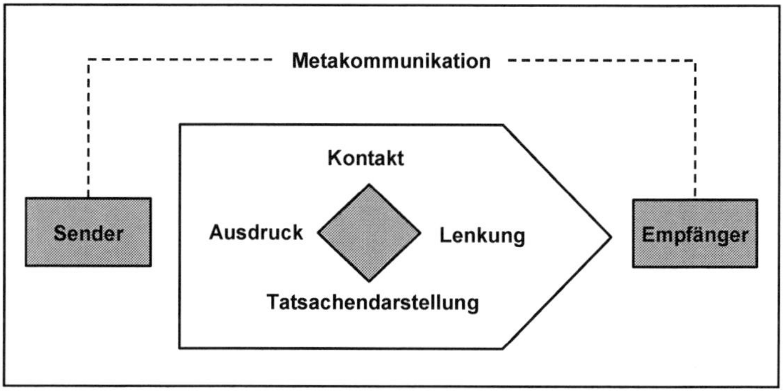

Abbildung 9: TALK-Modell[143]

3.3 Relevanz und definitorische Abgrenzung der internen Kommunikation

Die wissenschaftliche Auseinandersetzung mit der innerorganisatorischen Kommunikation wurde lange vernachlässigt und ist Forschungsgegenstand sehr unterschiedlicher Wissenschaftsdisziplinen.[144] Soziologie, Psychologie, Publizistik, Informatik und Betriebswirtschaftslehre haben sich dem Phänomen der internen Kommunikation auf unterschiedliche Art und Weise genähert. Dies führt zu einer Vielzahl von Begriffen, die synonym verwandt werden: betriebliche Kommunikation, organisationale Kommunikation, Mitarbeiterinformation oder -kommunikation, innerbetriebliche Kommunikation, Betriebskommunikation, unternehmensinterne Öffentlichkeitsarbeit, innerbetriebliche Public Relations, Internal Relations, internes Marketing, interne Unternehmenskommunikation und Informationspolitik.[145]

---

143 In Anlehnung an: Neuberger (Miteinander arbeiten, 1985), S. 13.

144 Vgl. Meier (Interne Kommunikation im Unternehmen, 2002), S. 9.

145 Vgl. Meier (Interne Kommunikation im Unternehmen, 2002), S. 17; Macharzina/Dedler (Informationspolitik der Unternehmung, 1998), S. 2; Mast (Unternehmenskommunikation, 2002), S. 243.

Ausmaß und Art der Kommunikation werden im betrieblichen Zusammenhang immer bedeutsamer.[146] Zahlreiche Quellen stellen heraus, dass unternehmerisches Handeln ohne interne Kommunikation nicht möglich ist. Sie „gilt als Schlüsselkompetenz, als Grundvoraussetzung und Lebensnerv für das Funktionieren jedes Unternehmens“[147]. Erst durch eine effektive Gestaltung der internen Kommunikationsbeziehungen werden die Subsysteme, d.h. Mitglieder von Organisationen handlungsfähig gemacht und verhelfen Unternehmen als zielgerichteten und sozialen Systemen zu erfolgreichem Handeln.[148] In der extremsten Sichtweise heißt dies, dass durch Binnenkommunikation ein Unternehmen überhaupt erst konstituiert wird.[149]

Das vorliegende Verständnis von interner Kommunikation bezieht nicht sämtliche Kommunikations- und Informationsbeziehungen im Unternehmen mit ein, sondern fokussiert den institutionalisierten Einsatz von Kommunikationsinstrumenten. In erster Linie stellt die interne Kommunikation eine Teilmenge der Unternehmenskommunikation dar. Diese kann als Gesamtheit aller Kommunikationsinstrumente und -maßnahmen eines Unternehmens bezeichnet werden, die eingesetzt werden, um das Unternehmen und seine Leistungen bei den relevanten Zielgruppen darzustellen.[150] Unternehmenskommunikation – als Management von Kommunikationsprozessen zwischen Unternehmen und ihren internen bzw. externen Umwelten – verfolgt das Ziel, durch die systematische und langfristige Gestaltung der Kommunikation das Unternehmen bekannt zu machen, ein Image aufzubauen und dieses kontinuierlich zu verbessern.[151]

Unternehmenskommunikation setzt sich aus interner und externer Kommunikation zusammen. Zielgruppe der internen Kommunikation sind ehemalige und aktuelle Mitarbeiter aller Hierarchieebenen. Häufig werden auch deren Angehörige dazugezählt. Die externe Unternehmenskommunikation hingegen richtet sich an externe

---

146 Vgl. Meier (Interne Kommunikation im Unternehmen, 2002), S. 9.

147 Meier (Interne Kommunikation im Unternehmen, 2002), S. 24.

148 Vgl. Noll (Gestaltungsperspektiven interner Kommunikation, 1996), S. 37.

149 Vgl. Wischermann/Borscheid/Ellerbrock (Unternehmenskommunikation, 2000), S. 169.

150 Vgl. Winterstein (Mitarbeiterinformation, 1998), S. 6 ff.; Meier (Interne Kommunikation im Unternehmen, 2002), S. 15-16; Bruhn (Kommunikationspolitik, 2003), S. 2.

151 Vgl. Mast (Unternehmenskommunikation, 2002), S. 11; Herbst (Praxishandbuch Unternehmenskommunikation, 2003), S. 24.

Zielgruppen.[152] Die unternehmensexterne Kommunikation fokussiert folglich alle Akteure, mit denen ein Unternehmen außerhalb seiner Organisation in Kontakt tritt. Dazu gehören z.B. Kunden, Lieferanten, Wettbewerber, Banken, Öffentlichkeit, Verbraucher- und Wirtschaftsverbände, Bürgerinitiativen und Umweltschutzgruppen.[153]

Für die vorliegende Arbeit wird die interne Kommunikation als der Einsatz aller Kommunikationsinstrumente und -maßnahmen verstanden, die der zielgerichteten Information und Verhaltensbeeinflussung der internen Zielgruppen im Unternehmen dienen.[154] „Mitarbeiten kann nur, wer mitdenken kann, mitdenken kann nur, wer informiert ist"[155]. Dieses Zitat von *Kalmus* macht deutlich, dass die kommunikative Einbindung der Mitarbeiter in das betriebliche Geschehen für den wirtschaftlichen Erfolg ausschlaggebend ist.[156] Im Umkehrschluss ist die Existenz des betreffenden Unternehmens langfristig gefährdet, wenn der innerbetriebliche Informationsaustausch mangelhaft organisiert wird.[157] Einige Studien aus der jüngeren Vergangenheit haben den Zusammenhang zwischen interner Kommunikation und Unternehmenserfolg untersucht und kommen zu den folgenden Ergebnissen:

– Eine Befragung von 1.600 Beschäftigten und ca. 70 Personalfachleuten aus dem Jahr 2003 zeigt, dass die interne Kommunikation die Leistungsbereitschaft und Motivation der Mitarbeiter erhöht. Dies gilt auch im Bezug auf die Mitarbeiterbindung und -loyalität, da ein direkter Zusammenhang zwischen Mitarbeiteridentifikation und Informationsstand existiert. Es bestehen jedoch Unterschiede zwischen der Arbeitgeber- und der Arbeitnehmerperspektive. Zwar gibt es auf Seiten des Managements ein Bewusstsein für die Bedeutung der internen Kommunikation. Gleichzeitig fühlen sich die meisten Mitarbeiter jedoch nicht ausrei-

[152] Vgl. Meier (Interne Kommunikation im Unternehmen, 2002), S. 16-18.

[153] Vgl. Mohr (Kommunikation und organisatorischer Wandel, 1997), S. 167-168.

[154] Die bereits dargelegten informations- und kommunikationstheoretischen Grundlagen gelten ebenso für die Kommunikation innerhalb von Unternehmen.

[155] Vgl. Kalmus (Innerbetriebliche Öffentlichkeitsarbeit, 1982), S. 94.

[156] Vgl. Mast (Unternehmenskommunikation, 2002), S. 243.

[157] Vgl. Wischermann/Borscheid/Ellerbrock (Unternehmenskommunikation, 2000), S. 170. Zu beachten ist dabei, dass die interne Unternehmenskommunikation abhängig vom individuellen betrieblichen Kontext, d.h. den existierenden hierarchischen Strukturen und organisatorischen Vorgaben und Regeln eines Unternehmens, d.h. der Organisationsstruktur ist.

chend informiert. Die Mitarbeiterkommunikation stellt damit einen wichtigen Erfolgsfaktor dar. Dieser wird jedoch noch nicht hinreichend ausgeschöpft.[158]

– Aus Befragungen von insgesamt 36.000 Mitarbeitern bei so genannten High Performing Companies in einem Zeitraum von drei Jahren kann abgeleitet werden, dass ein Zusammenhang zwischen Kommunikation und Unternehmenserfolg besteht. Eine etablierte Informationskultur wird als wichtige Voraussetzung genannt. Maßnahmen der internen Kommunikation dürfen demnach nicht erst eingeführt werden, wenn Veränderungen oder Krisensituationen anstehen. Von großer Bedeutung ist vor allem eine fortlaufende, umfassende und aufrichtige Kommunikation, die nicht nur punktuell eingesetzt wird.[159]

Dies gilt insbesondere für Krisenzeiten. Das individuelle problemorientierte Kommunikationsbedürfnis der gesamten Belegschaft steigt. Mitarbeiter und Führungskräfte möchten darüber informiert werden, wie es um die Zukunft des Unternehmens, die Sicherheit des eigenen Arbeitsplatzes und die zukünftige Arbeitsorganisation bestellt ist.

Hierbei lassen sich zwei Tendenzen beobachten. Entweder nehmen die Kommunikationsanstrengungen der Unternehmensleitung ab und es kommt zu einem so genannten Informationsvakuum oder es entsteht im Zeitalter der Informationsflut eine große Diskrepanz zwischen quantitativer Informationsmenge und qualitativem Informationsbedürfnis.[160] Eine Maximierung der Quantität an Mitarbeiterinformationen kann nicht die ausgehende Zielsetzung sein. Vielmehr kommt es darauf an, dass Informations- und Kommunikationsbedürfnis in qualitativer Hinsicht zu decken und damit

[158] Vgl. dazu die bundesweite Studie „Welche Spuren hat die Krise hinterlassen – Bestandsaufnahme zur Arbeitssituation und zum Personalmanagement in deutschen Unternehmen" der CSC Deutschland Akademie GmbH und der Dr. Dr. Heissmann Unternehmensberatung GmbH und der Fiebes in Company Personalmarketing GmbH. Die wichtigsten Ergebnisse sind zusammengefasst in: Fiebes/Lau/Pilger (HR-Management, 2004), S. 48-57.

[159] Bei der Firma ISR handelt es sich um ein internationales Personalforschungs- und Beratungsunternehmen mit Hauptsitz in Chicago. Die deutsche Niederlassung befindet sich in Frankfurt. Seit mehr als 30 Jahren führt das Unternehmen Befragungen zu Themen wie Engagement und Zufriedenheit im Unternehmen durch. Bei High Performing Companies handelt es sich um Unternehmen, die sich durch steigende Umsätze und erfolgreiches Management auszeichnen. Weitere Informationen können der Unternehmenshomepage entnommen werden: www.isrinsight.com.

[160] Vgl. Regnet (Kommunikation als Führungsaufgabe, 1993), S. 186.

einen Beitrag zur Erreichung der Unternehmensziele zu leisten. Im Zusammenhang zu Krisensituation sind vor allem unternehmens- und krisenbezogene Informationen von Bedeutung – nämlich jene, die über die Kernaufgaben der Mitarbeiter hinausreichen und die Situation des Unternehmens und die Belegschaft als soziales Gebilde betreffen. Dabei ist zu beachten, dass eine auf lokalen Grenzen beruhende Differenzierung in interne und externe Unternehmenskommunikation nicht trennscharf zu ziehen ist.[161] Interne und externe Kommunikation können als komplementäre Kommunikationssysteme verstanden werden, die sich gegenseitig beeinflussen. Inwieweit sich die Wirkung der internen Kommunikation über die Mitarbeiter als Multiplikatoren[162] nach außen und die Innenwirkung der externen Kommunikation auf die Situation eines Unternehmens manifestieren kann, wird an späterer Stelle in Bezug auf das Krisenmanagement noch näher erläutert.

Generell hat sich das Bewusstsein zur Bedeutsamkeit der internen Kommunikation in der praktischen Umsetzung noch nicht vollständig durchgesetzt. In einer Vielzahl der Unternehmen beschränkt sich die Mitarbeiterkommunikation auf die Herausgabe einer Mitarbeiterzeitung und ist oftmals auf niedrigen Hierarchiestufen angesiedelt.[163] Insbesondere in rezessiven Phasen und unternehmerischen Krisensituationen gehört das Ressort der Mitarbeiterkommunikation zu den Funktionsbereichen, die als erstes reduziert oder abgebaut werden. Warum jedoch in Krisenzeiten eine effektive Mitarbeiterkommunikation von existenzieller Bedeutung für ein Unternehmen sein kann, ist Kern dieser Arbeit und wird im weiteren Verlauf verdeutlicht.

3.4 Kategorisierung der internen Kommunikation

Sowohl praxisorientierte als auch wissenschaftliche Literatur präsentieren unterschiedliche Möglichkeiten der Kategorisierung der internen Kommunikation. Im Hinblick auf die Erläuterungserfordernisse einer Analyse der Erfolgswirkung der

---

161 Vgl. Wischermann/Borscheid/Ellerbrock (Unternehmenskommunikation, 2000), S. 169.

162 Vgl. Wiedemeyer (Mitarbeiterinformation, 1989), S. 644.

163 Vgl. Beger/Gärtner/Mathes (Unternehmenskommunikation, 1989), S. 119 ff.; Armbrecht (Innerbetriebliche Public Relations, 1992), S. 3-5; Schick (Interne Unternehmenskommunikation, 2005), S. 1.

internen Kommunikation im Krisenmanagement sind die aufgeführten Klassifikationsmerkmale der folgenden Darstellung nicht gleichbedeutend zu gewichten. Es sollen daher nur einige wichtige Kategorien erläutert und in Bezug zur Thematik betrachtet werden.

Kategorie	Ausprägungen
Ebene	horizontal vertikal diagonal
Richtung	einseitig zweiseitig
Form	schriftlich mündlich non-verbal
Empfängerkreis	Massenkommunikation Individualkommunikation
Formalisierungsgrad	formell informell
Initialisierung	bewusst gestaltet unbewusst
Informationsbezug	aufgabenbezogen nicht-aufgabenbezogen
Anlass	Basiskommunikation Außerordentliche Kommunikation
Funktion	Instrumentelle Funktion Soziale Funktion

Abbildung 10: Kategorisierung der internen Kommunikation[164]

[164] Vgl. dazu z.B. Böhme (Information, 1978), S. 297-298; Macharzina/Dedler (Ökonomische Analyse der internen Informationspolitik, 1989), S. 2; Noll (Gestaltungsperspektiven interner Kommunikation, 1996), S. 34-35 und S. 41-42; Mohr (Kommunikation und organisatorischer Wandel, 1997), S. 176-179; Klein/Ringlstetter/Oelert (Interne Kommunikation, 2001), S. 160 und S. 165-166; Meier (Interne Kommunikation im Unternehmen, 2002); Mast (Unternehmenskommunikation, 2002), S. 245.

Zunächst sind formale und informale Kommunikation voneinander zu differenzieren. Die formale Kommunikation bezeichnet alle Kommunikationsstrukturen und -inhalte, die in irgendeiner Weise intendiert oder institutionalisiert sind.[165] Daneben existiert in jedem Unternehmen eine Form der informellen Kommunikation, welche gemäß Definition „ein nicht planbares und nicht kontrollierbares Geflecht an Kommunikationsbeziehungen“[166] darstellt, die sich in ihrer negativen Ausprägung in Form von Gerüchten manifestieren. Besonders diese Form der internen Kommunikation stellt im Rahmen der Bewältigung von Unternehmenskrisen eine wesentliche Bedrohung dar. Der Einsatz formaler Kommunikation zur Bekämpfung oder auch Eindämmung negativer informeller Kommunikation stellt einen bedeutenden Erfolgsfaktor zur Überwindung von Unternehmenskrisen dar. Nichts desto trotz darf die informelle Kommunikation nicht vollkommen außer Kraft gesetzt werden. Dies wäre praktisch auch nicht möglich. Sie gilt als das zentrale Nervensystem des Unternehmens.[167] In engem Zusammenhang zu dieser Kategorie steht die Unterscheidung in bewusst gestaltete und unbewusste Kommunikationsprozesse, wobei im Folgenden die Betrachtung auf der gestaltbaren Kommunikation liegt.[168]

Weiterhin lassen sich im Rahmen von unternehmensinternen Kommunikationsprozessen aufgabenbezogene und nicht-aufgabenbezogene, d.h. unternehmensbezogene Informationen austauschen.[169] Aufgabenbezogene Informationen sind solche, die in unmittelbarem Zusammenhang mit der Aufgabenerfüllung der Arbeitnehmer im Rahmen der betrieblichen Leistungserstellung stehen. Nichtaufgabenbezogene In-

---

165 Vgl. Mohr (Kommunikation und organisatorischer Wandel, 1997), S. 176-179; Hegele-Raih (Kommunikation, 2002), S. 137 ff.

166 Mohr (Kommunikation und organisatorischer Wandel, 1997), S. 176.

167 Vgl. Mohr (Kommunikation und organisatorischer Wandel, 1997), S. 176-179. So hat beispielsweise Oskar Grün in seiner Dissertation aus dem Jahr 1966 zum Thema „Informale Erscheinungen in der Betriebsorganisation“ analysiert, dass eine Unternehmung ohne die informelle Kommunikation gar nicht existieren könne. Er beschreibt die informelle Organisation als „ein System persönlicher und sozialer Beziehungen zwischen Menschen, die in einer formellen Organisation miteinander leben“. Dabei unterscheidet sich das informale Kommunikationssystem im Unternehmen insbesondere dadurch, dass sie sich anderer Bahnen bedient und damit ein inoffizielles Nachrichtennetz etabliert. Auch unterscheiden sich die Inhalte der informalen Kommunikation. Hier geht es insbesondere um die „menschliche“ Seite der Arbeit. Eine wichtige Erkenntnis besteht hier darin, dass informale Erscheinungen nicht mehr nur überwiegend als hemmend betrachtet werden, sondern durchaus einen fördernden Einfluss auf die Organisation ausüben. Vgl. dazu Grün (Informale Erscheinungen, 1966), S. 13ff.

168 Vgl. Klein/Ringlstetter/Oelert (Interne Kommunikation, 2001), S. 160.

169 Vgl. Macharzina/Dedler (Ökonomische Analyse der internen Informationspolitik, 1998), S. 2.

formationen sind Informationen über das Unternehmen insgesamt, d.h. über wirtschaftliche, produktionstechnische, organisatorische und soziale Angelegenheiten, Außenbeziehungen des Unternehmens, Markt- und Wettbewerbsbeziehungen, Beziehungen zur politischen, gesellschaftlichen, technischen und rechtlich relevanten Umwelt. Beiden Kategorien stellen für die interne Kommunikation im Krisenmanagement eine Herausforderung dar. Auf der einen Seite verändern sich die Aufgaben der betrieblichen Leistungserstellung aufgrund der einzuleitenden Maßnahmen zur Krisenbewältigung im Hinblick auf Komplexität, Neuheitsgrad, Anforderung, etc. und damit auch die benötigten Informationen. Darüber hinaus besteht seitens der Mitarbeiter ein erhöhter Bedarf an nicht-aufgabenbezogenen Informationen, d.h. der zukünftigen wirtschaftlichen und sozialen Entwicklung des Unternehmens, da hiermit die individuellen Konsequenzen eines jeden Einzelnen verbunden sein können.

Hinsichtlich des Anlasses lassen sich Basiskommunikation und außerordentliche Kommunikation unterscheiden.[170] Regelmäßig wiederkehrende Informationsbedürfnisse können in Form von standardisierten Kommunikationsinstrumenten durch regelmäßig erscheinende Mitarbeiterzeitschriften, regelmäßige Besprechungen, etc. befriedigt werden. Die Umsetzung tief greifender Veränderungen, wie z.B. die Einführung eines neuen Produktes, die Umsetzung einer Restrukurierungsmaßnahme oder eben die Auseinandersetzung mit einer Unternehmenskrise erfordert spezielle Kommunikationsmaßnahmen sowie ein intensiviertes Instrumentarium. Die interne Krisenkommunikation fällt damit in das Aufgabenspektrum der außerordentlichen Kommunikation. Der interne Kommunikationsauftrag im Krisenmanagement wird im Folgenden als eine nicht-aufgabenbezogene und außerordentliche Kommunikation verstanden.

Bezüglich der allgemeinen Funktion der internen Kommunikation gilt es noch einmal herauszustellen, dass diese in erster Linie einen instrumentellen Charakter aufweist, d.h. die Koordination der Aufgabenerfüllung und Leistungserstellung übernimmt und damit die Unternehmensziele sichern soll. Daneben kommt die interne Kommunikation in ihrer sozialen Funktion der Aufgabe nach, auch die emotionalen Bedürfnisse der Mitarbeiter und Führungskräfte zu befriedigen. In einer Unternehmenskrise kommt diesem Aspekt eine besondere Rolle zu. Emotionale Einflüsse der

[170] Vgl. Klein/Ringlstetter/Oelert (Interne Kommunikation, 2001), S. 165.

Mitarbeiter wie Ängste, Widerstände, Unsicherheit charakterisieren eine solche Situation. Diese beiden Teilbereiche dürfen keinesfalls separiert voneinander betrachtet werden. Beide spielen zusammen und fokussieren letztendlich dasselbe übergeordnete Ziel: Die Einstellungen und Verhaltensweisen der Mitarbeiter sollen durch Information und Kommunikation im Hinblick auf das Erreichen der Organisationsziele beeinflusst werden[171].

Die Differenzierung von Massen- und Individualkommunikation, horizontaler, vertikaler und diagonaler Kommunikation, einseitiger und zweiseitiger Kommunikation und schriftlicher, mündlicher und nonverbaler Kommunikation soll an dieser Stelle nicht näher betrachtet werden. Die Frage nach der Wahl der Kommunikationsinstrumente oder -mittel wird in Kapitel 7 ausführlich dargestellt.

3.5 Die Rolle der internen Kommunikation im Unternehmen

Nachdem der Begriff der internen Kommunikation inhaltlich definiert und zu verwandten Disziplinen und Begrifflichkeiten abgegrenzt wurde, wird im Folgenden die Rolle der internen Kommunikation im organisatorischen Kontext untersucht. Unabhängig von ihrer Stellung in der Aufbauorganisation eines Unternehmens ist deren Position im organisatorischen Zusammenspiel zu verwandten Themengebieten zu untersuchen. Es gilt herauszustellen, dass unter interner Kommunikation weitaus mehr zu verstehen ist als reiner Betriebsjournalismus oder die Herausgabe einer Mitarbeiterzeitschrift. Vielmehr kann die interne Kommunikation als ein bedeutsamer strategischer Erfolgsfaktor betrachtet werden. In der gängigen Literatur wird die Mitarbeiterkommunikation häufig in Zusammenhang zur Mitarbeiterführung, zum internen Marketing und zur Unternehmenskultur gesetzt, ohne die Themenbereiche systematisch miteinander in Verbindung zu setzten. Abbildung 11 macht deutlich, dass die Basisrolle der internen Kommunikation die drei weiteren Aspekte umschließt. Die Themenbereiche stehen in enger Verbindung zueinander und beeinflussen sich gegenseitig. Sie charakterisieren das betriebliche Umfeld, das die Kommunikations-

[171] Vgl. Mohr (Kommunikation und organisatorischer Wandel, 1997), S. 185.

beziehungen zwischen Unternehmensleitung, Führungskräften und Mitarbeitern maßgeblich beeinflusst.

Abbildung 11: Die Rolle der internen Kommunikation im Unternehmen

Die folgenden Abschnitte geben Aufschluss über die Rolle der internen Kommunikation als Komponente der Personalführung, des internen Marketings und der Unternehmenskultur. Dem wird zunächst die Erläuterung der Basisrolle der internen Kommunikation im organisatorischen Kontext voran gestellt.

3.5.1 Die Basisrolle der internen Kommunikation

3.5.1.1 Interne Kommunikation als Funktion

Im Rahmen der funktionsbezogenen Sichtweise wird die Mitarbeiterkommunikation als ein zwischenmenschlicher Kommunikationsprozess verstanden, bei dem Informationen zum Zwecke der aufgabenbezogenen Verständigung ausgetauscht werden. Diese Auffassung der klassischen BWL sieht Kommunikation als ein Koordinationsinstrument der betrieblichen Leistungserstellung.[172] Ihre Hauptaufgabe besteht in

[172] Vgl. Trilling (Business Television, 2000), S. 60.

einer Informationsfunktion, welche der Anordnung und Anweisung als auch der Koordination des betrieblichen Geschehens dient.[173] Demnach ist die innerbetriebliche Kommunikation Voraussetzung für eine erfolgreiche Dezentralisierung von Aufgaben und Kompetenzen und damit für Delegation und Verantwortung[174]als Folge einer fortgeschrittenen Technisierung und damit zunehmender Arbeitsteilung und Spezialisierung.[175]

Dieses eng gefasste Kommunikationsverständis lässt sich erweitern. Der Mitarbeiterkommunikation wird auch eine beeinflussende Wirkung auf die Leistungsbereitschaft der Mitarbeiter zugesprochen. *Meffert* nennt als zentrales Merkmal der Marktkommunikation die „Übermittlung von Informationen und Bedeutungsinhalten zum Zweck der Steuerung von Meinungen, Einstellungen, Erwartungen und Verhaltensweisen“[176]. Die interne Kommunikation stellt ein strategisches Instrument zur systematischen Beeinflussung von Kenntnissen, Einstellungen und Verhaltensweisen der Mitarbeiter dar.[177] Man erhofft sich damit eine höhere Motivation der Mitarbeiter, die durch Kommunikationsmaßnahmen in die Lage versetzt werden, Sinn und Zweck ihrer Arbeit zu erkennen und zu einer realistischeren Burteilung betrieblicher Probleme kommen. Darüber hinaus kann die interne Kommunikation Spannungen und Konflikte abbauen.[178] Die beeinflussende Wirkung der Kommunikation auf die Leistungsbereitschaft der Mitarbeiter durch die Stärkung der Identifikation, Schaffung und Erhaltung von Vertrauen, die Generierung von Zufriedenheit und Commitment[179] wurde durch zahlreiche Studien[180] untersucht. Dass im unternehmerischen Geschehen eine umfassende und offene Kommunikation aller Mitarbeiter zur Herbei-

---

173 Vgl. Meier (Interne Kommunikation im Unternehmen, 2002), S. 28-29; vgl. zu den Funktionen der Unternehmenskommunikation ebenfalls Derieth (Unternehmenskommunikation, 1995), S. 144 ff.

174 Vgl. Böhme (Information, 1978), S. 297.

175 Vgl. Rischar (Informationspolitik, 1978), S. 306-307.

176 Meffert (Marketing, 1991), S. 443.

177 Vgl. z.B. Trilling (Business Television, 2000), S. 61-62.

178 Vgl. Noll (Gestaltungsperspektiven interner Kommunikation, 1996), S. 209.

179 Vgl. Trilling (Business Television, 2000), S. 60-61.

180 Vgl. Bräutigam (Innerbetriebliches Informationswesen, 1975), Sp. 1027-1031. Bräutigam nennt in seinem Aufsatz im Handwörterbuch des Personalwesens zahlreiche Quellen, die den Zusammenhang zwischen Information bzw. Kommunikation und der Leistung von Mitarbeitern in Unternehmen darstellen und untersucht haben.

führung einer Leistungssteigerung nicht uneingeschränkt möglich und von zahlreichen Bedingungen abhängig ist, wird im Verlauf der Arbeit noch deutlich.

3.5.1.2 Interne Kommunikation als Institution

Die institutionsbezogene Sichtweise sieht die interne Kommunikation vorwiegend als Bestandteil der Institution „Öffentlichkeitsarbeit" bzw. „Public Relations", wird häufig auch als „innerbetriebliche Public Relations" bezeichnet und damit mit der Herausgabe von Werkzeitschriften oder Werkspublikationen gleichgesetzt.[181]

In diesem Sinne lässt sich die interne Kommunikation als ein „Sammelbegriff für die in aller Regel journalistisch aufbereitete Vermittlung von unternehmens- und arbeitsbezogenen Informationen an Mitarbeiter"[182] bezeichnen. Wenig eindeutig bleibt die Zuordnung innerhalb der Unternehmenshierarchie[183], die letztendlich von der Größe des Unternehmens, den finanziellen und personellen Mitteln sowie den historisch gewachsenen Strukturen abhängt.[184] Eine einheitliche Zuordnung der internen Information innerhalb der Unternehmensorganisation existiert folglich nicht.

Vor 20 Jahren herrschte in der deutschen Industrie die folgende Einordnung der Abteilung für interne Information: Ein Drittel der internen Kommunikationsabteilungen gehörte zum Bereich „Öffentlichkeitsarbeit/PR", ein Drittel zum Bereich „Personalwesen" und ein Drittel war in anderen Bereichen, wie z.B. „Marketing" und „Werbung" oder als Vorstandsressort angesiedelt.[185]

---

181 Vgl. Armbrecht (Innerbetriebliche Public Relations, 1992), S. 76 ff.

182 Meisert (Deutsche Betriebspublizistik, 1989), S. 35, Vgl. Armbrecht (Innerbetriebliche Public Relations, 1992), S. 76.

183 Vgl. Armbrecht (Situationsbezug innerbetrieblicher Public Relations, 1992), S. 55.

184 Vgl. Kalmus (Praxis der internen Kommunikation, 1998), S. 55.

185 Vgl. Armbrecht (Situationsbezug innerbetrieblicher Public Relations, 1992), S. 55; Klöfer (Mitarbeiterkommunikation, 1996), S. 1060; Kalmus (Praxis der internen Kommunikation, 1998), S. 55.

Eine Untersuchung der Arbeitsstelle für innerbetriebliche Kommunikation (AIK)[186] kam 1990 zu dem Ergebnis, dass 58,1% der Abteilungen für interne Kommunikation dem Bereich „Öffentlichkeitsarbeit“ zugeordnet sind. Diese inzwischen steigende Tendenz mag darin begründet sein, dass für die Unternehmenskommunikation ganzheitliche Konzepte und Strategien im Sinne einer integrierten Unternehmenskommunikation gefordert werden.[187] Neuere Befragungen kommen zu den folgenden Ergebnissen: In 25% der Fälle ist die interne Kommunikation in den Bereich der Unternehmenskommunikation eingebettet. 29% der befragten Unternehmen organisieren die Mitarbeiterkommunikation als Element der Unternehmensleitung. Außerdem fällt in 17% der Fälle die interne Kommunikation unter den Bereich der PR und Öffentlichkeitsarbeit und in 14% ist sie in der Personalabteilung angesiedelt.[188]

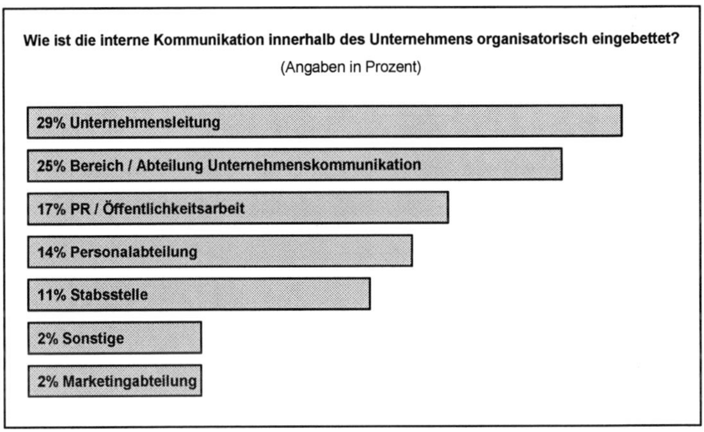

Abbildung 12: Organisatorische Ansiedlung der internen Kommunikation[189]

[186] Die Bundesvereinigung für innerbetriebliche Kommunikation e.V. besteht seit 1990. Sie ist entstanden aus dem Zusammenschluss der Arbeitsgemeinschaft deutscher Werksredakteure, der Gesellschaft für innerbetriebliche Publizistik und der Arbeitsstelle für innerbetriebliche Kommunikation. Mittlerweile gehört sie zur DPRG (Deutsche Public Relations Gesellschaft e.V.).

[187] Vgl. Kalmus (Praxis der internen Kommunikation, 1998), S. 55.

[188] Vgl. Fiebes/Lau/Pilger (HR-Management, 2004), S. 55.

[189] In Anlehnung an Fiebes/Lau/Pilger (HR-Management, 2004), S. 55.

Dabei ist die interne Kommunikation als ein gewichtiger Teil eines ganzheitlichen Konzeptes anzusehen. Sie übernimmt eine strategische Funktion im Unternehmen.[190] In der Regel sind Mitarbeiter der internen Kommunikation Betriebsjournalisten, unabhängig davon, ob die interne Kommunikation im Personalwesen oder in der Presse- und Öffentlichkeitsarbeit angesiedelt ist. Die gravierenden Veränderungsprozesse in der Wirtschaft in den letzten 5-10 Jahren ziehen einen grundlegenden Wandel der internen Kommunikation nach sich: „Weg von der Sozialleistung hin zum strategischen Führungsinstrument, weg von der Rolle Betriebsjournalist oder Werksredakteur hin zur Rolle Kommunikationsmanager und -berater“[191].

3.5.2 Interne Kommunikation als Komponente der Personalführung

Die Aktivierung des menschlichen Leistungspotenzials durch die Schaffung und Bereitstellung leistungsfördernder organisatorischer, technischer, psycho-sozialer, geistiger und rechtlicher Rahmenbedingen stellt die Gesamtheit der Aufgaben des Personalmanagements dar. Sie ist Grundlage eines effektiven und effizienten Einsatzes des „Human-Kapitals“. Die Personalführung kann neben Personalorganisation, Personalbeschaffung, Personaleinsatz, Personalentwicklung, Personalcontrolling, etc. als ein zentraler Aufgabenbereich des Personalmanagements identifiziert werden und dient im Kern der Schaffung und Umsetzung struktureller Regelungen der Führung von Mitarbeitern.[192]

Aufgrund seiner Interdisziplinarität lässt sich der Begriff der Personalführung nur schwer eindeutig definieren. Die folgende Abbildung gibt einen Überblick über die verschiedenen Wissenschaftsfelder, die von dem Themenbereich der Personalführung tangiert werden. Im Zusammenhang zur vorliegenden Arbeit sind vor allem die betriebswirtschaftlichen und kommunikationswissenschaftlichen Zusammenhänge von Bedeutung.

---

190 Vgl. Kalmus (Praxis der internen Kommunikation, 1998), S. 55; Buffington (Internal Communications, 2004), S. 34.

191 Schick (Internen Unternehmenskommunikation, 2005), S. 1.

192 Vgl. Richter (Personalführung, 1999), S. 2-5.

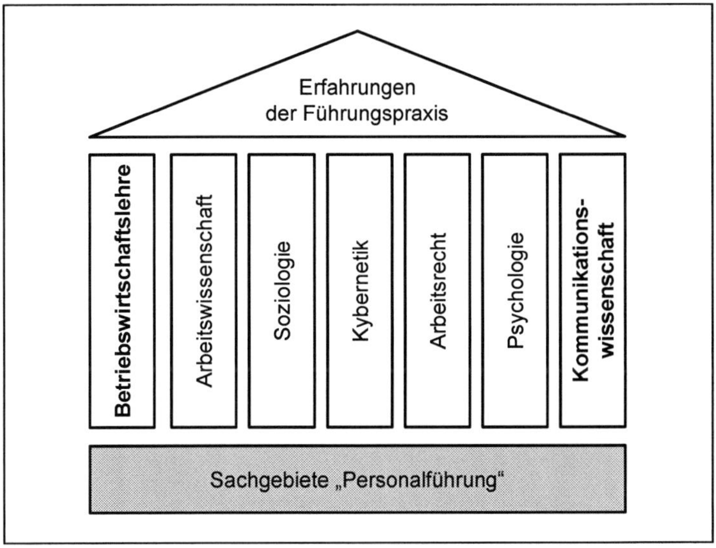

Abbildung 13: Interdisziplinarität der Personalführung[193]

Wunderer/Grunwald definieren Führung als die „zielorientierte soziale Einflussnahme zur Erfüllung gemeinsamer Aufgaben in/mit einer strukturierten Arbeitssituation"[194] – ebenso *Zander* als „die zielorientierte soziale (interpersonelle) Einflussnahme durch Führungskräfte"[195]. *Weibler* greift in seiner Abgrenzung ebenfalls den Aspekt der sozialen Einflussnahme auf: „Führung heißt andere durch eigenes, sozial akzeptiertes Verhalten so zu beeinflussen, dass dies bei den Beeinflussten mittelbar oder unmittelbar ein intendiertes Verhalten bewirkt"[196]. Zudem macht die Definition von *Baumgarten* deutlich, dass zwischen Personalführung und Kommunikation ein enger Zusammenhang bestehen muss: „Führung ist jede zielbezogene, interpersonelle Verhaltensbeeinflussung mit Hilfe von Kommunikationsprozessen"[197].

[193] In Anlehnung an und modifiziert nach Zander (Personalführung, 1992), S. 47.

[194] Wunderer/Grunwald (Führungslehre, 1980), S. 62.

[195] Zander (Personalführung, 1992), S. 47.

[196] Weibler (Personalführung, 2001), S. 29.

[197] Baumgarten (Führungsstile und Führungstechniken, 1977), S. 9.

Meist wird nicht genauer spezifiziert, wie die Rolle der internen Kommunikation als Komponente der Personalführung gedeutet werden kann. Grundsätzlich lassen sich dennoch drei unterschiedliche Sachverhalte identifizieren:

1. Interne Kommunikation bildet die Grundvoraussetzung für das Zustandekommen jedweder Führungsbeziehungen zwischen Mitarbeitern und Vorgesetzten.

2. Interne Kommunikation und das damit verbundene Kommunikationsklima können Auskunft über die in einem Unternehmen vorherrschende Führungskonzeption gewähren. Sie dienen als Identifikationsmerkmal, Ausdrucksmittel oder Symptom für einen bestimmten Führungsstil.

3. Der internen Kommunikation kommt die Rolle eines Instrumentes der Personalführung zu, das neben weiteren Maßnahmen die Zielsetzungen der Führung durchzusetzen versucht.

Der erste Punkt beschreibt, dass Kommunikation die Grundlage menschlichen Zusammenseins darstellt. In der Gegenwart Anderer, d.h. in sozialen Situationen ist es nicht möglich, nicht zu kommunizieren.[198] Das von *Watzlawick/Beavin/Jackson* entwickelte „metakommunikative" Axiom: „Man kann nicht nicht kommunizieren" bezeichnet den Menschen als einen „homo communicativus"[199], der nicht nur verbal kommuniziert, sondern auch nonverbal auf der Basis seiner Mimik, Gestik, Körpersprache. „Auch wer nichts sagt, teilt etwas mit und keine Antwort ist auch eine Antwort"[200]. Ein kommunikationsfreies Zusammentreffen von Menschen ist folglich nicht möglich. Vielmehr kann die Kommunikation mit jeglicher sozialen Interaktion gleichgesetzt werden. Die Führungsbeziehung zwischen Führendem und Geführten ist eine spezielle Form der sozialen Interaktion. Es besteht eine wechselseitige und unter Umständen asymmetrische Einflussbeziehung. Handlungen und Verhaltensweisen zeigen einen wechselseitigen Charakter. Die innerbetriebliche Kommunikation zwischen Unternehmensangehörigen stellt folglich die notwendige Bedingung für

[198] Vgl. Titscher (Kommunikation als Führungsinstrument, 1995), Sp. 1309-1310.

[199] Seiwert (Kommunikation im Betrieb, 1992), Sp. 1126.

[200] Regnet (Kommunikation als Führungsaufgabe, 1993), S. 187.

das Zustandekommen einer wechselseitigen Führungsbeziehung dar. Neben dieser Rolle als notwendige Bedingung für das Zustandekommen einer Führungsbeziehung ist die interne Kommunikation Identifikationsmerkmal für den vorherrschenden Führungsstil in einem Unternehmen. Dieser beschreibt „die längerfristig geübte Grundausrichtung des Führungsverhaltens eines Vorgesetzten gegenüber seinen Mitarbeitern“[201].

Als typische Führungsstile in der betrieblichen Praxis[202] lassen sich die folgenden Ausprägungen anführen: In der Regel werden der autoritäre und der kooperative Führungsstil als gegensätzliche Extremausprägungen genannt und sollen mit einem entsprechenden Kommunikationsstil in Verbindung gebracht werden. Daneben können ferner ein patriarchalischer, charismatischer, autokratischer, bürokratischer und laissez-faire-Führungsstil identifiziert werden.[203]

Ein autoritärer Führungsstil lässt sich durch eine starke Zentralisierung der Entscheidung und verbindliche Anordnungen „von oben“ charakterisieren. Kollegiale Arbeitsbeziehungen stehen hierbei eher im Hintergrund und es besteht ein überwiegend sachliches Interesse an der Aufgabenerfüllung. Der Kommunikationsstil ist in erster Linie von einseitigen Kommunikationsbeziehungen geprägt. Der Inhalts- dominiert gegenüber dem Beziehungsaspekt. Die Dialogfunktion der Führung tritt beim autoritären Führungsstil in den Hintergrund. Die Informationsvermittlung dient vordergründig der sachlichen Koordination von Aufgaben und nicht der sozialen Integration, Partizipation und Motivation der Mitarbeiter. Eine einseitig ausgerichtete Kommunikationsstruktur, bei der sozialer Austausch nur in geringem Maße stattfindet und die Regeln für Handlungs- und Kommunikationsprozesse vom Führenden bestimmt werden, kann Identifikationsmerkmal für einen autoritären Führungsstil sein.

Im Gegensatz dazu zeichnet sich ein kooperativer Führungsstil durch eine hohe Beteiligung der Mitarbeiter in Entscheidungsprozessen aus. Partizipation und Integration der Mitarbeiter bedingen eine offene und wechselseitige Kommunikation, bei der motivierende Begründungen und Belange der Mitarbeiter eine Rolle spielen. Die

201 Richter (Personalführung, 1999), S. 277.

202 Vgl. Zander (Personalführung, 1992), S. 61-63.

203 Vgl. Berthel/Becker (Personalmanagement, 2003), S. 65-76.

Entwicklung und Pflege der Kommunikationsbeziehungen wird im kooperativen Führungsstil als eine wesentliche Führungsaufgabe definiert. Das Wissen um betriebliche Hintergründe und Zusammenhänge soll das Interesse an der Arbeit und die Verbundenheit zum Unternehmen fördern und die Gefahr von Fehlentscheidungen vermeiden. Der Beziehungsaspekt der Kommunikation spielt neben dem Inhaltsaspekt eine wichtige Rolle: Soziale Interaktion, Partizipation und Motivation durch ausgeprägte Kommunikationsverflechtungen können innerhalb eines kooperativen Führungsstils als wesentlich angesehen werden.

Häufig wird in diesem Zusammenhang von „Management-by-Walking-Around“[204] gesprochen, d.h. die Führungskraft wird zu einem „Kommunikationsmanager“, der die Information als einen wesentlichen Teil seiner Führungsarbeit versteht. Der Begriff des „Management-by-Communication“ ließe sich zur Beschreibung eines kooperativen Führungsstils ebenfalls zutreffend verwenden. Zwar sind diese theoretischen Erkenntnisse aufgrund einer hohen Komplexität von situativen Bedingungen in Führungsbeziehungen nur in Grenzen zutreffend und ermöglichen allenfalls eine grobe Systematisierung des Führungsgeschehenes. Nichts desto trotz erlaubt eine Analyse des Kommunikationsklimas und des Kommunikationsstils Rückschlüsse auf den vorherrschenden Führungsstil eines Unternehmens.

Neben ihrer Rolle als Identifikationsmerkmal für Führungsstile übernimmt die interne Kommunikation als Komponente der Personalführung die Aufgabe eines Führungsinstrumentes. Grundsätzlich lassen sich im Rahmen der Instrumente der Personalführung organisatorische und personale Instrumente unterscheiden. Die erste Kategorie dient der formalen Steuerung und Koordination der Unternehmensaktivitäten und umfasst beispielsweise Stellenbildungen und -beschreibungen, Festlegung von Instanzen und Verantwortlichkeiten, Hierarchiebildung, Abteilungsbildung, Gremienbildung, Kommunikationsregeln und -strukturen, Organigramme, Verfahrensvorschriften.

---

[204] Vgl. Regnet (Kommunikation als Führungsaufgabe, 1993), S. 186; Dahl (Das Problem der konsequenten Führung, 2003), S. 35.

Zu den personalen Führungsinstrumenten zählen z.B. Mitarbeitergespräche, Anreiz- und Motivationssysteme und Personalentwicklung.[205] Empirische Studien zeigen, dass Führungskräfte den größten Anteil ihrer Arbeitszeit mit Kommunikation verbringen: Vier-Augen-Gespräche, Gruppengespräche, Vorträge, Teilnahme an Tagungen und Konferenzen, Telefonieren, Erstellen und Lesen von Schriftgut können bis zu 80-90% in Anspruch nehmen.[206] Mit steigender Position in der Hierarchie eines Unternehmens erhöht sich der Kommunikationsanteil an der Arbeitszeit[207], wobei sich die Mitarbeiterführung keineswegs auf die Unternehmensleitung beschränken lässt, sondern alle Vorgesetzten tangiert[208]. Im folgenden Abschnitt wird die interne Kommunikation als Komponente des internen Marketings eines Unternehmens gewürdigt.

3.5.3 Interne Kommunikation als Komponente des internen Marketings

Inwieweit klassische Marketingkonzepte auf unternehmensinterne Fragestellungen übertragen werden können, wird in Wissenschaft und Praxis seit mehr als 20 Jahren diskutiert.[209] Die meisten Publikationen zu dieser Thematik sind wenig theoriegestützt und weisen einen eher deskriptiven Charakter auf.[210] Es existiert eine Vielzahl unterschiedlicher Definitionen zum Begriff des internen Marketings. Alle bauen darauf auf, dass das interne Marketing als interne Denkhaltung einer besseren Leis-

---

205 Vgl. Drumm (Personalführung, 1993), Sp. 3108-3111; Rosenstiel v. (Grundlagen der Führung, 1993), S. 4-5. Die Aussage dieser empirischen Studien verwundern nicht, wenn man sich vor Augen führt, dass die Führungsaufgabe eines Vorgesetzten insbesondere in der zielgerichteten Verhaltensbeeinflussung seiner Mitarbeiter liegt. Da soziale Kommunikation – wie bereits an anderer Stelle erwähnt – auch mit sozialer Interaktion gleichgesetzt werden kann, ist hier eher fraglich, warum lediglich 80-90% der Arbeitszeit von Führungskräften mit Kommunikation verbracht werden. Somit würden nämlich immerhin 20% der Arbeitszeit auf ausführende Arbeiten ohne Kommunikationsinhalt entfallen.

206 Vgl. Rosenstiel v. (Grundlagen der Führung, 1993), S. 5; Titscher (Kommunikation als Führungsinstrument, 1995), Sp. 1310; Stempfle (Lenker oder Macher, 2003), S. 140-141.

207 Vgl. Regnet (Kommunikation als Führungsaufgabe, 1993), S. 186.

208 Vgl. Drumm (Personalführung, 1993), S. 3101.

209 Vgl. Grönroos (Service Management, 2001), S. 330ff. In der Literatur zum Dienstleistungsmarketing wird der Begriff des internen Marketings zum ersten Mal in den 70er Jahren gebraucht.

210 Vgl. Bruhn (Internes Marketing, 1995), S. 387; Bruhn (Internes Marketing als Forschungsgebiet, 1999), S. 19ff.; Collins/Payne (Internes Marketing, 1999), S. 187-188; Bruhn (Notwendigkeit eines Internen Marketing, 2001), S. 707 ff.

tungserstellung gegenüber dem Endkunden dienen soll.[211] Unter internem Marketing wird die „Übertragung des herkömmlichen auf externe Zielgruppen bezogenen Marketing-Konzepts auf die Gestaltung unternehmensinterner Austauschbeziehungen“[212] verstanden. Unternehmensinterne Prozesse sollen mit Instrumenten des Marketingmanagements dahingehend optimiert werden, dass durch eine simultane Kunden- und Mitarbeiterorientierung die Unternehmensziele effizient erreicht werden können.[213] *Grönroos* betont zum Zusammenhang von Human Resources Management und internem Marketing drei wesentliche Aspekte:[214]

1. Die Mitarbeiter stellen sowohl für das Produkt- bzw. Dienstleistungsprogramm als auch für die externen Marketing-Aktivitäten einen internen Markt dar. Dementsprechend unterliegen sämtliche Marketing-Anstrengungen, Kampagnen und Werbemaßnahmen zunächst einmal der Beurteilung der eigenen Mitarbeiter. Stehen diese nicht hinter den Leistungsversprechen des Unternehmens, können diese auch nur schwerlich gegenüber den Kunden vertreten und damit kaum eine umfassende Kundenorientierung erreicht werden.

2. Alle internen Anstrengungen, Programme und Prozesse sollten darauf abzielen, die externe Performance des Unternehmens zu sichern. Dem Human Resources Management kommt neben der internen damit auch eine externe Dimension zu. Es sollte sicher gestellt sein, dass durch eine simultane Mitarbeiter- und Kundenorientierung die Wettbewerbsfähigkeit des Unternehmens gesichert ist. Wie auch beim externen Marketing ist dazu ein aktives, koordiniertes und zielorientiertes Handeln wichtig.

3. Menschen, Funktionen und Abteilungen sollten als „Kunden“ verstanden werden. Sämtliche Interaktionen im Unternehmen stellen „interne Kunden-

[211] Vgl. Bruhn (Internes Marketing als Forschungsgebiet, 1999), S. 19.

[212] Stauss (Internes Marketing, 1995), Sp. 1046.

[213] Vgl. Bruhn (Internes Marketing als Forschungsgebiet, 1999), S. 20; Lintemeier (Internes Marketing als strategisches Konzept, 1999), S. 647.

[214] Vgl. Grönroos (Service Management, 2001), S. 330 ff.

Lieferanten-Beziehungen“[215] dar, die genau wie beim Umgang mit externen Kunden ein kunden- und service-orientiertes Verhalten erfordern.

Dass unternehmensinterne Prozesse für den Erfolg eines Unternehmens ebenso wichtig sind wie die Aktivitäten eines Unternehmens gegenüber seinen Kunden, hat sich aufgrund zahlreicher Untersuchungen mittlerweile durchgesetzt. Diese zeigen einen engen Zusammenhang zwischen Mitarbeiter- und Kundenzufriedenheit auf, was den Einsatz von Instrumenten zur Vorbereitung und Motivation der Mitarbeiter im Hinblick auf Kundenorientierung und kundenbewusstes Verhalten begründet. Mitarbeiter sollen im Rahmen des internen Marketings dabei unterstützt werden, kundenorientierte Einstellungen, Handlungsweisen und ein marktbezogenes Leistungsverhalten nach innen und außen zu entwickeln.[216] Es wird angestrebt, dass sich Mitarbeiter in all ihren kundenbezogenen Aktivitäten und Kundenkontaktsituationen so verhalten, dass Kunden gewonnen, zufrieden gestellt und gehalten werden.[217] Eine wichtige Voraussetzung hierfür ist die Generierung, Analyse und Verarbeitung von Kundenzufriedenheitsinformationen, d.h. Informationen der Anbieter über Kundenerwartungen und -erfahrungen.[218] Es besteht eine enge Verbindung zur internen Kommunikation des Unternehmens, da oftmals Störungen im Informationsfluss vom Kunden über die Mitarbeiter in das Anbieterunternehmen existieren.

Günter und *Platzek* sprechen von „Stenosen in Feedbackprozessen“[219], die aufgrund der komplexen Kommunikationsstrukturen in den vielfältigen internen Kunden-Lieferanten-Beziehungen zahlreiche Ursachen haben können. Letztendlich führen derartige Prozesse dazu, dass entscheidungsrelevante Zufriedenheitsinformationen nicht zur Verfügung stehen und nicht entsprechend umgesetzt werden können. Die

---

215 Vgl. zum Konzept der internen Kunden-Lieferanten-Beziehungen: Neuhaus (Interne Kunden-Lieferanten-Beziehungen, 1996), S. 5 ff.

216 Vgl. Lintemeier (Internes Marketing als strategisches Konzept, 1999), S. 647; George/Grönroos (Internes Marketing, 1999), S. 47-48; Zeithaml/Bitner (Services marketing, 2000), S. 285 ff.

217 Vgl. Stauss (Internes Marketing, 1995), Sp. 1049. An dieser Stelle wird deutlich, dass der Begriff des internen Marketings durchaus kritikwürdig ist. Letztendlich stehen auch hier sämtliche kundenbezogenen Aktivitäten im Vordergrund, d.h. die Außenwirkung des Mitarbeiterverhaltens zur bestmöglichen Befriedigung der Kundenbedürfnisse.

218 Vgl. Günter/Platzek (Stenose von Feedbackkanälen, 1999), S. 391 ff. Platzek untersucht in seiner Dissertation ebenfalls die Selektion von Informationen über Kundenzufriedenheit und deren Wirkung auf die Steuerung des Unternehmenserfolges. Vgl. Platzek (Selektion von Informationen, 1998).

219 Günter/Platzek (Stenose von Feedbackkanälen, 1999), S. 392.

Optimierung interner Feedbackprozesse und Kommunikationsbeziehungen durch Erhöhung der Durchlässigkeit bestehender Informationskanäle oder die Einrichtung von so genannten Bypass-Kanälen fällt in den Aufgabenbereich des internen Marketings und damit auch in denjenigen der internen Kommunikation.

In der Regel werden Maßnahmen gegenüber Mitarbeitern als eine reine Personalaufgabe verstanden. Die Übertragung von Methoden des externen Marketings auf unternehmensinterne Bereiche wird oftmals skeptisch betrachtet. Letztendlich dient der interne Vorgang der Mitarbeiterkommunikation der Optimierung der internen Austauschbeziehungen zwischen Mitarbeitern, Führungskräften und Management mit der Absicht, die übergeordneten Unternehmensziele zu erreichen. Die Erhöhung der Mitarbeiterzufriedenheit, Aufbau von Vertrauen und Commitment sowie die Beeinflussung von Einstellungen und Verhaltensweisen sind gleichzeitig Ziele der internen Kommunikation. Eine Übertragung des Marketing-Mix, d.h. der Produkt-, Distributions-, Kommunikations-, Preis- und Kontrahierungspolitik auf die internen Leistungen erscheint dabei vorwiegend im Bereich der Kommunikationspolitik praktikabel. Für alle weiteren Marketing-Instrumente müssten die betreffenden Inhalte stark strapaziert werden.[220]

Im Vergleich zur externen Kommunikationspolitik bestehen deutliche Defizite. Die zahlreichen unterschiedlichen, auf die Bedürfnisse der verschiedenen Zielgruppen abgestimmten Medien und Instrumente der externen Kommunikationspolitik[221] können als weitaus differenzierter bezeichnet werden. Der internen Zielgruppe scheint in ihrer Relevanz für den Unternehmenserfolg weit weniger wichtig eingestuft zu werden.[222] Zwar proklamieren Unternehmensleitungen immer wieder, dass die Mitarbeiter ihr wichtigstes Kapital seien. Solange jedoch das Bewusstsein um die Wichtigkeit der Mitarbeiter nicht automatisch zu entsprechendem Handeln führt und für die Mit-

---

220 Vgl. Schulz (Externes Marketing – Internes Marketing, 1994), S. 538; Bruhn (Internes Marketing, 1995), S. 384. So ließe sich beispielsweise unter interner Produktpolitik das Arbeitsplatzangebot, unter interner Distributionspolitik die Organisationsentwicklung und unter Kontrahierungspolitik die Vertragspolitik im Bezug auf Arbeitsverträge etc. verstehen. Die eigentliche inhaltliche Bedeutung der Marketing-Mix-Instrumente wäre dabei jedoch, abgesehen von der Kommunikationspolitik, die sich als interne Kommunikationspolitik kennzeichnen ließe, verfehlt.

221 Vgl. Bänsch (Kommunikationspolitik, 1995), Sp. 1186-1200. Zu den Instrumenten der externen Kommunikationspolitik, dem so genannten Kommunikations-Mix, zählen beispielsweise Werbung, Public Relations, Verkaufsförderung, d.h. Sales Promotion, Persönlicher Verkauf, Product Placement und Sponsoring.

222 Vgl. Bruhn (Internes Marketing als Forschungsgebiet, 1999), S. 29.

arbeiter erlebbar umgesetzt wird, stellen diese Proklamationen nur ein „reines Lippenbekenntnis“ dar.[223]

Zusammenfassend kommt der internen Kommunikation als Komponente des internen Marketings die Rolle eines Instrumentes zu, das neben weiteren Mitteln des Personalmanagements die Erreichung der Ziele des internen Marketings unterstützt. Dabei repräsentiert die interne Kommunikationspolitik ein zentrales Element des internen Marketings, da im Vergleich zu den anderen Instrumenten eine Übertragung der grundlegenden Inhalte der Marketing-Instrumente auf innerbetriebliche Austauschbeziehungen möglich ist. Das interne Marketing darf nicht als eine reine Übertragung des für externe Austauschprozesse entwickelten Marketingkonzeptes für die internen Beziehungen zwischen Mitarbeitern und Management betrachtet werden, sondern stellt „eine auf der Marketingperspektive basierende Führungsphilosophie der Human-Ressourcen eines Unternehmens“[224] dar.

3.5.4 Interne Kommunikation als Komponente der Unternehmenskultur

Das allgemeingültige Verständnis von Kultur als ein „geschichtlich vielfältig vorgegebenes Traditionsgut“[225], Denkmuster, Wertestandard und Form des sozialen Umgangs kann auf den betriebswirtschaftlichen Kontext übertragen werden. Die Bedeutung der Unternehmenskultur wurde erst in den 80er Jahren in vollem Ausmaß erkannt, auch wenn sich Publikationen und Untersuchungen zum Thema Unternehmenskultur weiter zurückverfolgen lassen.[226] Ein begrifflicher Konsens existiert bis zum heutigen Zeitpunkt nicht. Für die weiteren Ausführungen wird das folgende Verständnis von Unternehmenskultur herangezogen: Unternehmenskultur bezeichnet „die Gesamtheit der in der Unternehmung bewusst und unbewusst kultivierten, symbolisch oder sprachlich tradierten Wertüberzeugungen, Denkmuster und Verhaltensnormen, die sich im Laufe des erfahrungsreichen Umgangs mit den Anforderungen

---

[223] Vgl. Bruhn (Internes Marketing als Forschungsgebiet, 1999), S. 17-19.

[224] George/Grönroos (Internes Marketing, 1999), S. 48.

[225] Ulrich (Unternehmenskultur, 1993), Sp. 4351.

[226] Vgl. Rühli (Das Corporate-Culture-Konzept, 1994), S. 339.

der unternehmerischen Existenz- und Erfolgssicherung nach außen sowie der Sozialintegration nach innen entwickelt und bewährt haben und sie deshalb den Unternehmensangehörigen als gültige Formen des Wahrnehmens, Denkens, Urteilens, Sprechens und Verhaltens vermittelt werden"[227].

Das Konstrukt der Unternehmenskultur sowie verwandte Konzepte wie Organisationskultur, Firmenkultur, Corporate Culture, u.a.[228] weisen die folgenden grundlegenden Merkmale auf: Spezifische Normen, Wertvorstellungen und Rituale werden von einer Vielzahl von Unternehmensangehörigen bewusst oder unbewusst getragen und weisen einen individuellen und einzigartigen Charakter auf. Unternehmenskultur ist nicht imitier- aber erlernbar, unterliegt im Zeitablauf einem dynamischen Wandel und kann sich wie eine implizite Verhaltensteuerung im sozialen Miteinander auswirken. Das „Netz sozial geteilter symbolischer Interaktions- und Repräsentationsformen"[229] manifestiert sich in beobachtbaren Ausdrucksformen und Verhaltensweisen, in bewussten und unbewussten Werthaltungen und unbewussten grundlegenden Annahmen.[230] Sie verleiht der Unternehmung eine unverwechselbare Identität sowohl nach innen als auch nach außen.[231]

Es besteht ein enger Zusammenhang zum Konzept der Corporate Identity, welche das Selbstbild eines Unternehmens, nämlich die Summe charakteristischer Eigenschaften, der geschichtlichen Entwicklung und der Unternehmenskultur, darstellt. Corporate Identity soll die Einzigartigkeit eines Unternehmens, seine zentralen Leit-

---

[227] Ulrich (Unternehmenskultur, 1993), Sp. 4351.

[228] Der Begriff des Organisations- bzw. Betriebsklimas steht in einem engen Zusammenhang zum Begriff der Unternehmenskultur. Dieser beschreibt in erster Linie die „Stimmung" und die Qualität der sozialen Beziehungen in einem Unternehmen. Die beiden Begrifflichkeiten sind in einer Art Regelkreis miteinander verbunden, wobei die Organisationskultur stärker auf das Organisationsklima einwirken kann, als umgekehrt. Das Betriebsklima kann relativ häufig wechseln und lässt sich auch kurzfristig handhaben, während die Unternehmenskultur langfristiger und beständiger angelegt ist und sich nicht leicht verändern lässt. Vgl. hierzu Rosenstiel v. (Betriebsklima, 1989), S. 61-71; Gebert (Organisationsklima, 1992), Sp. 1500-1501.

[229] Ulrich (Unternehmenskultur, 1993), Sp. 4357; Krulis-Randa (Reflexionen über die Unternehmenskultur, 1984), S. 361.

[230] Vgl. Ulrich (Unternehmenskultur, 1993), Sp. 4359; Bleicher (Unternehmungskultur, 1992), Sp. 2243; Macharzina (Unternehmensführung, 1999), S. 182-183.

[231] Vgl. Bleicher (Unternehmungskultur, 1992), Sp. 2244.

ideen sowie Werte und Normen sichtbar machen und bedient sich dazu des Corporate Designs, des Corporate Behaviours und der Corporate Communications.[232]

Die Unternehmenskultur zeigt sich in zahlreichen Sachverhalten, die als spezifische Elemente einer Unternehmenskultur identifiziert werden können. Eine wichtige Komponente stellt die Kommunikation des Unternehmens dar. Sie gibt Aufschluss über die Unternehmenskultur. Von Bedeutung ist die Art und Weise, wie zwischen Kollegen, Vorgesetzten und den verschiedenen Hierarchiestufen kommuniziert wird, der Gebrauch betriebseigenen Vokabulars, wie Mitarbeiter eines Unternehmens vom Kunden sprechen, wie Telefonistinnen und Sekretärinnen gegenüber Mitarbeitern und Kunden kommunizieren, wie Mitarbeiter im Freundes- und Bekanntenkreis über die Firma berichten, wie sich der Briefstil eines Unternehmens beschreiben lässt – offen, kundenfreundlich oder unpersönlich und bürokratisch.[233] Neben diesen Sachverhalten der formalen Kommunikation gibt aber auch die Quantität und Qualität von Gerüchten einen Aufschluss über die Unternehmenskultur und das Verhalten der Unternehmensleitung.[234]

Die Kommunikation des Unternehmens nach innen und nach außen repräsentiert in hohem Maße, welche Werte und Normen im Bezug auf den sozialen Umgang von Menschen untereinander in einem Unternehmen vorherrschen. Die gelebte „Kommunikationskultur“ und das „Kommunikationsklima“ in einem Unternehmen können sich in der Ausgestaltung der formalen internen Kommunikation manifestieren, d.h. beispielsweise in der Qualität, Quantität, Offenheit, der Zielgruppenorientierung der eingesetzten Mittel und Maßnahmen, der Kommunikation von Führungskräften ge-

---

232 Vgl. Wissmeier (Corporate Identity, 1995), Sp. 390-394; Bröckermann/Hainke (Personalwirtschaft und Corporate Identity, 1998), S. 32-33. Corporate Design beschreibt das bewusst geplante und gestaltete äußere Erscheinungsbild eines Unternehmens und kennzeichnet alle Objekte, Dienstleistungen und Einrichtungen mit unverwechselbaren Merkmalen. Dazu gehören beispielsweise eine einheitliche Architektur, (geschützte) Schriftarten, Unternehmenslogo, -farben, Briefbögen, Werbeanzeigen, Uniformierung der Mitarbeiter, etc. Hierbei geht es um einen Wiedererkennungswert nach innen und nach außen. Das Corporate Behaviour im Sinne eines Unternehmens-Verhaltens soll über ein schlüssiges und widerspruchsfreies Verhalten aller Unternehmensmitglieder untereinander und gegenüber der Umwelt das Selbstbild eines Unternehmens transportieren. Der systematische Einsatz aller Kommunikationsinstrumente des Unternehmens kann als Corporate Communications bezeichnet werden. Eine klare und eindeutige Abgrenzung zur Unternehmenskommunikation kann nicht vorgenommen werden.

233 Vgl. Bleicher (Unternehmungskultur, 1992), Sp. 2245; Titscher (Kommunikation als Führungsinstrument, 1995), Sp. 1317.

234 Vgl. Bleicher (Unternehmungskultur, 1992), Sp. 2245.

genüber ihren Mitarbeitern sowie den Feedback- bzw. Rückkopplungsmöglichkeiten zwischen Unternehmensleitung und Mitarbeitern. So hat die Henkel KGaA in ihrem Leitbild explizit formuliert: „Wir verfolgen eine aktive und offene Informationspolitik" und damit das Verhalten im Bezug auf die Kommunikationsbeziehungen als Teil der Unternehmenskultur etabliert.[235] Kommunikationskultur repräsentiert damit ein Element eines Gesamt-Konstruktes „Unternehmenskultur", welche gemäß der Auffassung von Wissenschaft und Praxis als ein „Key-Success-Factor" angesehen wird.[236]

Die Betriebswirtschaftslehre sieht die Unternehmenskultur als einen beeinflussungs- und gestaltungsbedürftigen strategischen Erfolgsfaktor[237] an, der in Form eines strategischen Führungsinstrumentes zur Verhaltensbestimmung eingesetzt werden kann. Zwar unterliegen die Möglichkeiten der Beeinflussbarkeit einer Unternehmenskultur gewissen Grenzen, da sich diese als dynamisch-soziales Konstrukt aus dem Inneren des Unternehmens bzw. des Mitarbeiterstammes entwickelt. Allerdings stellt die interne Kommunikation einen möglichen Ansatzpunkt für die funktionale Beeinflussung und Lenkung dar.

Der Zusammenhang zwischen interner Kommunikation und Unternehmenskultur beruht folglich auf zwei unterschiedlichen Perspektiven. Zum einen ist die interne Kommunikation neben der externen Kommunikation Symptom und Ausdrucksform der Unternehmenskultur. Sie kann Werte und Normen und grundlegende Verhaltensweisen in Form einer Kommunikationskultur transportieren und „sichtbar" und „erlebbar" machen. Andererseits kann die interne Kommunikation instrumental eingesetzt werden, um die Unternehmenskultur innerhalb der möglichen und wünschenswerten Grenzen zu beeinflussen, Werte und Einstellungen zu vermitteln, Verhaltensweisen anzustoßen und z.B. neuen Mitarbeitern bestehende Strukturen im Bezug auf die Kultur näher zu bringen. Dazu zählt weiterhin die Information der Mitarbeiter über die „Soll-Kultur" des Unternehmens, z.B. in Form eines Unternehmensleitbildes, der Anstoß zur Veränderung der Unternehmenskultur durch die Ver-

---

235 Vgl. www.henkel.de.

236 Vgl. Ulrich (Unternehmenskultur, 1993), Sp. 4353; Lutz (Kommunikationskultur nach innen, 1993), S. 36-39.

237 Vgl. Ulrich (Unternehmenskultur, 1993), Sp. 4361.

änderung der Kommunikation, d.h. z.B. die kommunikative Veränderung von Projekten zur Kulturveränderung.[238] „Unternehmenskultur findet in Kommunikation ihren Ausdruck und prägt sie.“[239] Die folgende Abbildung macht diesen Zusammenhang von interner Kommunikation und Unternehmenskultur deutlich.

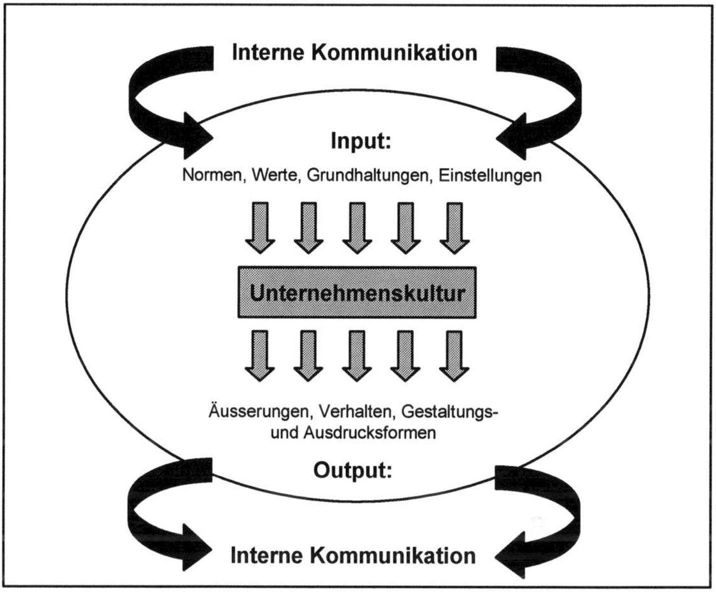

Abbildung 14: Interne Kommunikation als Teil der Unternehmenskultur[240]

Allerdings dürfen die Unternehmenskultur und deren Beeinflussung nicht allein auf die Ausgestaltung der Kommunikation reduziert werden. Die Glaubwürdigkeit der entsprechenden Handlungen und Verhaltensweisen ist wichtig: Glaubwürdigkeit von Worten und Taten sollten dazu übereinstimmen.[241]

---

[238] Vgl. Schick (Interne Unternehmenskommunikation, 2005), S. 119-132.

[239] Titscher (Kommunikation als Führungsinstrument, 1995), Sp. 1317.

[240] Modifiziert nach Rühli (Das Corporate Culture-Konzept, 1994), S. 347.

[241] Vgl. Wollert (Unternehmenskultur, 1989), S. 439-440.

4 Rahmenbedingungen der internen Kommunikation im Krisenmanagement

4.1 Personelle Rahmenbedingungen

Die Bedeutung der Humanressourcen zur Bewältigung einer Unternehmenskrise und damit die Notwendigkeit der internen Kommunikation im Krisenmanagement lassen sich aus zwei unterschiedlichen Perspektiven begründen. Die folgende Abbildung ist Abhandlungen zur Mitarbeiterführung entnommen und beschreibt eine führungstechnische und führungsethische Perspektive. Diese lassen sich auf den Sachverhalt der internen Kommunikation im Krisenmanagement übertragen.

Mitarbeiterführung	
Führungstechnische Perspektive: Mitarbeiter als Rollenträger	**Führungsethische Perspektive: Mitarbeiter als Person**
Mitarbeiter = Mittel zum Zweck (Produktionsfaktor, Human Capital, Human Resources)	Mensch = Zweck an sich selbst (Sonderstellung des Menschen unter Produktionsfaktoren)
Objektcharakter des Menschen im Betrieb	Subjektcharakter des Menschen auch im Betrieb
„Der Mensch ist Mittel. Punkt!“	***„Der Mensch ist Mittelpunkt“***
Sozialtechnik: Führung als effiziente Erreichung der Unternehmensziele (Marktposition)	Führungsethik: Wahrung des humanen Eigenwerts (Menschenwürde, Subjektqualität)

Abbildung 15: Perspektiven der Mitarbeiterführung[242]

Die beiden dargestellten Gegenpositionen stellen heraus, dass auf der einen Seite die Mitarbeiter eines Unternehmens als Rollenträger betrachtet werden müssen, die der effizienten Erreichung der Unternehmensziele durch ihre individuelle Leistungserbringung dienen sollen. Diese vorwiegend technische Perspektive sieht den Menschen als Mittel zum Zweck – für den Fall der Unternehmenskrise als Mittel zur E-

242 In Anlehnung an Ulrich (Führungsethik, 1999), S. 234; Weibler (Personalführung, 2001), S. 435.

xistenzsicherung, zur Wiedererlangung der Wettbewerbsfähigkeit eines Unternehmens, d.h. zur Bewältigung aller anstehenden Aufgaben zur Bewältigung einer Krise. Die führungsethische Perspektive stellt hingegen den Subjektcharakter der Mitarbeiter heraus. Ihr humaner Eigenwert ist zu berücksichtigen, da sie unter den weiteren Produktionsfaktoren im Unternehmen eine Sonderstellung einnehmen.

Die Notwendigkeit einer ethischen Reflexion im Führungskontext ergibt sich aus der Tatsache, dass subjektive Wertungen und Emotionen der Beteiligten eine Führungsbeziehung prägen und sich diese nicht allein auf funktionale Aspekte reduzieren lässt. Viele Fragestellungen können nicht auf rein rational-technischem Wege gelöst werden, da sich menschliches Verhalten nicht ausschließlich auf der Basis von Sachgesetzlichkeiten ableiten lässt.[243]

Im Folgenden werden diese beiden Perspektiven näher erläutert und im Zusammenhang zur Notwendigkeit zur internen Kommunikation im Krisenmanagement dargestellt.

4.1.1 Personal als Leistungsträger in der Krise

Die menschliche Arbeitsleistung im Unternehmen setzt sich aus geistigen, körperlichen und seelischen Kräften des Menschen zusammen und dient als Ressource zur Erfüllung der Betriebszwecke. Das Management der „Humanressourcen" bzw. des „Human Capital" beschäftigt sich mit dem optimalen Einsatz des Personals in quantitativer, qualitativer, räumlicher und zeitlicher Hinsicht als Mittel zur Erreichung der Unternehmensziele. Personalmanagement hat sich im Laufe der Zeit von der Verwaltung des „Produktionsfaktors Arbeit" hin zum zentralen strategischen Erfolgsfaktor oder Wettbewerbsvorteil gewandelt.[244]

Im Folgenden wird nun der Frage nachgegangen, welche Rolle den Humanressourcen im Rahmen des Krisenmanagements zunächst als funktionalen Leistungsträgern

243 Vgl. Weibler (Personalführung, 2001), S. 433.

244 Vgl. z.B. Hentze/Kammel (Personalwirtschaftslehre, 2001), S. 47 ff.; Klimecki/Gmür (Personalmanagement, 2005), S. 38 ff.; Oechsler (Personal und Arbeit, 2006), S. 24 ff.

zukommt. Dazu lassen sich zunächst die Auswirkungen auf die Humanressourcen nach Krisenphase und der Art des Krisenmanagements differenzieren. Im liquidativen Krisenmanagement[245] stehen Personalfreistellungsmaßnahmen unter Beachtung von Mitwirkungs- und Schutzbestimmungen des Betriebsverfassungsgesetzes und Kündigungsschutzgesetzes im Vordergrund. Eine Krise wird für nicht beherrschbar gehalten und die Unternehmung oder ein Teil muss liquidiert werden.[246]

Im repulsiven Krisenmanagement hingegen, in dem eine Krise noch als beherrschbar eingestuft wird, gilt es, die Leistungsträger, die für das Überleben der Unternehmung von entscheidender Bedeutung sind, zu identifizieren. Dabei sind nicht nur der potenzielle Know-how-Verlust von Bedeutung, sondern auch die unmittelbaren Kosten, die mit einer ungewollten Fluktuation einhergehen können. Insbesondere für wissensintensive Dienstleistungsunternehmen ist es wichtig, qualifizierte und motivierte Mitarbeiter „an Bord" zu halten, um nach der Krise in einer guten Position zu sein.[247] Andernfalls verliert das betroffene Unternehmen nicht nur die bisher getätigten Investitionen in die Beschäftigten, sondern muss zusätzlich für die Qualifizierung neuer Mitarbeiter bezahlen.[248]

Die folgenden Aspekte illustrieren die Konsequenzen für Mitarbeiter und Unternehmen und verdeutlichen, warum die Frage nach führungspolitischen Maßnahmen zur

---

245 Die Begriffe liquidatives und repulsives Krisenmanagement werden in Kapitel 5.2.1 im Rahmen der alternativen Phasenkonzepte des Krisenmanagements noch näher erläutert. Unter liquidativem Krisenmanagement wird die Phase verstanden, bei dem eine Krise als akut nicht mehr beherrschbar eingeschätzt wird und es somit zu einer Liquidation des Unternehmens kommt. Der Geschäftsbetrieb wird hier nicht weiter aufrechterhalten. Im repulsiven Krisenmanagement ist die Krise zwar schon akut ausgebrochen, aber es besteht noch eine Ambivalenz in den Entwicklungsmöglichkeiten. Es werden Maßnahmen zur Krisenbewältigung getroffen.

246 Vgl. Scharfenkamp/Deppe (Personelle Aspekte eines Krisenmanagements, 1990), S. 287.

247 Insbesondere in Dienstleistungsunternehmen stellen Wissen, Erfahrung, Kompetenzen und Kundenbeziehungen der Mitarbeiter einen wesentlichen Wettbewerbsfaktor dar. Die Belegschaft und deren spezifische Zusammensetzung stellt in Dienstleistungsunternehmen meist die „Hauptressource" dar und ist deshalb auch nicht so ohne weiteres austauschbar.

248 Vgl. Böhmer/Ruess (Wettlauf gegen die Zeit, 2003), S. 88. Vgl. zu diesen Ausführungen ebenfalls die Argumente in der einleitenden Problemstellung in Kapitel 1.1. Weiterhin kann hier auf den „investiven Charakter" der Mitarbeiter hingewiesen werden. Hamel greift in seinen Ausführungen die Fehleinschätzung auf, wonach Personal häufig als kurzfristig wirkender Aufwandsfaktor, aber nicht als langfristig orientierte Investition interpretiert wird. Anhand der wesentlichen Definitionsbestandteile des Investitionsbegriffs wird hier argumentativ belegt, dass das Personal eines Unternehmens durchaus als langfristige Investition betrachtet werden kann. Vgl. dazu Hamel (Personal, 1987), S. 1079 ff.

Gesundung eines Unternehmens nicht zu vernachlässigen ist.[249] Leistungsfähigkeit und Zufriedenheit nehmen ab, Konflikte und Machtkämpfe zwischen den Mitarbeitern nehmen zu, „die Gerüchteküche brodelt“, es entstehen Zweifel an der Fähigkeit des Top-Managements, Idealismus und die Bindung an die Unternehmensziele bröckeln, Zynismus und Opportunismus nehmen zu, die allgemeine Unsicherheit verschärft sich, bei den Mitarbeitern entstehen Widerstände gegenüber Neuerungen und Veränderungen. Die Mitarbeiter mit anderen Beschäftigungschancen verlassen das Unternehmen und die zurückgebliebenen Mitarbeiter müssen zur Krisenbewältigung unter Umständen härter arbeiten als bisher. Maßnahmen zur Behebung von Unternehmenskrisen sind häufig innovativ und verlangen den Mitarbeitern ein hohes Maß an Improvisation, Flexibilität und Engagement ab.[250] Bei den so genannten „Survivors of layoffs“ können Personalfreisetzungen zu Existenzängsten und einer massiv verminderten Arbeitszufriedenheit führen. Diese Survivor-Problematik kann über einen signifikanten Anstieg von Fehlzeiten, nachlassender Produktivität und einer erhöhten Personalfluktuation zu hohen Folgekosten führen, die die Gesundung des Unternehmens weiter einschränken und die Sicherung noch vorhandener Arbeitsplätze weiter gefährdet.[251]

Dies bedeutet, dass das Personal eines Unternehmens im Krisenmanagement den entscheidenden Leistungsträger zur Überwindung der Krise darstellt und aufgrund seiner Entscheidung über Leistungsbereitstellung, Leistungszurückhaltung oder Leistungsverweigerung bzw. Leistungsentzug Einfluss darauf hat, ob Maßnahmen zur Krisenbewältigung gelingen oder nicht. Die Ziele des Krisenmanagements wie Existenzsicherung des Unternehmens, das Aufhalten von Fehlentwicklungen, Wiedererlangung der Wettbewerbsfähigkeit und die Reorientierung an ursprünglichen Unternehmenszielen können nur mit Hilfe des Leistungsfaktors Personal erreicht werden.

---

249 Vgl. Köglmayr/ Lingenfelder/ Müller (Die Unternehmenskrise als führungspolitische Herausforderung, 1988), S. 50; Starbuck/Nystrom (Führung in Krisensituationen, 1995), Sp. 1391.

250 Vgl. Köglmayr/Lingenfelder/Müller (Die Unternehmenskrise als führungspolitische Herausforderung, 1988), S. 50.

251 Vgl. Burbach/Schuster (Personalanpassung, 2004), S. 42.

4.1.2 Personal als Humanwert in der Krise

Nachdem die ökonomische Bedeutung der Humanressourcen im Krisenmanagement dargestellt und die Menschen im Unternehmen auf ihre Rolle als Funktionsträger reduziert wurden, wird im Folgenden eine ethische Perspektive beleuchtet. Unternehmen können im Bezug auf ihr Personal nicht allein ökonomische Erwägungen heranziehen. Die Notwendigkeit zur internen Kommunikation im Krisenmanagement ist nicht allein aus wirtschaftlichen Gründen zu rechtfertigen. Mitarbeiter sind vielmehr als Humanwert im Unternehmen zu betrachten. In Krisensituationen zeigt sich, ob ein Unternehmen auch in schwierigen Zeiten einen fairen und moralischen Umgang mit seinen Mitarbeitern pflegt. So können mit Hilfe einer ethisch-orientierten Führungs- und Kommunikationskultur Glaubwürdigkeit und Vertrauenswürdigkeit des Managements positiv unterstützt werden. Auch in außergewöhnlichen Entscheidungssituationen mit dem bereits erwähnten ausgeprägten Handlungsdruck dürfen ethisch-moralische Leitlinien und Handlungsmaximen nicht bedeutungslos werden.

Die derzeitige Diskussion in Wissenschaft und Praxis weist zu diesem Punkt zwei gegenläufige Strömungen auf. Auf der einen Seite sind wirtschafts- und unternehmensethische Debatten „en vogue". Man geht der Frage nach, wie ökonomische Rationalität und ethische Erfordernisse miteinander vereinbart werden können. Unternehmensethische Konzepte wie Corporate Social Responsibility, Soziale Verantwortung von Unternehmen, Sustainability, Corporate Citizenship und Corporate Governance stehen für ein zeitgemäßes und praktisches Verständnis unternehmerischer Verantwortung sowie die Notwendigkeit einer organisatorischen Verankerung verantwortungsbewussten Handelns von Unternehmen.[252]

Auf den Homepages von internationalen Großunternehmen finden sich Nachhaltigkeitsberichte, Corporate Social Responsibility Reports, Ethikkodizes, Unternehmensleitbilder, Leitlinien ethischen und verantwortungsvollen Handelns, Statements über Corporate Citizenship, in denen Unternehmen ihre soziale Verantwortung gegenüber

---

[252] Vgl. dazu z.B. Caroll (Corporate Citizenship, 1998), S. 1-7; Matten (Moral im Unternehmen, 1998), S. 11-33; Matten/Wagner (Sustainable Development, 1998), S. 51-79; Wagner (Unternehmensführung, Ethik und Umwelt, 1999); Ulrich/Kaiser (Guter Bürger, 2001), S. 25ff.; Beckmann/Brinkmann/Schuster (Corporate Citizenship, 2004); Beckmann/Pies (Corporate Citizenship, 2004); Matten/Crane (Business ethics, 2004).

Gesellschaft und Umwelt kommunizieren.[253] Unternehmen verpflichten sich im Zuge des Corporate Social Responsibility Gedankens gegenüber der Gesellschaft, alles zu tun, um durch aktives Handeln die Idee eines sinnvollen menschlichen Lebens zu fördern.[254] Überwiegend zeichnen sich diese Statements dadurch aus, dass die externe Dimension der sozialen Verantwortung besonders herausgestellt wird, d.h. die Verantwortung gegenüber Umwelt und Gesellschaft. Mitarbeiter und deren Wert für die entsprechenden Unternehmen werden als interne Dimension der gesellschaftlichen Verantwortung integriert. In Unternehmensleitbildern oder Geschäftsberichten findet sich oftmals die Aussage, dass Mitarbeiter als wertvollste Ressource eines Unternehmens angesehen werden, dass Mitarbeiterorientierung und Mitarbeiterzufriedenheit zum Kernpunkt unternehmerischen Handelns gemacht werden und einen entscheidenden Wettbewerbsfaktor darstellen.[255] Eine frühzeitige Einbeziehung der Mitarbeiter wird gepredigt, schließlich stellen sie doch angeblich das wertvollste Kapital einer Unternehmung dar.[256] Orientiert man sich an Veröffentlichungen, Berichten und Aussagen der Unternehmen, erscheint die Forderung nach ethisch reflektiertem und verantwortungsvollem Handeln als Selbstverständlichkeit, die sich längst in den Köpfen des Top-Managements und der Führungskräfte durchgesetzt hat.

Als gänzlich gegenläufig erscheinen gegenwärtige Phänomene in der Wirtschaftsrealität: Bilanzfälschungen, Bestechlichkeit und rücksichtsloser Umgang mit abhängig Beschäftigten.[257] In Krisensituationen würden zwei von drei deutschen Managern als Erstes am Personalkostenbudget sparen. Im europäischen Vergleich liegen deutsche Unternehmen damit an der Spitze einer Umfrage, welche Budgets zuerst gekürzt

253 Vgl. dazu Nike: Corporate Social Responsibility Report 2004; Johnson&Johnson: Corporate Social Responsibility Report 2003; DaimlerChrysler: Bericht zur gesellschaftlichen Verantwortung 2004; Siemens: Corporate Social Responsibility Report 2003; SAP: Corporate Citizenship Richtlinien der SAP AG; Henkel: Verhaltenskodex/Code of Conduct; Pfizer: Corporate Citizenship Report 2005; Motorola: Global Corporate Citizenship Report 2003.

254 Vgl. Göbel (Management der sozialen Verantwortung, 1992), S. 61.

255 Eine Unternehmensbefragung der Bertelsmann Stiftung zur gesellschaftlichen Verantwortung von Unternehmen von 2005 hat ergeben, dass lediglich 38% der Befragten die Verantwortung für die Mitarbeiter und die Sicherung von Arbeitsplätzen mit dem Begriff der gesellschaftlichen Verantwortung assoziieren. Weiterhin fühlen sich die befragten Entscheider 96% der Fälle den Mitarbeitern gegenüber verantwortlich. Vgl. Bertelsmann Stiftung: Die gesellschaftliche Verantwortung von Unternehmen. Dokumentation der Ergebnisse einer Unternehmensbefragung der Bertelsmann Stiftung, 2005.

256 Vgl. Wever (Der Mensch im Mittelpunkt, 1994), S. 138.

257 Vgl. Wiget (Ethik, 2002), S. 22.

werden, wenn die Gewinne sinken.[258] Aspekte wie ein humanistisches Menschenbild, die Schaffung eines unternehmensweiten Vertrauensklimas, Mitentscheidung, Teamarbeit, Humanisierung der Arbeit und Mitarbeiterförderung stehen häufig zur Disposition: „Hat kooperative Führung nur in Zeiten des Wohlstands und des Wachstums eine Chance? Sind die ethischen Grundlagen menschenwürdiger Führung nur Beiwerk, das in der Krise überflüssig wird?“[259].

Zusammenfassend lässt sich festhalten, dass sich Wissenschaft und Praxis gegenwärtig umfassend mit dem Thema Unternehmensethik auseinandersetzen und zahlreiche Konzepte geschaffen wurden, um eine ethisch-korrekte Haltung im Unternehmen zu institutionalisieren. Auf der anderen Seite aber weicht das tatsächliche Verhalten gegenüber Mitarbeitern in wirtschaftlich schwierigen Zeiten erheblich davon ab. Man stellt sich die Frage, ob ethische Ansätze und Überlegungen angesichts dieser Realität überhaupt eine Chance haben.

Die theoretische Basis für eine ethische Begründung der Notwendigkeit der internen Kommunikation im Krisenmanagement bildet der Begriff der Führungsethik. Der Stand der Literatur zu diesem Bereich kann kaum als befriedigend eingestuft werden.[260] Führungsethik fokussiert die normativen Grundsätze der Ausgestaltung der Vorgesetzten-Mitarbeiter-Beziehung und lässt sich nach *Ulrich* wie folgt definieren:

„Führungsethik befasst sich mit den ethischen Fragen der Legitimation (Berechtigung), der Begrenzung und der verantwortungsvollen Ausübung der Weisungsbe-

---

[258] Vgl. O.V. (Personal als Erstes dran, 2004), S. 77.

[259] Grunwald (Führung in der Krise, 1993), S. 34.

[260] Vgl. Ulrich (Führungsethik, 1999), S. 231. In Anlehnung an Kreikebaum (Unternehmensethik, 1996), S. 14 lässt sich die Führungsethik als Teilbereich der Unternehmensethik einordnen, welche wiederum eine Teilmenge der Wirtschaftsethik darstellt. Wirtschaftsethik beschäftigt sich vordergründig mit der gesamtwirtschaftlichen Betrachtung von ethischen Fragestellungen und untersucht gesamtwirtschaftliche Rahmenbedingungen, während die Unternehmensethik sich mit allen Fragen nach der legitimen und sinnvollen gesellschaftlichen Rolle einer Unternehmung befasst. Hierbei spielen sowohl unternehmensinterne auch als -externe Beziehungen zwischen sämtlichen Anspruchsgruppen eine Rolle. Auf eine detailliertere Abgrenzung soll an dieser Stelle verzichtet werden. Es sei auf eine große Anzahl an Literaturquellen zu dieser Thematik verwiesen. Vgl. dazu Albach (Unternehmensethik, 2005); Kumar/Osterloh/Schreyögg (Unternehmensethik, 1999); Ulrich (Führungsethik, 1999); Berkel (Führungsethik, 1998); Albach (Unternehmensethik, 1992); Steinmann/Löhr (Unternehmungsethik, 1992); Steinmann/Löhr (Unternehmensethik, 1989); Hoffmann/Rebstock (Unternehmungsethik, 1989).

fugnisse (Verfügungsmacht) von Führungskräften über ihre Mitarbeiter in formal organisierten, arbeitsteilig und hierarchisch strukturierten sozialen Systemen."[261]

Die folgende Abbildung präsentiert grundlegende Ansätze zur ethikbewussten Mitarbeiterführung und verdeutlicht, was unter ethischer Führung konkret zu verstehen ist.

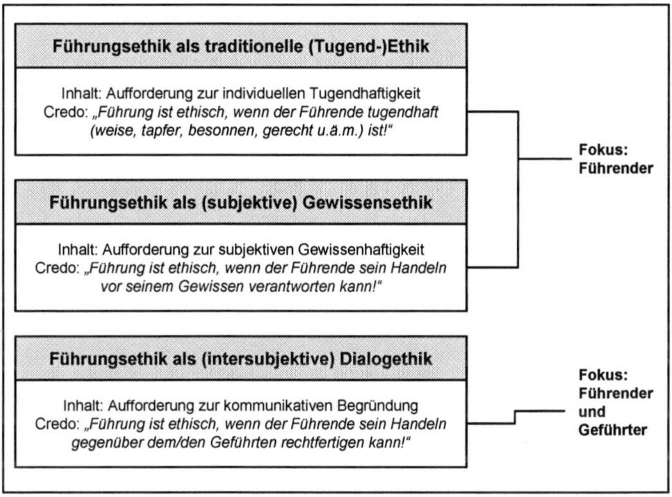

Abbildung 16: Grundverständnisse der Führungsethik im Überblick[262]

Führungsethik soll im vorliegenden Zusammenhang nicht mit Individual- oder Tugendethik gleichgesetzt werden. Diese gehen der Frage nach, welche „Tugenden" Führungskräfte aufweisen sollen oder müssen.[263]

Die normative Orientierung der Führungsethik begründet sich aus der conditio humana, d.h. den allgemeinen Voraussetzungen menschlicher Würde und dem Subjekt-

[261] Ulrich (Führungsethik, 1995), Sp. 562.

[262] In Anlehnung an Kuhn/Weibler (Führungsethik, 2003), S. 383.

[263] Vgl. Ulrich (Führungsethik, 1999), S. 230; Ulrich (Führungsethik, 1995), Sp. 562.

charakter des Menschen. Der Mitarbeiter ist als Person mit einem humanen Eigenwert anzusehen, der auch im Unternehmenskontext einer humanverantwortlichen Behandlung bedarf.[264] Eine integrative Führungsethik nach Ulrich[265] setzt sich aus zwei Stufen zusammen. Die erste Stufe im Sinne einer führungsethischen Grundlagenreflexion repräsentiert einen so genannten „Wertboden", d.h. die normativen Voraussetzungen und Grenzen einer „ethischen" Mitarbeiterführung, auf dem die zweite Stufe im Sinne eines „klugen Human Resources Management" aufbaut. Hierbei sollen Führungsmethoden gefunden werden, die auf der Basis der führungsethischen Grundsätze stehen und zugleich eine Synthese zwischen Humanität und Effektivität ermöglichen.

Eine persönlichkeitsfördernde Arbeitsgestaltung sowie eine dialog- und konsensorientierte Beziehungsgestaltung können den ethischen Ansprüchen auf Humanisierung der Arbeitswelt gerecht werden. Sie bilden den Ansatzpunkt für die Notwendigkeit der internen Kommunikation im Krisenmanagement aus führungsethischer Perspektive. „Mitarbeiter sollen dazu befugt sein, zu allen Entscheidungen, von denen ihre persönliche Arbeitssituation und die Spielregeln der Zusammenarbeit mit anderen abhängen, etwas zu sagen."[266] Eine dialogische Führungsethik verfolgt das Ziel, durch offene und faire Verständigungsprozesse einen gerechten Ausgleich zwischen institutionellem Führungserfolg und individuellen Folgen der Führung zu ermöglichen. In Krisensituationen kann der Umgang mit Mitarbeitern dann als ethikbewusst bezeichnet werden, wenn die Unternehmensleitung beabsichtigt, ihr Verhalten gegenüber den Geführten argumentativ zu rechtfertigen. Dem Mitarbeiter wird die Gelegenheit geben, seine Meinung dazu zu äußern. Dazu sind allerdings die Vorbedingungen der prinzipiellen individuellen Bereitschaft zum praktischen Dialog und die erforderlichen strukturellen Rahmen im Sinne einer Kommunikations- oder Dialoginfrastruktur zu erfüllen.[267]

Mitarbeiter sind nicht nur als mündige Personen anzuerkennen, sondern an Entscheidungen zu beteiligen. Ein wichtiger Schritt dahin ist die interne Kommunikation im

[264] Vgl. z.B. Ulrich (Führungsethik, 1999), S. 233; Ulrich (Führungsethik, 1995), Sp. 562 ff.; Kuhn/Weibler (Führungsethik, 2003), S. 375 ff.

[265] Vgl. Ulrich (Führungsethik, 1999), S. 232-233.

[266] Kuhn/Weibler (Führungsethik, 2003), S. 383.

[267] Vgl. Kuhn/Weibler (Führungsethik, 2003), S. 382-384.

Sinne einer umfassenden, ehrlichen und frühzeitigen Information über betriebliche Geschehnisse, die sich unmittelbar auf den Bereich eines jeden Einzelnen beziehen können. Die informatorische Begründung von bestimmten Entscheidungen, die Information über geplante zukünftige Entwicklungen und die Einrichtung von Feedback-Kanälen ermöglichen erst eine zweiseitige Kommunikation im Sinne eines Dialoges.

Interne Kommunikation in der Krise offenbart Werte wie Ehrlichkeit, Offenheit, Vertrauen, Respekt, Verantwortungsgefühl, Wertschätzung gegenüber Mitarbeitern, Verlässlichkeit, Fairness und Glaubwürdigkeit und damit eine Verankerung von ethischen Normen in der Personalpolitik. Wenn es dem Unternehmen gelingt, auch in Krisenzeiten ethische Leitlinien durch eine ehrliche Informationspolitik zu bestätigen und diese selbstauferlegten Regeln nicht als eine zusätzliche Belastung anzusehen, bewahrt sich das betroffene Unternehmen nach innen und außen ein außergewöhnlich starkes ethisches Profil. Verlieren Ethikkodizes jedoch in Krisensituationen ihre normative Kraft, verbleiben rein appellatorisch, werden nicht umgesetzt oder vorbildhaft gelebt, dann werden diese dauerhaft entwertet oder faktisch wirkungslos.[268]

Ethisch-begründete Führungsmaßnahmen wie eine aktive und offensive Kommunikationspolitik müssen nicht zu Lasten der betriebswirtschaftlichen Effektivität und Effizienz gehen, wie dies häufig in der These der Unversöhnlichkeit von Ökonomie und Ethik prononciert wird.[269] Zwar hat die Begründung von ethisch-normativen Leitlinien unabhängig von ökonomischen Kalkülen zu erfolgen. Nichts desto trotz können sich führungsethische Grundsätze und Leitlinien durchaus auch als betriebswirtschaftlich „klug“ erweisen.[270] In der Literatur wird beispielsweise davon ausgegangen, dass eine humanverantwortliche Wahrung von Menschenwürde im Umgang mit Mitarbeitern stets eine höhere Leistungsbereitschaft bewirkt, während ein human-unverantwortliches Auftreten innere Kündigung, Burnout, Konflikte und Konkurrenzkämpfe, Leistungsabfall, erhöhte Fluktuation und Absentismus nach sich zieht.[271] Die Risiken von ethisch „ungezügeltem“ und unreflektiertem Verhalten

---

[268] Vgl. Weibler (Personalführung, 2001), S. 441.

[269] Vgl. dazu z.B. Steinmann/Löhr (Ethik im Personalwesen, 1992), Sp. 851; Steinmann/Löhr (Unternehmungsethik, 1992), Sp. 2461-2462; Ulrich (Führungsethik, 1999), S. 232-233.

[270] Vgl. Ulrich (Führungsethik, 1999), S. 232-233.

[271] Vgl. Kuhn/Weibler (Führungsethik, 2003), S. 378.

können gravierend sein. Besonders in schwierigen Zeiten sinken Motivation und Leistungsbereitschaft. Demotivation, Resignation, Negativismus, Angst und Misstrauen nehmen überhand. Die Anerkennung der Subjektqualität von Mitarbeitern ist eine bedeutsame Voraussetzung für die Entwicklung ihre Leistungsfähigkeit und -bereitschaft auch im Hinblick auf die Zeit „nach der Krise". Ebenso entscheiden sich qualifizierte Arbeitnehmer voraussichtlich eher für die Arbeitgeber, die nicht ausschließlich fachlich interessante Aufgaben und Karrieremöglichkeiten bieten, sondern darüber hinaus ein ausgeprägtes Maß an Glaubwürdigkeit hinsichtlich ihrer führungsethischen Grundsätze vermitteln.[272] „Ethik im Unternehmen ist kein Luxus, sondern ein Muss"[273] – langfristiger wirtschaftlicher Erfolg ist an verantwortungsvolles Handeln und eine systematische ethische Reflexion geknüpft.[274]

Die vorangegangenen Ausführungen zeigen, dass sowohl der führungstechnische als auch der führungsethische Standpunkt zur Begründung der Notwendigkeit von interner Kommunikation im Krisenmanagement herangezogen werden können und keinesfalls isoliert nebeneinander stehen. Wenn „nur diejenigen (ethischen) Orientierungen berücksichtigt würden, die mit guten Ertragsaussichten verbunden sind, würde ja letztendlich mit ökonomischen Maßstäben über Fragen der Gerechtigkeit befunden, nach dem Motto: Nur wenn es sich lohnt, handelt man ethisch. Von Unternehmensethik soll demgegenüber erst dann gesprochen werden, wenn sich nicht von vornherein für eine Rentabilität bestimmter Normen plädieren lässt."[275]

272 Vgl. Ulrich (Führungsethik, 1999), S. 233.

273 Wiget (Ethik, 2002), S. 22.

274 Vgl. dazu z.B. auch Ahmad/O'Regan/Ghobadian (Corporate Responsibilty, 2003), S. 141 ff. Es wird auf Literatur und Studien hingewiesen, die einen positiven Zusammenhang zwischen ethischem Verhalten - also dem Konzept der Corporate Social Responsibility und dem Unternehmenserfolg - präsentieren.

275 Steinmann/Löhr (Unternehmensethik, 1989), S. 428.

4.2 Rechtliche Rahmenbedingungen

4.2.1 Arbeitsrechtliche Bestimmungen

Unter dem Gesichtspunkt der arbeitsrechtlichen Bestimmungen ist im Folgenden zu überprüfen, ob aufgrund der Vertragsbeziehung zwischen Arbeitgeber (AG) und Arbeitnehmer (AN) rechtliche Verpflichtungen zur Kommunikation in Krisensituationen bestehen.

Die individualrechtliche Beziehung zwischen AG und AN[276] wird durch den Arbeitsvertrag begründet, welcher die „vertragliche, d.h. die vom übereinstimmenden Willen zweier Parteien ausgestaltete Grundlage des Arbeitsverhältnisses“[277] darstellt. Der Arbeitsvertrag wird als ein Sonderfall des Dienstvertrages angesehen[278], so dass die gesetzlichen Bestimmungen des Dienstvertrages gemäß §§ 611 ff. BGB herangezogen werden. § 611 BGB besagt dabei: (1) Durch den Dienstvertrag wird derjenige, welcher Dienste zusagt, zur Leistung der versprochenen Dienste, der andere Teil zur Gewährung der vereinbarten Vergütung verpflichtet. (2) Gegenstand des Dienstvertrages können Dienste aller Art sein. Die Hauptpflichten des Arbeitsvertrages bestehen für den AN in der Arbeitsleistung und für den AG in der Zahlung der vereinbarten Vergütung.

Neben diesen Hauptpflichten bestehen auch so genannte vertragliche Nebenpflichten, welche sich aus §§ 241, 242 BGB ergeben. Nach § 242 BGB ist die Leistung so zu bewirken, wie Treu und Glaube mit Rücksicht auf die Verkehrssitte es erfordern. Daraus ergibt sich für den AN eine so genannte Treupflicht. D.h. es gilt die Interessen des AG zu berücksichtigen und zu fördern, Betriebs- und Geschäftsgeheimnisse dürfen nicht offenbart werden, illoyaler Wettbewerb ist zu unterlassen, Gefahren sind anzuzeigen, Schäden abzuwenden und Schmiergelder nicht anzunehmen. Zusammenfassend ist der AN folglich angehalten, sich über die Arbeitspflicht hinweg für die Interessen des AG einzusetzen und den AG schädigendes Tun zu unterlassen. Die

[276] Vgl. zu den arbeitsrechtlichen Bestimmungen z.B. Löwisch (Arbeitsrecht, 2000), S. 306-307; Schanz (Personalwirtschaftslehre, 2000), S. 23 ff.; Scholz (Personalmanagement, 2000), S. 173 ff.; Hanau/Adomeit (Arbeitsrecht, 2000), S. 168 ff.; Dütz (Arbeitsrecht, 2003), S. 80 ff.; Brox/Rüthers/Henssler (Arbeitsrecht, 2004), S. 53 ff.

[277] Vgl. Höland (Arbeitsvertrag, 2004), Sp. 415.

[278] Vgl. Brox/Rüthers/Henssler (Arbeitsrecht, 2004), S. 13.

arbeitsvertraglichen Nebenpflichten aus Sicht des AG werden unter dem Begriff der so genannten Fürsorgepflicht zusammengefasst. Einige dieser Pflichten sind in den §§ 617-619 BGB geregelt. Die Fürsorgepflicht besagt, dass die Rechtsgüter des AN, d.h. Leben, Gesundheit, Persönlichkeit und Eigentum zu schützen sind, über Risiken und Chancen des Arbeitsverhältnisses aufzuklären ist und der AN tatsächlich zu beschäftigen und seine berufliche Entwicklung zu fördern ist. Diese Verpflichtungen werden in erster Line durch die öffentlich-rechtlichen Sachvorschriften zum Gesundheitsschutz, d.h. Arbeitsschutz- und Unfallverhütungsvorschriften, weitergehend konkretisiert. Die folgende Abbildung liefert einen Überblick über die Haupt- und Nebenpflichten in einem vertraglichen Arbeitsverhältnis zwischen AG und AN.

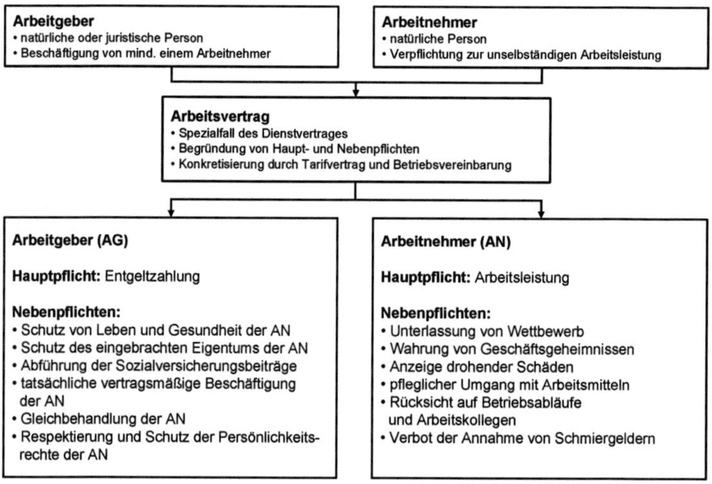

Abbildung 17: Rechte und Pflichten von Arbeitgeber und -nehmer[279]

Explizit wird dabei nicht von der Pflicht zur Information der Mitarbeiter aus individualrechtlicher Perspektive gesprochen. Man könnte argumentativ zu der Aussage gelangen, dass die regelmäßige und wahrheitsgetreue Information über betriebliche Geschehnisse in der Unternehmenskrise zur Fürsorgepflicht des Arbeitgebers zählt. Betrachtet man die einschlägige Literatur zum Arbeitsrecht, ist kein derartiger Hin-

[279] Modifiziert nach Kittner/Kittner (Arbeits- und Sozialrecht, 2002), S. 87.

weis zu finden. Es muss daher davon ausgegangen werden, dass keine rechtlichen Informationspflichten seitens der Unternehmensführung aufgrund des individuellen Arbeitsvertrages zwischen AG und AN bestehen. Die folgenden Abschnitte werden zeigen, dass kollektivrechtlich durchaus gewisse Verpflichtungen zur Information der Mitarbeiter und deren Vertretern existieren.

4.2.2 Betriebsverfassungsrechtliche Bestimmungen

Das Betriebsverfassungsgesetz enthält zahlreiche Regelungen, die sich auf die interne Information beziehen oder diese regeln. Die betriebsverfassungsrechtlichen Bestimmungen zur Mitarbeiterkommunikation können als eine spezifische Rahmenbedingung der Ausgestaltung derselben angesehen werden. Eine freie und losgelöste Entscheidung über die in Kapitel 5.4 dargestellten Gestaltungsoptionen der internen Kommunikation und die Auswahl der entsprechenden Kommunikationssegmente oder -zielgruppen ist daher nicht möglich und muss unter Berücksichtigung der geltenden betriebsverfassungsrechtlichen Regelungen erfolgen.[280]

Zunächst regelt § 43 BetrVG, dass der Betriebsrat einmal in jedem Kalendervierteljahr eine Betriebsversammlung einzuberufen und einen Tätigkeitsbericht zu erstatten hat. Die Betriebsversammlung soll als Forum der Kommunikation und Meinungsbildung dienen und deshalb vom Betriebsrat so gestaltet werden, dass durch die Festlegung der Tagesordnung aktuelle Fragestellungen und Probleme im Betrieb und an den Arbeitsplätzen aufgegriffen und die Teilnehmer mit einbezogen werden. Wenn es aus besonderen Gründen zweckmäßig erscheint, kann der Betriebsrat in jedem Kalenderhalbjahr eine weitere Betriebsversammlung durchführen, wobei zu den besonderen Anlässen beispielsweise Umstellung der Produktion, Stilllegung oder Verlegung von Betriebsteilen, Liquidations- oder Absatzschwierigkeiten, drohende

[280] Dies gilt nur für Unternehmen, die mitbestimmungspflichtig sind und damit den Regelungen des Betriebsverfassungsgesetztes unterliegen. Sofern beispielsweise kein Betriebsrat existiert, können auch nicht die entsprechenden Paragraphen Anwendung finden. Nichts desto trotz gelten Analogien auch für Unternehmen ohne Betriebsrat, da es sich bei den Betriebsverfassungsregelungen nicht generell um für das Unternehmen schädliche Vorgaben handelt. Sofern diese für die entsprechenden Unternehmen sinnvolle Regelungen enthalten, können auch Unternehmen ohne Betriebsrat davon profitieren.

Kurzarbeit oder Betriebsinhaberwechsel gehören.[281] Weiterhin ist der Arbeitgeber zu den Betriebsversammlungen einzuladen und hat mindestens einmal im Kalenderjahr in einer Betriebsversammlung über das Personal- und Sozialwesen u.a. über die wirtschaftliche Lage und Entwicklung des Betriebes zu berichten, soweit dadurch nicht Betriebs- und Geschäftsgeheimnisse gefährdet werden.

Für die Arbeitnehmer erfüllt die Betriebsversammlung den Zweck des Ausspracheforums, wo sie über Themenstellungen unterrichtet werden, die für sie interessant und bedeutsam sind. Als Quelle echter Meinungsbildung, Informationsinstrument und Forum sachlicher Erörterungen von Betriebsproblemen kommt der Betriebsversammlung im Rahmen der gesetzlichen Vorgaben zur internen Informationspolitik eine zentrale Bedeutung zu.[282] § 43 BetrVG macht deutlich, dass der Betriebsrat nicht nur als Kommunikationsempfänger, sondern auch als Kommunikator von Informationen im Unternehmen zu sehen ist. Daher ist der Betriebsrat von der Unternehmensleitung im Krisenmanagement als ein wichtiger Multiplikator von Informationen, die die Belegschaft in Krisensituationen betreffen können, zu berücksichtigen.

§ 74 Abs. 1 BetrVG institutionalisiert den Informationsaustausch zwischen Arbeitgeber und Betriebsrat, indem die beiden Parteien mindestens einmal im Monat zu einer Besprechung zusammentreten. Dabei sollen sie über strittige Fragen mit dem ernsten Willen zur Einigung verhandeln und zur Beilegung von Meinungsverschiedenheiten Vorschläge unterbreiten. Dieser Grundsatz bezieht sich nicht nur auf die monatlichen Besprechungen, sondern auch auf die Beilegung aller weiteren Probleme.[283]

Als allgemeiner Informationsgrundsatz kann § 80 Abs. 2 BetrVG angesehen werden, der besagt, dass der Betriebsrat zur Durchführung seiner in § 80 Abs. 1 aufgezählten allgemeinen Aufgaben rechtzeitig und umfassend vom Arbeitgeber zu unterrichten ist und ihm auf Verlangen jederzeit die zur Durchführung seiner Aufgaben erforder-

[281] Vgl.Fitting/Engels/Schmidt/Trebinger/Linsenmaier (Betriebsverfassungsgesetz, 2006), § 43 Rn. 35.

[282] Vgl. Macharzina (Informationspolitik, 1990), S. 25-26.

[283] Vgl. Fitting/Engels/Schmidt/Trebinger/Linsenmaier (Betriebsverfassungsgesetz, 2006), § 74 Rn. 9.

lichen Unterlagen zur Verfügung zu stellen sind. Dieses Informationsrecht kann als Schlüssel für alle weitergehenden Beteiligungsrechte des Betriebsrates angesehen werden, denn ohne Information sind eine ergiebige Beratung, eine effektive Kontrolle und damit eine verantwortliche Mitbestimmung nicht möglich.[284] Für eine sachgerechte und wirksame Wahrnehmung der gesetzlichen Aufgaben muss der Betriebsrat über alle damit im Zusammenhang stehenden Vorgänge und Planungen des Arbeitgebers informiert sein.

Der Zeitpunkt der Information bzw. die Rechtzeitigkeit ergibt sich daraus, dass die Information vor der endgültigen Entscheidung, d.h. im Planungsstadium zu erfolgen hat und der Betriebsrat gegebenenfalls durch die Ausschöpfung seiner Mitwirkungs- und Mitbestimmungsrechte die Möglichkeit der Einwirkung eingeräumt bekommt und Alternativvorschläge einbringen kann, die noch Änderungen der Entscheidung bewirken können.[285] Der Arbeitgeber muss Informationen nicht bereits preisgeben, wenn er selbst vage Erwägungen anstellt – er muss den Betriebsrat unterrichten, bevor er seine eigene Entscheidung endgültig getroffen hat.[286] Der Betriebsrat wird dann umfassend, d.h. vollständig informiert, wenn der Arbeitgeber das mitteilt, was er selbst weiß, d.h. alles weitergibt, was er selbst für die Entscheidung und die geplanten Maßnahmen nutzt.[287]

Im Allgemeinen kann die Information bzw. Unterrichtung als das schwächste Mitwirkungsrecht angesehen werden. Alle weiteren Beteiligungsrechte sind stets mit diesem schwächsten Recht verknüpft, welche automatisch die Pflicht des Arbeitgebers auf rechtzeitige und dem Zweck angemessene Information mit einschließt. Diese Bedeutung der Information ist heute generell anerkannt, so dass ein Nichtbeachten dieser Regelung mit erheblichen Bußen belegt werden und in einigen Fällen sogar zur Unwirksamkeit von personellen Maßnahmen führen kann.[288]

---

284 Vgl. Zander (Mitarbeiterinformation, 1995), S. 128.

285 Vgl. Fitting/Engels/Schmidt/Trebinger/Linsenmaier (Betriebsverfassungsgesetz, 2006), § 80 Rn. 55.

286 Vgl. Zander (Mitarbeiterinformation, 1995), S. 128.

287 Vgl. Zander (Mitarbeiterinformation, 1995), S. 128.

288 Vgl. Zander (Mitarbeiterinformation, 1995), S. 127-128.

§§ 81- 83 BetrVG beinhalten die auf die einzelne Person des Mitarbeiters bezogenen individuellen Informationsrechte, die vor dem Hintergrund der „Fürsorgepflicht des Arbeitgebers“ und der „Schutzansprüche des Arbeitnehmers“ die Unternehmensleitung neben der bereits dargestellten rechtzeitigen und umfassenden Unterrichtung des Betriebsrates dazu verpflichten, den Arbeitnehmer direkt zu unterrichten.[289] Gemäß § 81 BetrVG hat der Arbeitgeber den Arbeitnehmer über dessen Aufgabe und Verantwortung sowie über die Art seiner Tätigkeit und ihre Einordnung in den Arbeitsablauf zu unterrichten. Es geht um die Übermittlung arbeitsbezogener Informationen, was aber „als Selbstverständlichkeit moderner Personalführung heute wohl kaum noch kodifizierungspflichtig erscheint.“[290]

Ebenso ist der Arbeitnehmer über Veränderungen in seinem Arbeitsbereich sowie über die aufgrund einer Planung von technischen Anlagen, von Arbeitsverfahren und Arbeitsabläufen oder der Arbeitsplätze vorgesehenen Maßnahmen und ihre Auswirkungen auf seinen Arbeitsplatz, die Arbeitsumgebung sowie auf Inhalt und Art seiner Tätigkeit rechtzeitig zu unterrichten (Vgl. § 81 Abs. 3 und 4 BetrVG). Der Arbeitnehmer muss die Gelegenheit haben, sich mit den Veränderungen vertraut zu machen und sich rechtzeitig auf sie einstellen zu können. Der Zusammenhang zum Verhalten der Unternehmensleitung im Krisenmanagement wird deutlich. Sofern Umstrukturierungsmaßnahmen aufgrund einer Krisensituation und damit auch einschneidende Veränderungen in die Arbeitssituation des Mitarbeiters erfolgen, bedarf es einer rechtzeitigen und individuellen Information.

Ein weiteres Organ der betrieblichen Mitbestimmung stellt der Wirtschaftsausschuss dar, welcher in allen Unternehmen mit in der Regel mehr als 100 ständig beschäftigten Arbeitnehmern zu bilden ist und der die Aufgabe hat, wirtschaftliche Angelegenheiten mit dem Unternehmer zu beraten und den Betriebsrat zu unterrichten (§ 106 BetrVG).

---

289 Vgl. Macharzina (Informationspolitik, 1990), S. 18; Winterstein (Mitarbeiterinformation, 1998), S. 16.

290 Winterstein (Mitarbeiterinformation, 1998), S. 14.

Dieser ist rechtzeitig und umfassend über die wirtschaftlichen Angelegenheiten des Unternehmens zu unterrichten, wozu

1. die wirtschaftliche und finanzielle Lage des Unternehmens;
2. die Produktions- und Absatzlage;
3. das Produktions- und Investitionsprogramm;
4. Rationalisierungsvorhaben;
5. Fabrikations- und Arbeitsmethoden, insbesondere die Einführung neuer Arbeitsmethoden;
6. Fragen des betrieblichen Umweltschutzes;
7. die Einschränkung oder Stilllegung von Betrieben oder von Betriebsteilen;
8. die Verlegung von Betrieben oder Betriebsteilen;
9. der Zusammenschluss oder die Spaltung von Unternehmen und Betrieben;
10. die Änderung der Betriebsorganisation oder des Betriebszwecks;
11. sonstige Vorgänge und Vorhaben, welche die Interessen der Arbeitnehmer des Unternehmens wesentlich berühren können;

zu zählen sind. Eine rechtzeitige Unterrichtung bedeutet ebenfalls, dass der Wirtschaftsausschuss über wirtschaftliche Angelegenheiten informiert werden muss, bevor über diese entschieden wird. Einen exakten Zeitpunkt der Rechtzeitigkeit zu bestimmen ist problematisch. Der Wirtschaftsausschuss ist vom Unternehmer vor dessen Entscheidung zu unterrichten, d.h. eine Unterrichtung ist dann als verspätet anzusehen, wenn die Entscheidungen im entsprechenden Unternehmensorgan, d.h. z.B. Vorstand, bereits gefallen sind.[291] Umfassend unterrichtet wird nur dann, wenn gemäß dem Grundsatz der Informationsparität zwischen Unternehmer und Wirtschaftsausschuss diejenigen Informationen weitergegeben werden, die auch der Unternehmer hat und seinen Entscheidungen zugrunde legt.[292] Weiterhin regelt § 108 Abs. 4 BetrVG, dass der Wirtschaftsausschuss über jede Sitzung dem Betriebsrat unverzüglich und vollständig zu berichten hat.

---

291 Vgl. Fitting/Engels/Schmidt/Trebinger/Linsenmaier (Betriebsverfassungsgesetz, 2006), § 106 Rn. 22.

292 Vgl. Fitting/Engels/Schmidt/Trebinger/Linsenmaier (Betriebsverfassungsgesetz, 2006), § 106 Rn. 23.

Die Vorschrift des § 110 BetrVG führt die Informationsrechte für den einzelnen Arbeitnehmer fort. So müssen in Unternehmen mit in der Regel mehr als 1.000 ständig beschäftigten Arbeitnehmern mindestens einmal in jedem Kalendervierteljahr nach vorheriger Abstimmung mit dem Wirtschaftsausschuss und dem Betriebsrat die Arbeitnehmer schriftlich über die wirtschaftliche Lage und Entwicklung des Unternehmens unterrichtet werden. In Unternehmen, die diese Voraussetzungen nicht erfüllen, aber in der Regel mehr als 20 wahlberechtigte ständige Arbeitnehmer beschäftigen, kann die Unterrichtung auch mündlich erfolgen. Mit der Unterrichtung soll den Arbeitnehmern ein Überblick über die Wirtschaftslage des Unternehmens gegeben und damit eine Aussicht auf die zukünftige Entwicklung gewährt werden.[293]

In engem Zusammenhang zur internen Kommunikation steht außerdem § 111 BetrVG: In Unternehmen mit in der Regel mehr als 20 wahlberechtigten Arbeitnehmern hat der Unternehmer den Betriebsrat über geplante Betriebsänderungen, die wesentliche Nachteile für die Belegschaft oder erhebliche Teile der Belegschaft zur Folge haben können, rechtzeitig und umfassend zu unterrichten und die geplanten Betriebsänderungen mit dem Betriebsrat zu beraten. Die Regelung soll der Forderung nach einer stärkeren Berücksichtigung der Arbeitnehmerinteressen im Fall von Betriebsänderungen nachkommen. Plant der Arbeitgeber eine Betriebsänderung, so ist der Betriebsrat umfassend zu unterrichten und das Vorhaben mit ihm zu beraten, um somit eine Lösung zu finden, die den Arbeitnehmern möglichst wenige Nachteile bringt.[294] Da Betriebsänderungen aufgrund ihrer einschneidenden Wirkung zu erheblichen Verunsicherungen führen können, sollen für alle Beteiligten klare Verhältnisse geschaffen und damit eine vernünftige Zukunftsplanung erleichtert werden. Auch in diesem Zusammenhang gilt die Unterrichtung als rechtzeitig, wenn sie vor der praktischen Umsetzung der Planung erfolgt und nicht bereits Aufsichtsrat, Gesellschafterversammlung oder ein Beirat um Zustimmung ersucht wurden oder diese bereits erteilt haben.[295]

[293] Vgl. Fitting/Engels/Schmidt/Trebinger/Linsenmaier (Betriebsverfassungsgesetz, 2006), § 110 Rn. 7.

[294] Vgl. hierzu ebenfalls die Regelungen in §§ 112, 112a, 113 BetrVG zu Sozialplan und Nachteilsausgleich.

[295] Vgl. Fitting/Engels/Schmidt/Trebinger/Linsenmaier (Betriebsverfassungsgesetz, 2006), § 111 Rn. 109.

Die folgende Abbildung fasst die wesentlichen rechtlich begründeten Informationskanäle zu den Arbeitnehmern eines Unternehmens zusammen.[296]

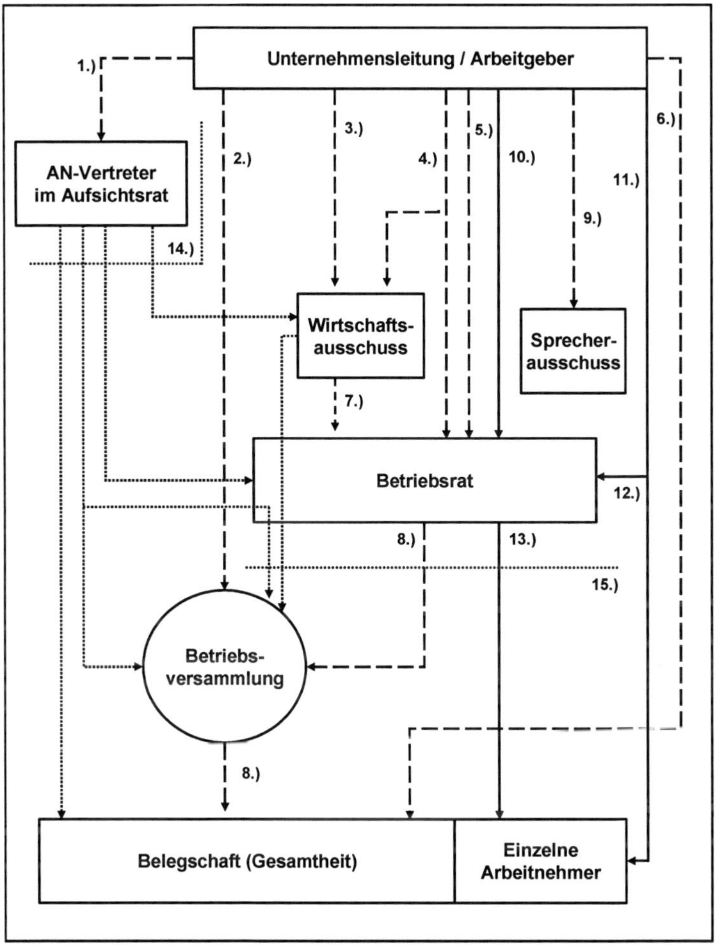

Abbildung 18: Rechtlich begründete Informationskanäle zu den Arbeitnehmern[297]

296 Vgl. Macharzina (Informationspolitik, 1990), S. 20.

297 In Anlehnung an Macharzina (Informationspolitik, 1990), S. 20-21.

Legende:

Arbeitnehmerinformation ohne gesetzliche Berücksichtigung

Arbeitnehmerinformation, gesetzlich vorgesehen

1. Regelung durch das AktG
2. § 43 II BetrVG (mindestens einmal pro Jahr)
3. §§ 106, 108 BetrVG
4. § 108 V BetrVG
5. §§ 80, 90, 111 BetrVG
6. § 110 Betr VG
7. § 108 IV BetrVG
8. §§ 43, 45 BetrVG
9. § 23 SprAuG

spezielle gesetzlich vorgesehene Informationen

10. §§ 89, 92, 94, 95, 99, 100, 102, 103, 105 BetrVG
11. §§ 81-85, Sonderfälle der §§ 94, 100 BetrVG
12. §§ 82-85 BetrVG (auf Wunsch der Arbeitnehmer)
13. Sonderfälle des § 80 I 3 BetrVG

gesetzliche Informationsschranken

14. durch das AktG §§ 116, 93 (Sorgfaltspflicht). Darauf nehmen §§ 77 BetrVG und § 25 MitbestG Bezug.
15. Durch das BetrVG 72, insb. § 79 (Geheimhaltungspflicht), in § 82 (Stillschweigen bei Hinzuziehung des Betriebsrats durch Arbeitnehmer, vgl. 11); Analogien in §§ 99, 107, § 43 II.

Abbildung 19: Legende zur Abbildung 18

4.2.3 EU-Richtlinie zur Mitarbeiterinformation

Nach jahrelangen politischen Verhandlungen ist mit Veröffentlichung im EG-Amtsblatt (Nr. L 80/29) am 23. März 2002 die EU-Richtlinie 2002/14/EG des europäischen Parlaments und des Rates vom 11. März 2002 zur Festlegung eines allgemeinen Rahmens für die Unterrichtung und Anhörung der Arbeitnehmer in der europäischen Gemeinschaft in Kraft getreten.

Diese gilt für private und öffentliche Unternehmen, die eine wirtschaftliche Tätigkeit ausüben, mit mindestens 50 Arbeitnehmern oder Betriebe mit mindestens 20 Arbeitnehmern in einem Mitgliedstaat und soll den sozialen Dialog zwischen den Sozialpartnern fördern. Als Beweggrund für die Festlegung einer solchen Regelung wird außerdem die Schaffung eines Vertrauensklimas angeführt, um Risiken frühzeitig zu erkennen und bei gleichzeitiger Absicherung der Arbeitnehmer die Arbeitsorganisation flexibler zu gestalten, die Arbeitnehmer für notwendige Anpassungen zu sensibilisieren, die Arbeitnehmer stärker in die Unternehmensabläufe und in die Gestaltung der Zukunft des Unternehmens einzubeziehen und dessen Wettbewerbsfähigkeit zu steigern. Auch als Vorbedingung für die erfolgreiche Bewältigung von Umstrukturierungsprozessen wird die rechtzeitige Unterrichtung und Anhörung der Arbeitnehmer gesehen. Die EU-Richtlinie soll durch „Antizipation“ und „Prävention“ der Tatsache Rechung tragen, dass der bestehende Rechtsrahmen zur Information der Arbeitnehmer zu stark auf die nachträgliche Verarbeitung von Wandlungsprozessen ausgerichtet ist.

Die Richtlinie zur Unterrichtung und Anhörung der Arbeitnehmer setzt europaweite Mindeststandards, um die in den verschiedenen Mitgliedstaaten bestehenden Lücken im Recht der Arbeitnehmervertreter zu schließen. Sie wird als Ergänzung der Richtlinie der europäischen Betriebsräte angesehen, gilt nicht unmittelbar und zwingend als Gesetz, sondern vielmehr als ein Auftrag an die Mitgliedstaaten, entsprechende innerstaatliche Regelungen bis zum 23.03.2005 zu schaffen.

Drei Kategorien von Inhalten lassen sich bezüglich der Unterrichtung und Anhörung unterscheiden (EU-Richtlinie 2002/14/EG Artikel 4, Absatz 2)

1. die Unterrichtung über die jüngste Entwicklung und die wahrscheinliche Weiterentwicklung der Tätigkeit und der wirtschaftlichen Situation des Unternehmens oder des Betriebs;

2. die Unterrichtung und Anhörung zu Beschäftigungssituation, Beschäftigungsstruktur und wahrscheinlicher Beschäftigungsentwicklung im Unternehmen oder Betrieb sowie gegebenenfalls geplanten antizipativen Maßnahmen, insbesondere bei einer Bedrohung für die Beschäftigung;

3. die Unterrichtung und Anhörung zu Entscheidungen, die wesentliche Veränderungen der Arbeitsorganisation oder der Arbeitsverträge mit sich bringen können.

Die Unterrichtung meint die Übermittlung von Informationen durch den Arbeitgeber an die Arbeitnehmervertreter, um diesen Gelegenheit zur Kenntnisnahme und Prüfung der behandelten Frage zu geben. Die Unterrichtung muss so rechtzeitig erfolgen, dass ein Dialog zwischen den Sozialpartnern möglich wird, d.h. es muss ausreichend Zeit bestehen, die Informationen angemessen zu prüfen und gegebenenfalls Anhörungen vorzubereiten. Eine verspätete oder nachträgliche Unterrichtung widerspricht dem Zweck – nämlich der Unterrichtung vor der eigentlichen Entscheidung.

Im Bezug auf vertrauliche Informationen regelt die EU-Richtlinie 2002/14/EG in Artikel 6, Abs. 1, dass es den Arbeitnehmervertretern nicht gestattet ist, ihnen im berechtigten Interesse der Unternehmen oder Betriebe ausdrücklich als vertraulich mitgeteilte Informationen an Arbeitnehmer oder Dritte weiterzugeben. Ebenso ist der Arbeitgeber auch nicht verpflichtet, eine Unterrichtung oder eine Anhörung vorzunehmen, wenn diese nach objektiven Kriterien die Tätigkeit des Unternehmens oder Betriebes erheblich beeinträchtigt oder dem Unternehmen oder Betrieb schaden könnte (vgl. EU-Richtlinie 2002/14/EG Artikel 6, Absatz 2).

Zu konstatieren ist abschließend, dass in Deutschland kein wesentliches Umsetzungsbedürfnis der EU-Richtlinie besteht, da das deutsche Betriebsverfassungsgesetz der Art und Weise der Information, d.h. der Unterrichtung und Anhörung nahezu gerecht wird, da auch bereits im Vorfeld einer Maßnahme rechtzeitig und umfassend zu informieren ist. Die europäischen Informations- und Anhörungsrechte liegen weitgehend unterhalb des Niveaus der deutschen Mitbestimmung, so dass im Wesentlichen kein gesonderter Umsetzungsbedarf in deutsches Recht besteht.[298]

4.3 Öffentlichkeitswirksame Rahmenbedingungen

Eine weitere Rahmenbedingung, der die Ausgestaltung der internen Kommunikation im Krisenmanagement unterliegt, ist die öffentliche oder auch gesellschaftliche Exponiertheit von Unternehmen. Gegenwärtig ist zu beobachten, dass Unternehmen

[298] Dieser Sachverhalt ist nicht ganz unstreitig. So bestehen beispielsweise die speziellen Informationsrechte eines Wirtschaftsausschusses erst in Unternehmen mit in der Regel mehr als 100 Arbeitnehmern.

vermehrt im Interesse öffentlicher Auseinandersetzungen stehen und zahlreiche Entscheidungen unter öffentlichen Rechtfertigungsdruck geraten.[299] Das Beispiel der Insolvenz der ehemaligen *Siemens* Handy-Sparte *BenQ* im September 2006 zeigt, welches Medieninteresse durch den drohenden Verlust von ca. 3.000 Arbeitsplätzen in Deutschland entstehen kann. Der *Siemens*-Chef *Kleinfeld* gerät von Medien und Öffentlichkeit unter hohen Druck. Schnell ist man sich einig, dass der Verkauf des deutschen Handy-Geschäftes Ende 2005 ein abgekartetes Spiel war, um sich der angeschlagenen Sparte möglichst kostengünstig zu entledigen. Auch beteiligt sich beispielsweise der nordrhein-westfälische Ministerpräsident *Rüttgers* an öffentlichen Diskussionen und sagt seine Unterstützung für die betroffenen Mitarbeiter zu.[300] Als Antwort auf den hohen öffentlichen Druck und die vehemente Kritik an einer 30-prozentigen Gehaltserhöhung für die *Siemens*-Vorstandsmitglieder, hat man sich dazu entschieden, den betroffenen *BenQ*-Mitarbeiter einen Härtefonds in Höhe von 30 Millionen Euro zuzusagen und damit auf die höheren Vorstandsgehälter vorerst zu verzichten. Nach Aussage von *Kleinfeld* sei dies ein Zeichen der Solidarität für die ehemaligen *Siemens*-Mitarbeiter.

Unternehmerisches Handeln wird vermehrt politisiert und moralisiert, was zu einer neuartigen und ungewohnten Herausforderung für das Management eines Unternehmens wird. Die gesellschaftliche Selbstbehauptung des Managements stellt eine weitere Voraussetzung der unternehmerischen Existenzsicherung dar, um die eigenen Handlungen zu begründen und dadurch soziale oder auch gesellschaftliche Akzeptanz zu fördern oder zu sichern.[301]

„Die Tatsache, dass Unternehmen durch ihre Tätigkeit öffentliche Interessen berühren, aber umgekehrt durch Handlungen, die im Namen öffentlicher Interessen ausge-

---

[299] Dieser Aspekt gilt insbesondere für große Unternehmen, die stärker in der Aufmerksamkeit der Öffentlichkeit stehen, als insolvenzgefährdete kleinere und mittlere Unternehmen. Betrachtet man z.B. die umfangreiche Medienberichterstattung zu den Großinsolvenzen von Philipp Holzmann, Kirch Media, Fairchild Dornier u.a., dann wird deutlich, dass zumindest im Rahmen des medialen Interesses überwiegend Großunternehmen einer großen öffentlichen Exponiertheit im Krisenfall ausgesetzt sind. Über die Insolvenz von mittelständischen oder kleinen Betrieben würde höchstens noch in der Regionalpresse berichtet.

[300] Vgl. dazu z.B. Hardt (Handy-Werke, 2006), S. 1; Hardt (Scheidung, 2006), S. 10; Schilder (Lebenslügendetektor, 2006), S. 1; O.V. (DAX-Unternehmen, 2006), S. 16.

[301] Vgl. Dyllick (Umweltbeziehungen, 1988), S. 190-192.

übt werden, selber betroffen werden“[302] beschreibt den Sachverhalt der „öffentlichen Exponiertheit“ von Unternehmen. Unternehmen verlassen ihre autonome Entscheidungs- und Gestaltungsfreiheit und unterliegen damit nicht mehr nur dem Kriterium der wirtschaftlichen Effizienz, sondern auch den Kriterien der politischen Legitimität und moralischen Autorität.[303] Dabei sind z.B. das Ausmaß der Staatseingriffe, das Ausmaß der politischen Aufmerksamkeit, wissenschaftliches Interesse, die Aufmerksamkeit in den Medien und in der Öffentlichkeit und das Ausmaß der Bürgeraktivierung gegen Unternehmungen Indikatoren für den Grad der öffentlichen Exponiertheit. Inwieweit ein Unternehmen zum Gegenstand öffentlicher Auseinandersetzungen wird, hängt wiederum von der Größe der Firma, der Produktpalette, dem Abnehmerkreis, dem regionalen Tätigkeitsgebiet und Faktoren der öffentlichen Meinung und Sensibilität ab.[304]

Die Exponiertheit ist vor allem für die Öffentlichkeitsarbeit eines Unternehmens von Bedeutung. Die zentrale Rolle der Medien bei der Ausübung von öffentlichem Druck kann Kräfte auf das Unternehmen entfachen, die im Verlust von öffentlichem Ansehen, in der Blockierung der Geschäftstätigkeit, im Absinken des Börsenkurses und in einer Bindung der Aufmerksamkeit des Top Managements münden können.[305] Die Kommunikations- und Dialogfähigkeit der Unternehmen sowie deren gesellschaftliche Selbstbehauptungsfähigkeit im Umgang mit der Öffentlichkeit werden damit zu einem entscheidenden Erfolgsfaktor für „stark-exponierte“ Unternehmen.

Meist stellen alle Formen von Krisen eines Unternehmens eine öffentliche Angelegenheit dar. Derartige Situationen bedeuten häufig, plötzlich im Blickfeld des öffentlichen Interesses zu stehen und damit auch im „Kreuzfeuer“ der Medien.[306] Die Sensibilität der Menschen für Krisen hat sich erhöht und die Erwartungen an den Grad der Information haben zugenommen.[307] Neben der eigentlichen Bewältigung der

---

[302] Dyllick (Management der Umweltbeziehungen, 1989), S. 15; Börner (Exponiertheit von Unternehmen, 1996), S. 425 ff.

[303] Vgl. Dyllick (Umweltbeziehungen, 1988), S. 195-203.

[304] Vgl. Dyllick (Umweltbeziehungen, 1988), S. 195-196.

[305] Vgl. Dyllick (Umweltbeziehungen, 1988), S. 197.

[306] Vgl. Heiks (Krisen-PR, 2001), S. 206; Schmitt/Hauser (Krisen-PR von Unternehmen, 1994), S. 123.

[307] Vgl. Ulsamer (Krisenkommunikation, 2000), S. 32-33.

Krisensituation wird eine zweite Front eröffnet. Es gilt nicht nur das Interesse der Öffentlichkeit, sondern auch das von Kunden und Verbrauchern, Lieferanten, Investoren, Banken, Anwohnern, Gewerkschaften, Politikern, Verbänden und Institutionen zu befriedigen.[308]

In vielen Fällen wird jedoch deutlich, dass Unternehmen in Krisensituationen nicht in der Lage sind, glaubwürdig zu kommunizieren und die Bedeutung der Krisenkommunikation gänzlich unterschätzt wird. Es gilt: „Wer nicht kommuniziert, über den wird kommuniziert."[309] Es ist Aufgabe der Öffentlichkeitsarbeit, eine Vertrauens- bzw. Glaubwürdigkeits- oder Imagekrise zu verhindern und durch einen dialogischen Informationsaustausch einen Interessenaustausch zwischen den beteiligten Gruppen herbeizuführen.[310] Identifikation, Vertrauen und Motivation im Bezug auf die unternehmensexterne Öffentlichkeit können nur durch eine konsequente und nachhaltig glaubwürdige Kommunikation geschaffen werden. „Unternehmen, die gut vorbereitet offensiv kommunizieren und glaubwürdige Erklärungen sowie emotional überzeugende Erläuterungen in die Diskussion bringen können, nehmen den Medien und anderen internen und externen Kritikern viel Wind aus den Segeln."[311] Eine Unternehmenskrise stellt folglich auch eine kommunikative Chance dar: „Die Tatsache, dass man sich der öffentlichen Aufmerksamkeit nie gewisser sein kann als in Krisenfällen, kennzeichnet die hervorragenden Kommunikations- und Selbstdarstellungsmöglichkeiten in solchen Situationen."[312]

Das Image eines Unternehmens kann in schwierigen Zeiten nicht nur verteidigt, sondern gleichzeitig untermauert werden.[313] Die Entscheidung über die Gestaltungsparameter der internen Kommunikation in der Krise unterliegt folglich den Erfordernissen der Öffentlichkeitsarbeit eines Unternehmens. Beide Teilbereiche der Unternehmenskommunikation sind eng miteinander verknüpft. Die Verfolgung einer restrikti-

---

[308] Vgl. dazu z.B. Hahn (Unternehmensführung, 1992), S. 139; Moeller (Störfall-PR, 1993); S. 24; Starke (Vorbeugen, 1993), S. 51; Ulsamer (Krisenkommunikation, 2000), S. 32-33; Ernst (Faktor Vertrauen, 2003), S. 46.

[309] Naumann (Kommunikationskrise, 2003), S. 26.

[310] Vgl. Schmitt/Hauser (Krisen-PR von Unternehmen, 1994), S. 124.

[311] Naumann (Kommunikationskrise, 2003), S. 26.

[312] Schmitt/Hauser (Krisen-PR von Unternehmen, 1994), S. 130.

[313] Vgl. Naumann (Kommunikationskrise, 2003), S. 22.

ven Informationspolitik bezogen auf die internen Zielgruppen lässt sich in einem stark öffentlich exponierten Unternehmen nicht durchsetzen. Bei der Ausgestaltung der internen Kommunikation ist vor dem Hintergrund des Konzeptes der integrierten Kommunikation zu berücksichtigen, wie die externe Kommunikation gestaltet werden soll und wie die Verbindungen zwischen den beiden Bereichen ausgestaltet sind.

„Bei der integrierten Kommunikation handelt es sich um einen Managementprozess, der darauf abzielt, die medialen Inhalte auf unterschiedlichen Kanälen der internen und externen Kommunikation systematisch so zu gestalten, dass sämtlichen Zielgruppen der Kommunikation ein vorab definiertes, einheitliches Erscheinungsbild des Unternehmens vermittelt wird."[314]

Die Einheitlichkeit im Kommunikationsauftritt soll durch eine ganzheitliche Kommunikation gewährleistet und Uneinheitlichkeiten in den Bereichen Presse- und Öffentlichkeitsarbeit, interne Kommunikation und Marketing vermieden werden. Dabei bewegt sich die Unternehmenskommunikation stets im Spannungsfeld zwischen einer hinreichen Differenzierung hinsichtlich Inhalt und Medien im Bezug auf die mannigfaltigen Zielgruppen und der Integration derselben, um einen inkonsistenten Gesamtauftritt des Unternehmens zu vermeiden.[315] Eine widerspruchsfreie Unternehmenskommunikation ist bedeutende Voraussetzung zur Erhaltung der Glaubwürdigkeit des Unternehmens und des Vertrauens der unterschiedlichen Bezugsgruppen. Diese verfügen zwar in der Regel über divergente Informationsbedürfnisse und nehmen Kommunikationsinhalte und -medien unterschiedlich wahr. Dennoch ist eine Harmonisierung notwendig, um ein konsistentes Kommunikationskonzept zu etablieren. Umsetzen lässt sich eine integrierte Unternehmenskommunikation beispielsweise durch „integrativ wirkende Kernbotschaften und Gestaltungsprinzipien sowie eine kommunikative Leitidee."[316] Mitarbeiterkommunikation und externe Kommunikation sind im Bezug auf den Inhalt, die formale und auch zeitliche Gestaltung zu koordinieren. Die inhaltliche Integration bezieht sich vor allem auf die thematische Abstimmung der einzelnen Kommunikationsmaßnahmen. Die formale Koordination

314 Marten (Integrierte Kommunikation, 2001), S. 150; vgl. dazu ebenfalls Kirchner (Integrierte Unternehmenskommunikation, 2001), S. 123 ff.

315 Vgl. Brehm (Unternehmenskommunikation, 2005), S. 430.

316 Brehm (Unternehmenskommunikation, 2005), S. 433.

betrifft formale Vorgaben wie Farben, Schrifttypen und Logos und steht damit im engen Zusammenhang zum Corporate Designs eines Unternehmens. Die zeitliche Abstimmung der Kommunikationsmaßnahmen soll sicherstellen, dass sich die Einzel-Aktionen auch im zeitlichen Einsatz gegenseitig unterstützen und bei den unterschiedlichen Zielgruppen Wiederholungs- und Lerneffekte realisiert werden können.

In Krisensituationen kann eine nicht-vorhandene integrierte Kommunikationsstrategie zu den oben bereits genannten Negativwirkungen aus öffentlicher Exponiertheit von Unternehmen führen. Man könnte sogar soweit gehen, dass viele Unternehmenskrisen eigentlich Kommunikationskrisen darstellen, die durch eine vernetzte und systematisch aufeinander abgestimmte integrierte Kommunikation hätten vermieden werden können: „Wer auf der Klaviatur der Krisenkommunikation, dieser hohen Schule der integrierten Kommunikation nicht zu spielen versteht, riskiert nicht nur seinen eigenen Ruf und die Glaubwürdigkeit seiner Unternehmenskommunikation.“[317] Gleichzeitig kann auch das Image eines Unternehmens langfristig und nachhaltig beeinträchtigt werden und damit zu wirtschaftlichen Nachteilen führen.

5 Abgrenzung von Kommunikationsfeldern

5.1 Notwendigkeit und Dimensionen der Kommunikationsfelder

Als Ausgangspunkt der Analyse der Erfolgswirkung der internen Krisenkommunikation dient die Abgrenzung von so genannten Kommunikationsfeldern.[318] Die Bildung derartiger Felder ergibt sich aus der Notwendigkeit, den gesamten Kommunikationsauftrag in Teilfelder zu gliedern, um spezifische Aussagen hinsichtlich Wirkung und

[317] Marten (Integrierte Kommunikation, 2001), S. 154.

[318] Bruhn entwickelt anhand der Dimensionen Kommunikationsziele, Kommunikationszielgruppe und Kommunikationsinstrumente ebenfalls einzelne Felder der Unternehmenskommunikation, für die eine Analyse der spezifischen Kommunikationssituation durchzuführen ist. Im Rahmen der integrierten Unternehmenskommunikation werden diese Teilelemente dann wiederum integriert, um eine konsistente, glaubwürdige und synergetische Kommunikation und den Einsatz der Kommunikationsinstrumente festzulegen. Vgl. Bruhn (Unternehmens- und Markenkommunikation, 2003), S. 162ff.; Salecker entwickelt ebenfalls strategische Kommunikationsfelder anhand der Dimensionen „Stakeholdergruppe“, „Phase des Akquisitionsprozesses“ und „Kommunikationsziel“, um Ausschnitte aus der gesamten akquisitionsbezogenen Kommunikationstätigkeit zu isolieren. Vgl. Salecker (Kommunikationsauftrag, 1995), S. 178 ff.

Ausgestaltung formulieren zu können. Die Komplexität der Thematik kann in sinnvolle Einheiten parzelliert, strukturiert und damit zugunsten einer Präzisierung der Argumentation verringert werden. Ungenaue, allgemeingültige und wenig spezifische Aussagen sollen vermieden und die phasen- und zielgruppenspezifischen Ziele und Aufgaben der internen Kommunikation im Krisenmanagement herausgestellt werden. Anhand der Dimensionen „Phase des Krisenmanagements", „Zielgruppe" und „Gestaltungsparameter" der internen Kommunikation können entsprechende Felder gebildet werden. Eine zielführende Analyse der internen Kommunikation im Krisenmanagement wird somit ermöglicht. Die folgende Abbildung zeigt die drei genannten Dimensionen und ihre wesentlichen Ausprägungen. Die einzelnen Kommunikationsfelder werden der Anforderung gerecht, in sich homogener als die gesamte Kommunikationsaufgabe zu sein und eine eigenständige und relativ unabhängige Analyse und Ableitung von Kommunikationsmaßnahmen zuzulassen.

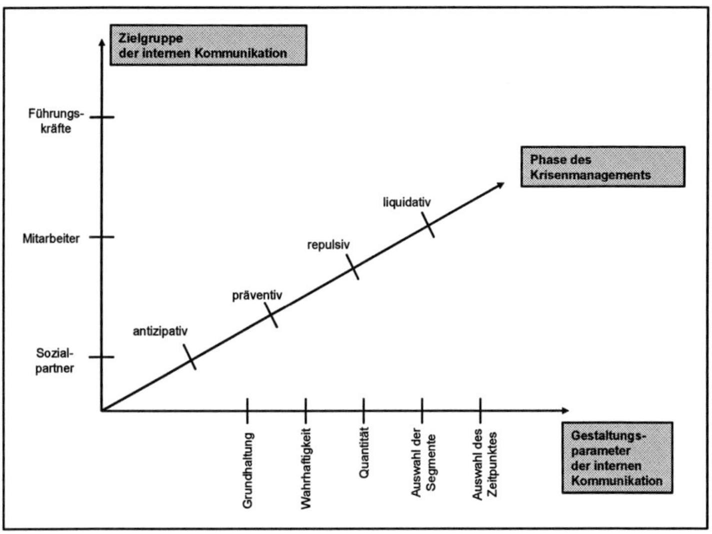

Abbildung 20: Abgrenzung von Kommunikationsfeldern

Im Folgenden sollen nun die einzelnen Phasen des Krisenmanagements und ihre Besonderheiten, die internen Zielgruppen der Kommunikation auf Basis des Stakeholder-Konzeptes sowie die Gestaltungsparameter und ihre möglichen Extremausprägungen betrachtet werden.

5.2 Phasen des Krisenmanagements

5.2.1 Alternative Phasenkonzepte des Krisenmanagements

Die Literatur zum Krisenmanagement präsentiert unterschiedliche Ansätze zur Darstellung der möglichen Phasen des Krisenmanagements. Eine Differenzierung gemäß der Bedrohung unterschiedlicher Unternehmensziele unterscheidet die

- **strategische Krise**, d.h. die substanzielle Gefährdung der Verfügbarkeit von Erfolgspotenzialen;
- **Produktkrise**[319], d.h. die gesetzten Ziele bezüglich Umsatzmenge werden nicht erreicht und es kommt zu erheblichen Marktanteilsverlusten;
- **Erfolgskrise**, welche sich auf Gewinn und Rentabilitätsgrößen, nachhaltige Bilanzverluste und Überschuldung bezieht;
- **Liquiditätskrise**, d.h. die Zahlungsunfähigkeit und das damit eintretende Endstadium der Krisenentwicklung, welches letztendlich in der Insolvenz münden kann.[320]

Diese Differenzierung erlaubt keine hinreichenden Bezugspunkte zur Analyse und Diskussion der internen Kommunikation im Krisenmanagement und soll im Folgenden nicht als Ausprägung der Dimension „Krisenphasen" herangezogen werden. Die inhaltliche Dimension der Krise wird zu stark in den Vordergrund gestellt. Es eignet sich vielmehr eine Kriseneinteilung, die den fortschreitenden Handlungs- und Entscheidungsdruck und damit auch die zunehmende Bedrohung durch die Krise im Zeitablauf darstellt.

---

319 Der Ausdruck der Produktkrise könnte missverständlich sein, wird aber in der entsprechenden Literatur vielfach so verwendet. Besser wäre es folglich von einer Absatz- oder Marktkrise zu sprechen, wenn es wie beschrieben um den Verlust von Marktanteilen bzw. einer Verringerung des Absatzvolumens geht.

320 Vgl. dazu z.B. Hauser (Unternehmungskrisen, 1988), S. 77; Staehle (Krisenmanagement, 1993), Sp. 2453; Krystek (Unternehmenskrisen, 2002), S. 91.

Hinsichtlich der Managementaufgabe können die Phasen Krisenerkennung, Krisenvermeidung und Krisenbewältigung unterschieden werden.[321] Eine Differenzierung nach dem Aspekt der Beeinflussbarkeit der Situation führt zu potenzieller, latenter, akut beherrschbarer und akut nicht-beherrschbarer Krise.[322] In Abhängigkeit von der Beeinflussbarkeit einer Krise variieren auch die Anforderungen an die interne Kommunikation. Ausgestaltung und Wirkungen der internen Kommunikation werden im Folgenden in Abhängigkeit von diesen Krisenstadien betrachtet werden. Hinsichtlich des Krisenmanagements ergibt sich aus den dargestellten Krisenphasen eine Gliederung in antizipatives, präventives, repulsives und liquidatives Krisenmanagement. Die folgende Abbildung fasst die unterschiedlichen Kategorien von Krisenphasen mit Hilfe eines Zeitstrahls zusammen. Eine Zweiteilung der Krisenphasen entsteht durch den tatsächlichen Ausbruch der Krise. Krisenerkennung und -vermeidung werden so von der Krisenbewältigung getrennt.

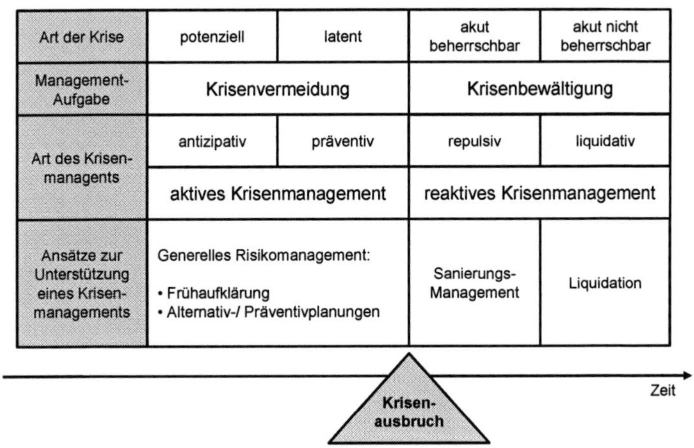

Abbildung 21: Konzeption eines Krisenmanagements[323]

[321] Vgl. Staehle (Krisenmanagement, 1993), Sp. 2456-2463.

[322] Vgl. dazu Staehle (Krisenmanagement, 1993), Sp. 2453; Krystek (Unternehmenskrisen, 2002), S. 92-96.

[323] In Anlehnung an Müller-Stewens (Krisenmanagement, 1989), S. 643.

Im Folgenden werden nun die grundlegendsten Merkmale des antizipativen, präventiven, repulsiven und liquidativen Krisenmanagements dargestellt, um daraus in Kombination mit den entsprechenden Zielgruppen Aussagen zu Notwendigkeit, Bedeutung, Gestaltung und Wirkung der internen Kommunikation im Krisenmanagement zu treffen.

5.2.2 Antizipatives Krisenmanagement

Eine potenzielle Krise im Unternehmen stellt einen „Quasi-Normalzustand“[324] dar. Eine Unternehmenskrise ist dabei nur zukünftig möglich, existiert aber noch nicht akut. Diese Krisenphase herrscht in jedem Unternehmen jederzeit vor und wird nicht dem Krisenmanagement im engeren Sinne, sondern dem Risikomanagement zugeordnet. Dieses hat sicherzustellen, dass „bestehende und potenzielle Risiken frühzeitig erkannt, erfasst, analysiert, bewertet, aggregiert, koordiniert, überwacht sowie risikobezogene Informationen in systematisch verdichteter Weise an die zuständigen Entscheidungsträger weitergeleitet werden.“[325] Da sich Krisen vor ihrem tatsächlichen Ausbruch in der Regel durch Signale oder Indikatoren bemerkbar machen, kann mit Hilfe von Frühwarnsystemen die Entwicklung von Krisen frühzeitig aufgespürt werden.[326] Die Generierung alternativer antizipativer Szenarien soll die gedankliche Vorwegnahme möglicher Krisen und eine Ableitung geeigneter Maßnahmen für den Ernstfall leisten.[327]

---

[324] Krystek (Organisatorische Möglichkeiten, 1980), S. 64; Krystek (Unternehmenskrisen, 2002), S. 93.

[325] Grof (Risikomanagement, 2002), S. 127-128; Vgl. Füser/Gleißner/Meier (Risikomanagement, 1999), S. 758.

[326] Vgl. dazu z.B. Krystek (Krisenprophylaxe, 1990), S. 7. Krystek stellt in seinem Aufsatz zum Thema Krisenprophylaxe drei Generationen an Frühwarnsystemen vor, die zur Aufdeckung von latenten Bedrohungen dienen und Krisen aufspüren sollen. Vgl. zum Thema Frühwarnsysteme ebenfalls z.B. Hahn/Krystek (Frühwarnsysteme, 1979), S. 76-88.

[327] Vgl. Krystek (Organisatorische Möglichkeiten, 1980), S. 64; Krystek (Unternehmenskrisen, 1987), S. 106-107.

5.2.3 Präventives Krisenmanagement

Das präventive Krisenmanagement fokussiert die Aufdeckung von latenten Krisen, d.h. „die verdeckt bereits vorhandene oder mit hoher Wahrscheinlichkeit bald eintretende Unternehmenskrise.“[328] Dies geschieht mit Methoden der Früherkennung, um eine aktive Beeinflussung durch präventive Maßnahmen in dieser frühen Krisenphase einzuleiten. In dieser Phase ist der Grad der Beeinflussbarkeit noch in hohem Maße gewährleistet. Entscheidungs- und Zeitdruck sind nicht dominant, so dass eine große Bandbreite an Steuerungsmöglichkeiten zur Verfügung steht.[329] *Krystek* differenziert aktives und reaktives Krisenmanagement und bezeichnet das aktive Krisenmanagement als die „gedankliche Vorwegnahme und zukunftsorientierte Kompensation“[330] möglicher oder bereits latent vorhandener Krisen. Das reaktive Krisenmanagement hingegen „reagiert“ nur noch auf bereits eingetretene Zustände. Antizipatives und präventives Krisenmanagement sind dem aktiven Krisenmanagement zuzuordnen und unterscheiden sich vom reaktiven Krisenmanagement durch ihren vorwiegend „offensiven Charakter“[331].

5.2.4 Repulsives Krisenmanagement

Die akute aber beherrschbare Krise ist in der Phase des repulsiven Krisenmanagements unmittelbar wahrnehmbar. Zeitdruck und Entscheidungszwang manifestieren sich in dieser Phase und führen bei einer gleichzeitigen Verringerung der Handlungsalternativen zu erhöhten Anforderungen an die Krisenbewältigung.[332] Die Beherrschung der akuten Krise ist möglich und das zur Verfügung stehende Krisenbewältigungspotenzial reicht aus, um eine eingetretene Krise zu bewältigen.[333] Das repulsive

---

[328] Krystek (Organisatorische Möglichkeiten, 1980), S. 64.

[329] Vgl. Krystek (Organisatorische Möglichkeiten, 1980), S. 64.

[330] Krystek (Unternehmungskrisen, 1987), S. 106.

[331] Krystek (Unternehmungskrisen, 1987), S. 106.

[332] Vgl. Krystek (Organisatorische Möglichkeiten, 1987), S. 64-65; Krystek (Unternehmungskrisen, 1987), S. 107.

[333] Vgl. Krystek (Unternehmenskrisen, 2002), S. 94; Krystek (Organisatorische Möglichkeiten, 1987), S. 64-65.

Krisenmanagement stützt sich auf die Bekämpfung destruktiver Einflüsse, d.h. auf die Krisenbewältigung, Einleitung von Sanierungsmaßnahmen und Ausrichtung aller Kräfte und Potenziale zur Zurückdrängung der akuten Unternehmenskrise.[334] Das repulsive Krisenmanagement wird dem reaktiven Krisenmanagement zugeordnet. Es besteht ein unmittelbarer Handlungszwang zur Abwehr der Existenzbedrohung und Schadensbehebung akuter Krisen.[335] Das repulsive Krisenmanagement kann als Krisenmanagement im eigentlichen Sinne betrachtet werden. Dieser Phase soll in den folgenden Ausführungen zur internen Kommunikation die größte Bedeutung beigemessen werden. Die Wirkungen auf das Personal des betroffenen Unternehmens im Bezug auf die Krisenbewältigung werden betrachtet.

5.2.5 Liquidatives Krisenmanagement

In der Phase der akut nicht beherrschbaren Unternehmenskrise „übersteigen die Krisenbewältigungsanforderungen das verfügbare Krisenbewältigungspotenzial."[336] Weder eine aktive noch eine reaktive Steuerung der destruktiven Wirkungen ist möglich. Handlungsalternativen sind nicht mehr verfügbar, die Aufrechterhaltung der Lebensfähigkeit des Unternehmens kann nicht mehr gewährleistet werden und im Sinne eines liquidativen Krisenmanagements wird die Geschäftstätigkeit beendet.[337]

Da jedoch die Definition des Krisenmanagements einen ambivalenten Ausgang der Situation vorschreibt, kann die Phase des liquidativen Krisenmanagements in einer engen Begriffsdefinition ebenfalls nicht mehr zum Krisenmanagement hinzugezählt werden. *Krystek* weist außerdem darauf hin, dass die verwendete Phaseneinteilung ohne eine zwingende zeitliche Reihenfolge zu verstehen ist. Nicht alle aufgezeigten

---

334 Vgl. Krystek (Organisatorische Möglichkeiten, 1980), S. 64-65; Schulten (Krisenmanagement, 1995), S. 80-81; Krystek (Unternehmenskrisen, 2002), S. 94.

335 Vgl. Röthig (Krisenmanagement, 1976), S. 18-19; Schulten (Krisenmanagement, 1995), S. 80.

336 Krystek (Unternehmenskrisen, 2002), S. 94.

337 Vgl. Krystek (Unternehmenskrisen, 2002), S. 94-95. An dieser Stelle sei noch erwähnt, dass bei der Beendigung der Geschäftstätigkeit die freiwillige und die zwangsweise Liquidation unterschieden werden können. Die freiwillige Liquidation findet durch das Unternehmen selbst statt, so dass hier noch einige Vermögenswerte „gerettet" werden können. Bei der zwangsweisen Liquidation durch einen Insolvenzverwalter können hingegen kaum noch Vermögensteile verteilt werden.

Phasen müssen durchlaufen werden.[338] Nichts desto trotz lassen sich mit Hilfe dieser Einteilung des Gesamtkonstruktes „Krisenmanagement“ Kommunikationsfelder abgrenzen, die die Unterschiedlichkeit der Bedeutung, Wirkung und Gestaltung der internen Kommunikation im Krisenmanagement herausstellen.

5.3 Zielgruppen der internen Kommunikation im Krisenmanagement

5.3.1 Grundlagen des Stakeholder-Konzeptes

Die Abgrenzung von Kommunikationsfeldern kann neben der Dimension „Krisenphase“ mittels der Differenzierung von unterschiedlichen „Zielgruppen“ erfolgen. Die Zielgruppen der internen Kommunikation werden im Folgenden unter Berücksichtigung des Stakeholder-Ansatzes identifiziert und charakterisiert. Dieser umfasst die Analyse der Austauschbeziehungen zwischen so genannten Anspruchsgruppen und der Unternehmung und somit auch die internen Zielgruppen.[339]

Der Stakeholder-Ansatz als eine institutionelle Betrachtungsweise erfasst die Beziehungen des Unternehmens zu seiner Umwelt und steht in enger Verbindung zur betriebswirtschaftlichen Systemtheorie.[340] Ein Unternehmen als offenes sozitechnisches System besteht demnach aus einer Ansammlung von Elementen, d.h. Mitarbeitern, Abteilungen, Maschinen, Verfahrensweisen, Personengruppen, Organisationen, etc., die durch eine große Zahl an Beziehungen miteinander verbunden sind und Zustände und Verhaltensweisen des Systems bestimmen.[341] Zwischen einem Unternehmen und seiner ökonomischen, technologischen, politischen, gesellschaftlichen und ökologischen In- und Umwelt besteht ein ständiger interaktiver Kontakt. Dieser stellt auf der einen Seite eine bedeutsame Quelle für nachhaltige Wertschöp-

---

[338] Vgl. Krystek (Unternehmenskrisen, 2002), S. 94-95.

[339] Vgl. Pfannenberg (Veränderungskommunikation, 2003), S. 21 ff.

[340] Vgl. dazu z.B. Sauter-Sachs (Unternehmerische Umwelt, 1992), S. 187; Schmid (Anspruchsgruppen-Konzept, 1997), S. 633.

[341] Vgl. hier z.B. Sauter-Sachs (Unternehmerische Umwelt, 1992), S. 187; Wolf (Organisation, Management, Unternehmensführung, 2003), S. 126 ff. oder Macharzina (Unternehmensführung, 2005), S. 71 ff;; Mayrhofer (Systemtheorie, 2004), S. 124 ff.

fung dar. Auf der anderen Seite kann davon aber gleichzeitig ein gewisses Bedrohungspotenzial ausgehen.[342]

Gemäß Stakeholder-Ansatz ist ein Unternehmen mit verschiedenen Anspruchsgruppen aus seiner In- und Umwelt konfrontiert, deren Wirkungseinflüsse auf faktischen, vertraglichen, gesetzlichen oder normativen Grundlagen beruhen. Die Anspruchsgruppen setzen dem entsprechenden Unternehmen unterschiedliche Erwartungen und Ansprüche entgegen, die bei Nichterfüllung Sanktionen einsetzen können und damit das Unternehmensgeschehen nachhaltig beeinflussen.[343]

Die Basisdefinition zum Stakeholderbegriff von *Freeman* aus seinem Werk „Strategic Management. A Stakeholder Approach“ lautet: „A stakeholder in an organization is (by definition) any group or individual who can affect or is affected by the achivements of the organizations's objectives.”[344] Stakeholder sind “alle Individuen, Gemeinschaften, Institutionen, die gewollt oder ungewollt im Wertschöpfungsprozess involviert bzw. davon betroffen sind und die das unternehmerische Geschehen positiv oder negativ beeinflussen können.“[345] Diese erbringen auf der einen Seite einen Beitrag oder Einsatz („stake“) zur betrieblichen Wertschöpfung und leiten daraus gewisse Ansprüche in materieller oder immaterieller Ausprägung an das Unternehmen ab.[346]

Die Literatur unterscheidet interne und externe Stakeholder in Abhängigkeit davon, ob die entsprechende Interessengruppe der Unternehmensin- oder -umwelt zuzuordnen ist, sowie primäre und sekundäre Stakeholder in Abhängigkeit von der strategischen Relevanz und Einflussnahmemöglichkeit der Anspruchsgruppe. Die folgende Abbildung zeigt eine Kategorisierung der Stakeholder und ihre spezifischen Leistungsbeiträge und geforderten Gegenleistungen. Diese Auflistung kann dem An-

---

342 Vgl. Sauter-Sachs (Unternehmerische Umwelt, 1992), S. 187; Schmid (Anspruchsgruppen-Konzept, 1997), S. 633; Baden (Stakeholder-Ansatz, 2001), S. 398.

343 Vgl. Schmid (Anspruchsgruppen-Konzept, 1997), S. 634; Stainer/Stainer (Stakeholder approach, 1998), S. 2 ff. Figge/Schaltegger (Stakeholder-Beziehungen, 2000), S. 103; Lötters/Rabbe/Berg (Stakeholder-Orientierung, 2004), S. 8-10.

344 Freeman (Strategic Management, 1984), S. 46.

345 Sachs (Anspruch, 2002), S. 28.

346 Vgl. Schmid (Anspruchsgruppen-Konzept, 1997), S. 633; Schaltegger (Durchsetzung von Interessen, 1999), S. 3.

spruch auf vollständige Darstellung aller möglichen Stakeholder-Ansprüche oder Interessen nicht gerecht werden. Die vordergründigsten Leistungen und geforderten Gegenleistung werden jedoch abgebildet. Zu beachten ist, dass die Klassifizierung der Stakeholder nicht überschneidungsfrei ist. So können Mitarbeiter eines Unternehmens gleichzeitig auch Kunden oder Aktionäre sein. Eine Anpassung dieser Tabelle an unternehmensspezifische und situative Gegebenheiten wäre für ein sinnvolles Stakeholder-Management eines Unternehmens unerlässlich.

Die Kernaufgabe des Stakeholder-Managements ist eine Auseinandersetzung mit den Bedürfnissen, Werten und Zielen der Stakeholder mit dem Ziel, einen möglichst optimalen Ausgleich zwischen den Interessen der relevanten Anspruchsgruppen und dem Unternehmen zu generieren und langfristige Konflikte zu vermeiden. Es wird davon ausgegangen, dass positive Stakeholderbeziehungen unerlässlich für erfolgreiches unternehmerisches Handeln sind.[347] Im Idealfall steht nicht nur die Nutzenmaximierung auf Seiten des Unternehmens im Mittelpunkt, sondern eine Harmonisierung der Bedürfnisse eines Unternehmens und seiner Umwelt, um damit eine nachhaltige Unternehmensstrategie zu generieren, die das Unternehmen vor Unfällen, Skandalen und schwerwiegenden Interessenkonflikten langfristig schützt.[348] Auch der „resource-dependence-Ansatz"[349] macht deutlich, dass Stakeholder kritische Ressourcen bereitstellen.

347 Vgl. Schmid (Anspruchsgruppen-Konzept, 1997), S. 634; Sachs (Anspruch, 2002), S. 28; Roloff (Stakeholdermanagement, 2002), S. 77ff.

348 Vgl. Roloff (Stakeholdermanagement, 2002), S. 78-81.

349 Vgl. dazu z.B. Wolf (Organisation, Management, Unternehmensführung, 2003), S. 224ff.; Nienhüser (Resource Dependence-Theorie, 2004), S. 88ff. Insbesondere Jeffrey Pfeffer und Gerald Salancik gelten als Begründer der Resource Dependence-Theorie, die in der deutschsprachigen Literatur auch als Ressourcenabhängigkeitstheorie bezeichnet wird. Eine Kernaussage des Ansatzes besagt, dass die Erreichung von Unternehmenszielen am besten gewährleistet ist, wenn der Zugang zu überlebensnotwendigen Ressourcen sichergestellt ist. Das Ausmaß der Abhängigkeit von bestimmten Ressourcen ist dabei von der Wichtigkeit der Ressource für die jeweilige Organisation, der Allokationsstruktur und der Konzentration der Ressourcenkontrolle abhängig. Untersucht werden dabei insbesondere die Ressourcen, die unter der Verfügungsgewalt von betroffenen oder beteiligten Anspruchs- und Interessengruppen stehen.

Anspruchsgruppe	Erbrachte Leistungen für die Unternehmung *(Anspruchsgrundlage)*	Geforderte Gegenleistungen von der Unternehmung *(Anspruch, Interesse)*
	Interne Anspruchsgruppen	
Eigentümer/ Anteilseigner	• Eigenkapital	• Einkommen • Verzinsung und Wertsteigerung des eingesetzten Kapitals • Sichere Kapitalanlage • Mitgestaltung
Management	• Kompetenz • Engagement • Leistung	• Einkommen • Macht, Einfluss, Prestige • Entfaltung eigener Ideen
Mitarbeiter	• Arbeitskraft • Fähigkeiten	• Einkommen • Arbeitsplatzsicherheit • Soziale Sicherheit • Sinnvolle Betätigung • Entfaltung der eigenen Fähigkeiten • Status, Anerkennung, Prestige
	Externe Anspruchsgruppen	
Fremdkapitalgeber	• Fremdkapital	• Sichere Kapitalanlage • Ausreichende Verzinsung • Vermögenszuwachs •Tilgung
Lieferanten	• Termingerechte Leistung • Hochwertige Güter	• Stabile und faire Lieferbeziehungen • Günstige Konditionen • Zahlungsfähigkeit der Abnehmer
Kunden	• Kauf der Produkte • Markentreue	• Befriedigendes Preis-Leistungsverhältnis • Service • Gute Konditionen
Staat und Gesellschaft	• Öffentliche Sicherheit • Öffentliche Ordnung • Infrastruktur	• Steuerzahlungen • Sichere Arbeitsplätze • Einhaltung der Gesetze • Positive Beiträge zur Infrastrukturgestaltung • Beiträge zu Wissenschaft und Kultur

Abbildung 22: Anspruchsgruppen der Unternehmung[350]

Eine zentrale Maßnahme des Stakeholder-Managements stellt die Kommunikationspolitik dar, die mit Hilfe von gezieltem Informationsaustausch nicht nur die entsprechenden Interessen und Ansprüche identifizieren und analysieren, sondern auch auf die einzelnen Stakeholdergruppen und damit Zielgruppen der Kommunikation ein-

---

350 In Anlehnung an Schmid (Anspruchsgruppenkonzept, 1997), S. 633; Oertel (Stakeholder Orientierung, 2000), S. XVIII; Baden (Stakeholder-Ansatz, 2001), S. 398.

wirken kann. Für die folgenden Ausführungen sollen nur die internen Stakeholder eines Unternehmens näher betrachtet werden.

5.3.2 Interne Stakeholder im Krisenmanagement

Management, Führungskräfte und Mitarbeiter[351] zählen zu den primären oder auch strategischen Anspruchsgruppen. Die Überlebensfähigkeit eines Unternehmens hängt unmittelbar von der Bereitstellung ihrer geistigen und körperlichen Fähigkeiten und Kompetenzen ab. Bei Nichterfüllung ihrer Erwartungen können Sanktionen im Sinne von Leistungszurückhaltung, Leistungsverringerung oder Leistungsentzug durch Verlassen des Unternehmens oder auch innere Kündigung eingesetzt werden. Eine explizite Einflussnahme auf die Unternehmensaktivitäten ist folglich möglich, da formale, offizielle und vertragliche Bindungen zwischen Organisation und Mitarbeitern vorliegen.[352]

Strategische Anspruchsgruppen zeichnen sich dadurch aus, dass sie über eine effektiv wirkende Macht und einen starken Willen zur Machtausübung verfügen und im Falle einer Nichterfüllung ihrer Ansprüche einen existenzbedrohenden Einfluss auf das betroffene Unternehmen ausüben können.[353] Vertrautheitsgrad, Abhängigkeitsgrad und Einflussgrad können darüber hinaus zur Ableitung der Bedeutung von Anspruchsgruppen herangezogen werden.[354]

Je kleiner Vertrautheitsgrad, je größer Abhängigkeitsgrad der Unternehmung und je größer Einflussgrad der Anspruchsgruppe, desto größer wird ihre strategische Bedeu-

---

[351] Eine eindeutige Differenzierung von Management und Führungskräften ist nicht ohne weiteres möglich. Im weiteren Verlauf wird unter Management die oberste Führungsebene verstanden, also das Top-Management. Die sonstigen Führungskräfte umfassen alle weiteren Führungsebenen. Dabei ist zu beachten, dass Führungskräfte gleichzeitig auch Mitarbeiter sind. Sie sind also aufgrund ihrer formalen Stellung, der ihnen übertragenen Verantwortung und Kompetenzen zur Führung von ihnen unterstellten Mitarbeitern befugt, delegieren und überwachen Aufgaben. Gleichzeitig sind sie jedoch als Mitarbeiter ihrer eigenen Führungskraft unterstellt und nehmen deren Anweisungen entgegen.

[352] Vgl. Schmid (Anspruchsgruppen-Konzept, 1997), S. 643.

[353] Vgl. Oertel (Stakeholder Orientierung, 2000), S. 10 ff.

[354] Vgl. Achleitner (Sozio-politische Strategien, 1985), S. 122; Oertel (Stakeholder Orientierung, 2000), S. 11 ff.

tung für das Unternehmen[355] und desto größer die Notwendigkeit eines gezielten Stakeholder-Managements. Abhängigkeitsgrad und Einflussgrad können bei den Gruppen „Führungskräfte“ und „Mitarbeiter“ als wesentlich eingestuft werden.[356] Die oben getroffenen Aussagen der Machtgrundlage und Einflussnahmemöglichkeit gelten nicht grundsätzlich für alle Mitarbeiter. In bestimmten Unternehmensbereichen ist der Faktor „Personal“ durchaus substituierbar. Dies gilt insbesondere für stark standardisierte Aufgaben und Tätigkeiten, für die keine besonderen unternehmensspezifischen Kenntnisse und Fähigkeiten notwendig sind. Aber hauptsächlich für Mitarbeiter, die über spezifisches und erfolgs- bzw. wettbewerbsrelevantes Wissen oder aufgrund ihrer Betriebszugehörigkeit über besondere Erfahrungen verfügen, gelten die oben getroffenen Aussagen.

Neben Mitarbeitern und Führungskräften wird im Folgenden auch die Anspruchsgruppe der Sozialpartner eines Unternehmens berücksichtigt. In wissenschaftlichen Publikationen zum Thema Stakeholder-Management wird diese Gruppe selten einbezogen. Dies mag daran liegen, dass sie aufgrund der deutschen Regelungen zur Mitbestimmung im Unternehmen eine im internationalen Vergleich spezifische Anspruchsgruppe darstellt. Auch Sozialpartner sind eine Teilmenge der Mitarbeiter. Vor allem aufgrund ihrer rechtlichen Stellung, ihrer Einflussnahmemöglichkeit sowie ihrer Vermittlerfunktion zwischen Belegschaft und Unternehmensleitung kommt den Sozialpartnern jedoch eine zentrale Rolle zu.

Die folgende Untersuchung der Anspruchsgruppen „Führungskräfte“, „Mitarbeiter“ und „Sozialpartner“ erfolgt unter Berücksichtigung der Prozessschritte des Stakeholder-Managements.[357] Nach einer Identifikation und Erfassung der strategisch relevanten Anspruchsgruppen (dieser Schritt ist bereits erfolgt), werden Interessenlagen, Forderungen, Haltungen, Ziele und Strategien der einzelnen Gruppen erfasst und systematisiert sowie die entsprechenden Chancen- und Bedrohungspotenziale festge-

355 Vgl. Oertel (Stakeholder Orientierung, 2000), S. 11 ff.

356 Der Einflussgrad der Mitarbeiter ist nicht generell gleich, sondern muss in abgestufter Form interpretiert werden. Es gibt durchaus Stellen im Unternehmen, die von Mitarbeitern ausgefüllt werden, die relativ leicht zu ersetzen sind. Insbesondere, wenn für die Ausübung einer bestimmten Aufgabe keine umfangreichen betrieblichen Kenntnisse und Erfahrungen notwendig sind und es sich um einfache, wenig-komplexe und repetitive Aufgaben handelt, beschränkt sich damit der Einflussgrad der entsprechenden Mitarbeiter.

357 Vgl. dazu z.B. Sauter-Sachs (Unternehmerische Umwelt, 1992), S. 194-195; Schmid (Anspruchsgruppen-Konzept, 1997), S. 634.

stellt. Daraus können Erkenntnisse für die Formulierung einer Kommunikationsstrategie im Umgang mit diesen Anspruchsgruppen abgeleitet werden. Zu beachten ist, dass die Kommunikationsinteressen der einzelnen Arbeitnehmer in Abhängigkeit von der Geschlechtszugehörigkeit, dem Alter, der hierarchischen Position, der Dauer der Unternehmenszugehörigkeit, dem Bildungsgrad, des Arbeitsbereiches und einer evtl. Mitgliedschaft in Arbeitsnehmervertretungsorganen durchaus variieren können.[358]

5.3.2.1 Mitarbeiter

Die inhaltliche Abgrenzung des Begriffs „Mitarbeiter“ ist insofern problematisch, als hierfür zahlreiche Synonyme verwandt werden. „Mitarbeiter“, „Arbeitnehmer“, „Humankapital“, „Leistungsträger“, „Belegschaft“ und „Produktionsfaktor Arbeit“ stehen gleichermaßen für „Menschen, die in abhängiger Stellung innerhalb einer Organisation bzw. eines Unternehmens arbeiten und in arbeitsteiliger Form Leistungen für übergeordnete Ziele der Organisation bzw. des Unternehmens erbringen.“[359] Mitarbeiter sind Arbeitskräfte, die einem Vorgesetzten in Linie unterstellt und an dessen Veranlassungen gebunden sind. Der Begriff „Mitarbeiter“ wird bewusst nicht mit einem „Untergebenen“ gleichgesetzt, da er als ein eigenaktiv am Arbeitsprozess mitwirkendes Subjekt betrachtet wird.[360]

Die rechtliche Regelung der Beziehung zwischen Individuum und Unternehmung und damit auch die Ansprüche der Mitarbeiter beruhen auf einem Arbeitsvertrag, der das Arbeitsverhältnis der Vertragspartner „Arbeitnehmer“ und „Arbeitgeber“ regelt. Die daraus erwachsenden Hauptpflichten der Tauschbeziehung bestehen in der Arbeits- und Treuepflicht des Arbeitnehmers sowie in der Vergütungs- und Fürsorgepflicht des Arbeitgebers.[361]

---

[358] Vgl. Brehm (Unternehmenskommunikation, 2005), S. 431.

[359] Scherm/Süß (Personalmanagement, 2003), S. 2.

[360] Vgl. Richter (Personalführung, 1999), S. 6.

[361] Vgl. Schanz (Personalwirtschaftslehre, 2000), S. 23-26.

Neben dieser rechtlichen Anspruchgrundlage der Mitarbeiter besteht weiterhin ein so genannter psychologischer Vertrag[362] zwischen Arbeitgeber und Arbeitnehmer. Bestandteil eines solchen psychologischen Vertrages sind gegenseitige Erwartungen, die juristisch nicht fixiert sind. Dazu gehören z.B. Leistungsmenge und -qualität, Entwicklung des Gehaltes, Karriere, betriebsklimatische Verhältnisse, Zeitsouveränität und Verantwortungsgrad.[363] In engem Zusammenhang zur psychologischen Perspektive der Arbeitgeber-Arbeitnehmer-Beziehung stehen die Koalitions- und die Anreiz-Beitrag-Theorie, die von zahlreichen Autoren als die theoretische Basis für den Stakeholder-Ansatz betrachtet werden.[364] Die Koalitionstheorie wurde 1938 von *Barnard* aufgegriffen und sieht die Organisation als eine Koalition partizipierender Gruppen, die aufgrund der vom System gebotenen Anreize Beitritts- und Beitragsentscheidungen treffen.[365] In einer Weiterentwicklung von *March* und *Simon* von 1958 resultiert die Koalitionstheorie in der Anreiz-Beitrags-Theorie, die ebenfalls zu den Grundlagen der verhaltenswissenschaftlichen Betriebswirtschaftslehre zählt. Diese beschäftigt sich mit den Gründen für den Beitritt und die Beteiligung einzelner Personen oder Gruppen in einer Unternehmung. Daraus ergibt sich für Organisationen die Notwendigkeit, ein Gleichgewicht zwischen gesetzten Anreizen und den Beiträgen des Individuums herzustellen, um Beitritts- bzw. Beitragsentscheidungen aufrecht zu erhalten und eine Leistungsabgabe zu bewirken.[366]

Neben Koalitions- und Anreiz-Beitrags-Theorie kann außerdem die Principal-Agent-Theorie zur Deskription und Analyse der Beziehung zwischen Arbeitgeber und -nehmer herangezogen werden. Im Mittelpunkt dieser Theorie stehen Verträge und die Bedeutung ihrer effektiven und effizienten Gestaltung für Austauschbeziehungen zwischen einem Auftraggeber (Prinzipal) und einem Auftragnehmer (Agent). Ein Unternehmen überträgt beispielsweise Aufgaben und Entscheidungskompetenzen auf

362 Vgl. hierzu Schanz (Personalwirtschaftslehre, 2000), S. 27-30.

363 Vgl. Schanz (Personalwirtschaftslehre, 2000), S. 28-30.

364 Vgl. dazu z.B. Eberhardt (Unternehmensführung, 1999), S. 34-38; Staehle (Management, 1999), S. 431-433; Scholz (Personalmanagement, 2000), S. 122 ff.; Scherm/Süß (Personalmanagement, 2003), S. 123-124.

365 Vgl. Barnard (Functions, 1938), S. 3 ff.; Staehle (Management, 1999), S. 431.

366 Vgl. March/Simon (Organizations, 1958); Bartscher-Finzer/Martin (Anreiz-Beitrags-Theorie, 1998), S. 113 ff.; Eberhardt (Unternehmensführung, 1998), S. 37-38; Staehle (Management, 1999), S. 433; Scholz (Personalmanagement, 2000), S. 122; Martin (Anreiz-Beitrags-Theorie, 2004), S. 14 ff.

seine Mitarbeiter, um sich ihre Kenntnisse und Informationsvorsprünge zu Nutze zu machen. Innerhalb der Theorie wird von der Bedingung ausgegangen, dass sowohl Prinzipal als auch Agent ihren individuellen Nutzen zu maximieren versuchen. Die Vertragsbeziehung zwischen den Individuen ist durch Unsicherheiten und Informationsasymmetrien geprägt, welche dazu führen können, dass der Agent, d.h. der Mitarbeiter, nach eigenen Interessen und damit u.U. zum Nachteil des Prinzipals agiert.[367] Es gilt seitens des Unternehmens nach geeigneten Strategien zu suchen, die die geforderten Leistungen sicherstellen, also Anreize zu korrekten Leistungserbringung gewähren.[368]

Sowohl rechtlicher als auch psychologischer Vertrag und die dargestellten Annahmen der Anreiz-Beitrags-Theorie und der Principal-Agent-Theorie begründen die vielschichtigen Anspruchsgrundlagen der Mitarbeiter und damit ihre Legitimation als Zielgruppe der internen Kommunikation im Krisenmanagement. Werden Mitarbeiter und deren Bedürfnisse und Ansprüche nicht ernst genommen, so kann dies in einer Verringerung oder in einem Entzug der korrekten Leistungserstellung münden. Dies kann sich in Fluktuation, Absentismus oder einer verringerten Produktivität ausdrücken.[369] Diesen Bedrohungspotenzialen, die sich unter anderem auch noch in Manipulationen, der Verursachung von sozialen Unruhen, ungewollter Know-how-Abgabe oder schwerwiegenden Fehlern ausdrücken können, stehen die Chancenpotenziale der Mitarbeiter gegenüber. Wissenschaft und Praxis sind sich einig, dass der Erfolg eines Unternehmens wesentlich von der Mitarbeiterschaft abhängt.[370] Die wichtigsten Ansprüche der Mitarbeiter eines Unternehmens und die dazugehörige Anspruchsgrundlage sind in der folgenden Abbildung noch einmal zusammengefasst.

---

[367] Vgl. Klaus (Vertrauen, 2002), S. 121-122; Scherm/Süß (Personalmanagement, 2003), S. 16 und 123.

[368] Vgl. Scherm/Süß (Personalmanagement, 2003), S. 123.

[369] Vgl. Eberhardt (Unternehmensführung, 1998), S. 228.

[370] Vgl. dazu z.B. Eberhardt (Unternehmensführung, 1998), S. 228.

Anspruch	Anspruchsgrundlage
Hohes und sicheres Einkommen *Lohn/Gehalt, Sozialleistungen, Sozialeinrichtungen, finanzielle Beteiligung*	Arbeitsvertrag, Tarifverträge, Betriebsvereinbarungen, betriebliche Übung
Gute berufliche Perspektiven *Arbeitsplatzsicherheit, sinnvolle Arbeit, Selbstentfaltung/-verwirklichung, Übernahme von Verantwortung, Aus- und Weiterbildung, Aufstiegsmöglichkeiten*	Beschäftigungsverhältnis
Anerkennung	Beschäftigungsverhältnis
Status und Prestige	Beschäftigungsverhältnis
Gute Arbeitsbedingungen *Möglichkeit zu zwischenmenschlichen Kontakten, Arbeitszeit, gutes Betriebsklima, Gesundheits- und Arbeitsschutz*	Beschäftigungsverhältnis, Mitbestimmungsrecht
Mitwirkung und Einflussnahme	Mitbestimmungs- und Betriebsverfassungrecht
Kontrolle	Mitbestimmungsrecht, Handelsrecht

Abbildung 23: Ansprüche und Anspruchsgrundlagen der Mitarbeiter[371]

5.3.2.2 Führungskräfte

Die bereits genannten Anspruchsgrundlagen sowie Chancen- und Bedrohungspotenziale der Mitarbeiter eines Unternehmens lassen sich auf die Zielgruppe der Führungskräfte übertragen. Diese unterscheiden sich zwar in einigen Merkmalen, zählen aber trotzdem zu der Mitarbeiterschaft eines Unternehmens. „Führungskräfte", „Vorgesetzte" und „leitende Angestellte" zeichnen sich dadurch aus, dass es sich um Aufgabenträger im Unternehmen handelt, „die aufgrund ihrer formalen Stellung Ein-

[371] Modifiziert entnommen aus Eberhardt (Unternehmensführung, 1998), S. 232.

fluss auf das Unternehmensgeschehen nehmen."[372] Führung als „interaktioneller Prozess zielorientierten Einflussnehmens auf Leistungsverpflichtete zum Durchsetzen der zu erfüllenden Ergebnis- und Verhaltensziele"[373] findet in einer organisierten Arbeitsbeziehung zwischen Führendem und Geführtem statt. Sie dient der gezielten Beeinflussung, um mittelbar oder unmittelbar ein intendiertes Verhalten zu bewirken.[374] Diese Abgrenzung hat insofern Problemgehalt, als – wie bereits in Kapitel 5.3.2 erwähnt – alle mittleren Führungskräfte gleichzeitig Vorgesetzte als auch Untergebene sind. Sie sind damit nicht ausschließlich der Gruppe der Führungskräfte, sondern gleichzeitig auch der Gruppe der Mitarbeiter zuzuordnen. Hinzu kommt, dass sich bereits auch auf untersten Hierarchiestufen „Vorgesetzte" wie z.B. Vorarbeiter finden, die zwar durchaus über Anweisungsrechte verfügen, aber in aller Regel keine existenzwichtigen Aufgaben vollziehen. Für die vorliegende Arbeit empfiehlt es sich daher, unter Führungskräften die oberen und mittleren Führungsebenen zu verstehen.

Führungskräfte leisten einen wesentlichen Anteil am Personalführungsprozess und lassen sich auch anhand ihrer Qualifikationen und Aufgaben vom „normalen" Mitarbeiter abgrenzen. Die fachspezifische Qualifikation einer Führungskraft muss nicht in jedem Fall die der geführten Mitarbeiter übertreffen. Vielmehr sind Kenntnisse hinsichtlich der quantitativen und qualitativen Aufgabenstellung, hinsichtlich der Unternehmensabläufe und -verfahren und fachübergreifende Fachkenntnisse von Bedeutung. Die führungs- und persönlichkeitsspezifische Qualifikation einer Führungskraft sollte sich durch die Befähigung zu Sach- und Leistungsaufgaben, die Befähigung zum Führen von Mitarbeitern, eine hohe Belastbarkeit, Durchsetzungsvermögen und die Bereitschaft zum Delegieren von Aufgaben auszeichnen.[375]

Die folgende Abbildung der Ansprüche und Anspruchsgrundlagen von Führungskräften macht deutlich, dass diese sich in einigen Punkten von denen der Mitarbeiter unterscheiden.[376]

---

[372] Richter (Personalführung, 1999), S. 5.

[373] Richter (Personalführung, 1999), S. 244.

[374] Vgl. Richter (Personalführung, 1999), S. 244-249; Weibler (Personalführung, 2001), S. 29-34.

[375] Vgl. Richter (Personalführung, 1999), S. 362-363. Daneben sind noch zahlreiche weitere spezifische Qualifikationen und Kompetenzen zur Differenzierung von Führungskräften heranzuziehen.

[376] Vgl. Eberhardt (Unternehmensführung, 1998), S. 240.

Anspruch	Anspruchsgrundlage
Hohes und sicheres Einkommen *Gehalt/Vergütung, Sozialleistungen, finanzielle Beteiligung, Sondernutzungsrechte*	Arbeitsvertrag
Gute berufliche Perspektiven *Sinnvolle Arbeit, Selbstentfaltung/-verwirklichung, Übernahme von Verantwortung, Aufstiegsmöglichkeiten*	Beschäftigungsverhältnis
Anerkennung	Beschäftigungsverhältnis
Status und Prestige	Beschäftigungsverhältnis
Gute Arbeitsbedingungen	Beschäftigungsverhältnis
Mitwirkung und Einflussnahme	Beschäftigungsverhältnis; Mitbestimmungsrecht
Mitgestaltung des Unternehmensgeschehens	Beschäftigungsverhältnis
Macht	Beschäftigungsverhältnis

Abbildung 24: Ansprüche und Anspruchsgrundlagen der Führungskräfte[377]

Führungskräfte sind eine weitere mögliche Zielgruppe der internen Kommunikation. Sie fungieren gleichzeitig als Informationsquelle für Mitarbeiter. Die Funktion der Führungskräfte hat sich jedoch im Laufe der Zeit gewandelt. Die Verbreitung von aktuellen Informationen und Nachrichten über das Intranet oder Email-Newsletter hat dazu geführt, dass Führungskräfte nicht mehr nur Lieferanten von Informationen sind, sondern als „Moderatoren, Navigatoren und Coachs"[378] fungieren, die ihre Mitarbeiter im Rahmen von „Face-to-Face-Kommunikation" durch die Informationsflut navigieren, Informationen analysieren und erklären.[379] Führungskräfte sind nicht nur Empfänger der internen Kommunikation, sondern gleichzeitig Mittler der internen

[377] Modifiziert entnommen aus Eberhardt (Unternehmensführung, 1998), S. 241.

[378] Mast (Führungskräfte, 2004), S. 189.

[379] Vgl. Mast (Führungskräfte, 2004), S. 189 ff.

Kommunikation über die einzelnen Hierarchiestufen hinweg und damit Instrument der direkten „Face-to-Face-Kommunikation". Die Bedeutung der Führungskräfte als Kommunikatoren im Krisenmanagement ist als wesentlich einzustufen. Sie übernehmen in der direkten Führungsinteraktion die Rolle als erste Ansprechpartner der eigenen Mitarbeiter. Sie gilt es in die Planung der Kommunikationsaktivitäten mit einzubeziehen und bei der zeitlichen Abstimmung von Inhalten und Instrumenteneinsatz zu berücksichtigen. Generell ist ein Informationsfluss zu bevorzugen, der die Führungskräfte eines Unternehmens vor den Mitarbeitern einbezieht. Nur so lässt sich gewährleisten, dass sie auf mögliche Rückfragen vorbereitet und so für ihre Rolle als Informationsmultiplikatoren und Motivatoren präpariert sind.[380]

5.3.2.3 Sozialpartner

Neben Mitarbeitern und Führungskräften können die Sozialpartner eines Unternehmens ebenfalls als strategische interne Anspruchsgruppe betrachtet werden.[381] Mitbestimmung wird primär durch das Betriebsverfassungsgesetz geregelt und bezeichnet die Beteiligung der Arbeitnehmer bzw. ihre Vertreter an Entscheidungsprozessen in Unternehmungen.[382] Die Beteiligungsrechte lassen sich in Mitwirkung und Mitbestimmung in Abhängigkeit vom Grad des Einflusses auf die betrieblichen Entscheidungen differenzieren.[383]

Das wichtigste Organ der Betriebsverfassung[384] stellt der Betriebsrat dar, der in allen Unternehmen mit mindestens fünf wahlberechtigten Arbeitnehmern errichtet werden kann und die Belegschaft eines Betriebes – ausgenommen die leitenden Angestellten – repräsentiert. Dem Betriebsrat kommt in erster Linie die Aufgabe zu, die Interessen der Arbeitnehmer zu vertreten und dafür zu sorgen, dass Gesetze, Verordnungen,

---

[380] Vgl. zur besonderen Rolle der Führungskräfte in der internen Krisenkommunikation Kapitel 7.

[381] Vgl. hierzu Kapitel 4.2.2. An dieser Stelle wurde bereits umfangreich auf die betriebsverfassungsrechtlichen Bestimmung zur Ausgestaltung der internen Kommunikation eingegangen.

[382] Vgl. Scherm/Süß (Personalmanagement, 2003), S. 179.

[383] Vgl. z.B. Scherm/Süß (Personalmanagement, 2003), S. 182-183.

[384] Das Betriebsverfassungsgesetz sieht neben dem Betriebsrat weitere Organe vor: Betriebsausschuss, Betriebsversammlung, Jugend- und Auszubildendenvertretung, Einigungsstelle und Wirtschaftsausschuss. Vgl. §§7-59a BetrVG.

Vorschriften, Tarifverträge und Betriebsvereinbarungen eingehalten werden. Soziale, personelle und wirtschaftliche Angelegenheiten, wie z.B. Arbeitszeitenregelungen, Arbeitsentgelte, Urlaubsregelungen, Personalplanung und -einstellung, Betriebsänderungen, etc. gehören zu den Beteiligungsrechten eines Betriebsrates.[385] Neben zahlreichen Einzelregelungen und Grundsätzen für die Zusammenarbeit von Arbeitgeber und Arbeitnehmervertretern im Betriebsverfassungsgesetz soll der „Grundsatz der vertrauensvollen Zusammenarbeit“ hervorgehoben werden. Dieser besagt, dass Arbeitgeber und Betriebsrat vertrauensvoll zum Wohl der Arbeitnehmer und des Betriebes zusammenarbeiten.[386] Grundlage für eine vertrauensvolle Zusammenarbeit sind ein regelmäßiger Informationsaustausch und regelmäßige Kommunikation zwischen den Betriebspartnern.

Insgesamt existieren in Deutschland ca. 160.000 Betriebs- und Personalratsgremien mit mehreren hunderttausend Mitgliedern. So steigt mit zunehmender Unternehmensgröße auch die Gremienhäufigkeit an, was dazu führt, dass es in Großbetrieben ab 2.000 Beschäftigten nahezu eine Flächendeckung gibt.[387] Die folgende Abbildung führt Betriebsstätten ohne Betriebs- oder Personalrat auf. Dies ist sowohl von dem betreffenden Wirtschaftsbereich, als auch von der Betriebsgröße abhängig. Deutlich wird, dass in Unternehmen mit mehr als 50 Mitarbeitern in ca. 70% der Fälle ein Betriebs- oder Personalrat vertreten ist. Lediglich in kleinen und mittleren Unternehmen mit bis zu 50 Mitarbeitern finden sich in knapp 50% keine derartigen Interessenvertreter der Belegschaft.

Die im Abstand von zwei Jahren regelmäßig durchgeführte WSI-Hauptbefragung von Betriebs- und Personalräten[388] hat ergeben, dass die Arbeit der Interessenvertretung in Deutschland auf Arbeitgeberseite auf eine große Akzeptanz stößt. Es wird gleichzeitig auch belegt, dass die Vertretungsgremien in Unternehmen mit Personalabbau und Umstrukturierungen eher defensiv agieren müssen. So stellen betriebliche Umstrukturierungen, Änderungen der Arbeitsorganisation, Schließung oder Verkauf von Unternehmensteilen oder Fusionen und ihre Folgen für die Beschäftigung und

385 Vgl. Scherm/Süß (Personalmanagement, 2003), S. 183.

386 Vgl. BetrVG § 2 Abs. 1.

387 Vgl. Schäfer (Zur Lage der Interessenvertretung, 2005), S. 290.

388 Vgl. Schäfer (WSI-Befragung, 2005), S. 291 ff.

Arbeitsbedingungen einen wesentlichen Problembereich der Betriebsratsarbeit dar. 20% aller befragten Betriebsräte haben Personalabbau als Problem Nr. 1 bezeichnet. Ebenso erteilten diese die Auskunft, dass sie in solchen „harten" ökonomischen Prozessen „eher wenig" erreichen konnten. In vielen Bereichen fehlt es den Interessenvertretern an Durchsetzungsmöglichkeiten.[389]

Interessenvertretungs"freie" Zonen – Betriebsstätten ohne Betriebsrat oder Personalrat in %			
...in Wirtschaftsbereichen		***...in Betriebsgrößenklassen*** *(nach Anzahl der Beschäftigten)*	
Grundstoffe/Produktionsgüter	24,7		
Investitions-/Gebrauchsgüter	20,1	20 bis 50	51,8
Verbrauchsgüter	29,3	51 bis 100	33,1
Baugewerbe	38,6	110 bis 200	21,5
Handel/Reparatur	31,2	201 bis 500	12,6
Verkehr/Nachrichten	34,7	501 bis 1000	10,9
Kredit/Versicherungen	8,9	1001 bis 2000	7,8
sonst. private/öffentl. Dienste	37,4	2001 und mehr	3,7
sonstige Branchen	9,9		
öffentliche Verwaltung	6,2		
Gesamt	**22,8**	**Gesamt**	**22,8**

Abbildung 25: Betriebsstätten ohne Betriebs- oder Personalrat[390]

Sie können zwar sozial abfedernd reagieren. Meist werden sie jedoch durch Personalabbau und Umstrukturierungen so sehr in Beschlag genommen, dass sie sich Themen wie beispielsweise Arbeits- und Gesundheitsschutz oder der Vereinbarkeit von Familie und Beruf nur bedingt widmen können. Das generelle Informationsverhalten des Arbeitgebers gegenüber den betrieblichen Interessenvertretern ist wenig gestört: 35% der Vertretungsgremien erhalten die Informationen „meist unaufgefordert", 34% „meist bei der ersten Anfrage" und lediglich 31% der Befragten sagen, dass sie um Informationen für ihre Tätigkeit „mehrfach bitten müssen".

Der Betriebsrat stellt eine wichtige interne Zielgruppe der internen Kommunikation dar, die es bei der Gestaltung von Kommunikationsprogrammen im Krisenmanage-

[389] Vgl. hierzu die Ausführungen von Hamel (Mitbestimmung, 1982). Hier wird zur Interessenlage von Betriebsräten und Arbeitnehmervertretern im Aufsichtsrat insbesondere im Hinblick auf die Bilanzierung ausführlich Stellung genommen.

[390] Vgl. Schäfer (WSI-Befragung, 2005), S. 292.

ment zu berücksichtigen gilt. Zum einen sind geltende Regeln des Betriebsverfassungsgesetztes bezüglich der rechtzeitigen und umfassenden Unterrichtung und Information der Arbeitnehmervertreter zu nennen. Zum anderen stellt der Betriebsrat einen Multiplikator und Kanal von Informationen der Unternehmensleitung zu den Mitarbeitern dar. Dies lässt sich als ein wichtiges Transmissionspotenzial von Arbeitsnehmervertretern zur Belegschaft interpretieren. Es kann von der Unternehmensleitung aktiv als Informationskanal genutzt werden. Zwar wird immer wieder argumentiert, dass der Betriebsrat lediglich eine Restriktion unternehmerischen Handels darstellt und unternehmerische Entscheidungsprozesse hemmt. Letztendlich kann sich die Akzeptanz von Entscheidungen des Managements erheblich verstärken, wenn diese vom Betriebsrat mitgetragen und gegenüber der Belegschaft befürwortet werden.[391]

Im Folgenden wird primär der Betriebsrat als Arbeitnehmervertreter und damit als Zielgruppe der internen Kommunikation verstanden. Die Auszubildenden-Vertretung soll mit einbezogen sein.[392]

5.3.3 Externe Stakeholder im Krisenmanagement

Nachdem nun die primären internen Zielgruppen der Krisenkommunikation mit Hilfe des Stakeholder-Ansatzes dargestellt wurden, ist an dieser Stelle zu erwähnen, dass auch die externen Anspruchsgruppen einen wesentlichen Einfluss auf die Gestaltung der internen Kommunikation ausüben. In Kapitel 4.3 wurde bereits auf die öffentliche Exponiertheit und die daraus abgeleitete Notwendigkeit einer integrierten Unternehmenskommunikation im Krisenmanagement eingegangen. Zwar beschäftigt sich die vorliegende Arbeit im Kern mit der internen Kommunikation im Krisenmanagement. Dieser Teilbereich kann jedoch nicht vollständig aus der Unternehmenskom-

[391] Vgl. Müller (Institution Betriebsrat, 2005), S. 555.

[392] Gleiches gilt für den Sprecherausschuss, wobei hier davon ausgegangen wird, dass aufgrund der oben vorgenommenen Differenzierung von Mitarbeitern und Führungskräften der Sprecherausschuss von den Führungskräften nicht in der gleichen Dringlichkeit bemüht werden muss, wie der Betriebsrat von der Belegschaft. Wie bereits erläutert, verfügen leitende Angestellte meist über andere Informationskanäle.

munikation als Gesamtheit sämtlicher Kommunikationsanstrengungen des Unternehmens isoliert werden.

Zu den externen Stakeholdern im Krisenmanagement zählen Aktionäre und Anteilseigener, Kapitalmarkt, Fremdkapitalgeber und Banken, Kunden und Lieferanten sowie Staat, Öffentlichkeit und Medien. Wissenschaft und Praxis beschäftigen sich mit dem Bereich der externen Krisenkommunikation weitaus umfangreicher, so dass auf die zahlreichen Quellen zu Krisen-PR hingewiesen sei.[393] Die Ansätze zur externen Kommunikation im Krisenmanagement sind den Bereichen „Investor Relations", „Customer Relations" und „Public Relations" zuzuordnen. Für die weitere Argumentation gilt es zu beachten, dass Mitarbeiter, Führungskräfte und Arbeitnehmervertreter teilweise gleichzeitig zu den externen Stakeholdergruppen des Unternehmens gehören. Ihre Informationsbedürfnisse beschränken sich nicht ausschließlich auf interne Angelegenheiten. Mitarbeiter als Aktionäre interessiert z.B. ebenso die Entwicklung des Börsenkurses. Mitarbeiter als Kunden wollen wissen, wie es um die Produktpalette und das zukünftige Angebotsspektrum des Unternehmens bestellt ist. Neben der Tatsache, dass interne Zielgruppen meist gleichzeitig auch zu den externen Stakeholdern eines Unternehmens gehören, ist für die Gestaltung der internen Kommunikation im Krisenmanagement von Bedeutung, dass Mitarbeiter und Führungskräfte primäre Ansprechpartner für externe Zielgruppen darstellen. Sie nehmen somit eine Schlüsselrolle in der Außendarstellung des Unternehmens ein.

Schlecht informierte und verunsicherte Mitarbeiter dürften nicht in der Lage sein, gegenüber Kunden auch in Krisensituationen selbstbewusst aufzutreten. Doch auch Kunden wollen den Sinn und den Nutzen von Veränderungen im Unternehmen erläutert bekommen und sorgen sich um die Zukunft des Unternehmens. Das gleich gilt für Lieferanten, für die eine Krisensituation beim Geschäftspartner auch die eigene Existenz wesentlich bedrohen kann. Externe Stakeholder entnehmen Informationen vermutlich nicht ausschließlich aus den Medien, sondern nutzen zunächst die ihnen bekannten Mitarbeiter und bisherigen Ansprechpartner als Informationsquelle. Dieser Aspekt verdeutlicht, dass die internen Kommunikation einen wesentlichen Beitrag dazu leisten kann, die Kommunikation mit den externen Zielgruppen zu unter-

393 Vgl. Lambeck (Krise bewältigen, 1992); Kunczik/Heintzel/Zipfel (Krisen-PR, 1995); Herbst (Krisen meistern, 1999); Bühler (Krisenmanagement, 2000); Neff (PR mit Power, 2002); Bühler (Krisen-PR, 2003), S. 41 ff.

stützen. Es reicht nicht aus, die Mitarbeiter als wichtige Leitungsträger zur Krisenbewältigung zu identifizieren und interne Kommunikationsprogramme darauf hin abzustimmen. Auch die externen Stakeholder sind für das Überleben des Unternehmens essenziell. Die Krisenkommunikation mit internen und externen Zielgruppen kann folglich als integrierte Aufgabe betrachtet werden.

5.3.4 Zusammenführung von Krisenphase und Zielgruppe

Als Zusammenführung der beiden vorherigen Kapitel wird nun erläutert, welche spezifischen Besonderheiten sich für die einzelnen Zielgruppen in den unterschiedlichen Krisenphasen hinsichtlich der Kommunikationsbedürfnisse und -erfordernisse ergeben. Letztendlich erstreckt sich die interne Kommunikation im Krisenmanagement von der Kommunikation zur Krisenprävention über die Change-Kommunikation bis hin zur Insolvenz- bzw. Liquidations-Kommunikation. Unter Krisen-Kommunikation im engeren Sinne wird außerdem meist die interne und externe kommunikative Begleitung von Katastrophen- oder Störfällen im Unternehmen verstanden.[394]

In den Phasen des aktiven Krisenmanagements kommt der Mitarbeiterkommunikation im Bezug auf alle Zielgruppen die Kernaufgabe der Früherkennung möglicher Risiken, Bedrohungen und Fehlentwicklungen zu. Dazu ist die Etablierung einer regelmäßigen Individual- und Massenkommunikation sinnvoll. Sie sorgt dafür, dass Mitarbeiter und Führungskräfte jederzeit so gut informiert sind, dass sie Fehlentwicklungen im eigenen Bereich rechtzeitig wahrnehmen und identifizieren können. Dazu ist die Einrichtung von Dialogmedien und Feedbackkanälen von Bedeutung, um einen kontinuierlichen Austausch zu gewährleisten. Bereits die Art der Ausgestaltung dieser Basiskommunikation kann einen Beitrag zum aktiven Krisenmanagement leisten: Gut informierte und motivierte Mitarbeiter können besser, schneller und damit auch kostengünstiger arbeiten als schlecht informierte. Den Führungskräften kommt zur aktiven Krisenvermeidung die Rolle von Informationsmultiplikatoren

394 Vgl. hierzu Lambeck (Krise bewältigen, 1992); Kunczik/Heintzel/Zipfel (Krisen-PR, 1995); Herbst (Krisen meistern, 1999); Schmidt (Burger Krise, 1999), S. 28 ff.; Tittel (Kalt erwischt, 1999), S. 44 ff.; Bühler (Krisenmanagement, 2000); Neff (PR mit Power, 2002); Bell (Unter Verdacht, 2003), S. 26 ff.; Bühler (Krisen-PR, 2003), S. 41 ff.

zu. Sie sind für die Bedeutung der internen Kommunikation zu sensibilisieren, um so den Informationsaustausch mit den ihnen unterstellten Mitarbeitern zu sichern und diese dazu zu motivieren, im Fall von sich abzeichnenden Fehlentwicklungen den Dialog zu suchen. Im Bezug auf die Sozialpartner hat sich die interne Kommunikation zunächst an den betriebsverfassungsrechtlichen Erfordernissen zu orientieren. Es ist ein partnerschaftliches Verhältnis zu etablieren und auch diese Zielgruppe aktiv in die Gestaltung der Mitarbeiterkommunikation einzubeziehen, um im Falle einer Krisensituation gemeinsam und vertrauensvoll zusammenarbeiten zu können. Zusammenfassend heißt dies für die Phase der Krisenvermeidung, dass die interne Kommunikation als Basiskommunikation zu verstehen ist, die eine offene, transparente und vertrauensvolle Kommunikationskultur entwickelt, um so in einer tatsächlichen Unternehmenskrise auf eine vorhandene Kommunikationsinfrastruktur zurückgreifen zu können. Würde man erst dann über die Gestaltung der Kommunikation nachdenken, wenn eine Krise bereits eingetreten ist, wäre es kaum möglich, die gewünschten Wirkungen zu erzielen.

Das Konzept „Issue Management" weist sowohl zur Unternehmenskommunikation als auch zur strategischen Früherkennung von Entwicklungen des Unternehmensumfeldes einen engen Zusammenhang auf. Seit den 90er Jahren gehört das Issue Management als bestimmendes Element zum strategischen Management.[395] Es dient in erster Linie als Früherkennungssystem zur Identifizierung von allen Signalen des Unternehmensumfeldes, die die Entwicklung des Unternehmens betreffen oder betreffen können.[396] Sowohl interne als auch externe Bedrohungen sollen frühzeitig aufgeklärt und so in einem noch latenten Stadium abgefangen und beseitigt werden. Der Begriff „Issue" beschreibt einen Sachverhalt von öffentlichem Interesse, der aufgrund der gesellschafts-politischen Einbettung des Unternehmens in seine Umwelt zu Konflikten führen kann und deshalb der aktiven Berücksichtigung des Unternehmens bedarf.[397] An der Schnittstelle zwischen strategischer Frühaufklärung und Public Relations soll mit Hilfe von kommunikationspolitischen Maßnahmen die effektive Auseinandersetzung mit konflikthaltigen Themen gewährleistet werden.[398]

395 Vgl. Liebl (Issue Management, 1994), S. 359.

396 Vgl. Boehncke (Issues Management, 2001), S. 185-186.

397 Vgl. Oelsnitz (Issue Management, 2004), S. 12; Röttger (Issues Management, 2005), S. 140.

398 Vgl. Oelsnitz (Issue Management, 2004), S. 11-15.

Sofern ein Missverhältnis zwischen den Aktionen eines Unternehmens und den Erwartungen der Betroffenen erkannt wird, soll dieses im Rahmen eines Dialoges ausgeglichen werden.[399] Issue Management ist Teil der Kommunikationsarbeit zur proaktiven Vermeidung von Unternehmenskrisen und den damit einhergehenden Image-Schäden, die den Unternehmenserfolg nachhaltig negativ beeinflussen können.

In der Phase der existenten, aber dennoch beherrschbaren Krise dient die Mitarbeiterkommunikation der kommunikativen Begleitung und Unterstützung der Krisenbewältigungsmaßnahmen. Dieser Aspekt stellt den Kernpunkt der vorliegenden Arbeit dar. Die Basiskommunikation wird durch zusätzliche Kommunikations- und Informationsmaßnahmen ergänzt, die die Mobilisation der Kräfte aller Mitarbeiter gewährleisten sollen, um die Krise zu überstehen und den gestiegenen Abforderungen gerecht zu werden. Im Vordergrund steht die soziale Funktion der internen Kommunikation, um Unruhen, Ängste, Unsicherheiten, Konflikte, Gerüchte und somit die Negativwirkungen einer Krise auf das verbleibende Personal zu vermeiden. Die interne Kommunikation trägt im repulsiven Krisenmanagement dazu bei, die Krise schneller, besser und kostengünstiger zu bewältigen.

Die Mitarbeiterkommunikation im liquidativen Krisenmanagement soll nicht weiter betrachtet werden, da die Möglichkeiten einer wirklichen Einflussnahmemöglichkeit nicht mehr gegeben sind. Es geht vordergründig nur noch um die Gestaltung einer so genannten Freisetzungs-Kommunikation, die aber nicht mehr zu einer Krisenbewältigung beitragen kann.

5.4 Gestaltungsparameter der internen Kommunikation

Nach der vorangegangenen Bestimmung der Krisenphasen und der Zielgruppen werden im Folgenden alternative Gestaltungsparameter der internen Kommunikation abgegrenzt. Damit wird die dritte Achse zur Abgrenzung der anfänglich genannten Kommunikationsfelder vervollständigt.

---

[399] Vgl. Liebl (Issue Management, 1994), S. 362.

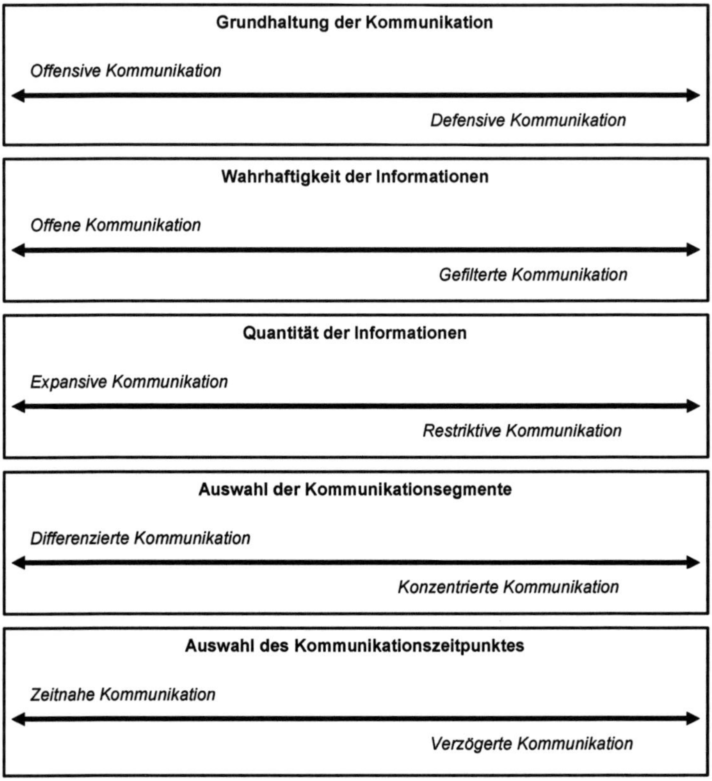

Abbildung 26: Gestaltungsparameter der internen Kommunikation

In der Literatur finden sich keine systematischen Entwürfe hinsichtlich grundlegender und langfristiger Gestaltungsdeterminanten, die die wesentlichen Handlungsoptionen bezüglich der internen Kommunikation festlegen. In der Regel werden lediglich die Entscheidung über die zu nutzenden Kommunikationsinstrumente, die Wahl der Kommunikationsinhalte und die graphische und journalistische Aufbereitung derselben fokussiert und in Zusammenarbeit mit Kommunikations- und PR-Experten in Kommunikationsprogramme umgesetzt. Diese Aspekte werden in Kapitel 7 im Rahmen der Implementierung der internen Kommunikation im Krisenmanagement näher erläutert. Abbildung 26 stellt mögliche grundlegende Ausrichtungsoptionen mit ihren jeweiligen Extremausprägungen vor. Die Grundhaltung der Kommunikation, die Wahrhaftigkeit der Informationen, die Quantität der Informationen, die Auswahl der Kommunikationssegmente sowie die Auswahl des Kommunikationszeitpunktes bilden die Gestaltungsdeterminanten der internen Kommunikation im Krisenmanagement.

5.4.1 Grundhaltung der Kommunikation

Die Grundhaltung der internen Krisenkommunikation bezieht sich auf die Kernfrage, ob ein Unternehmen seine Kommunikationspolitik tendenziell eher offensiv im Sinne von „planmäßig vorbereitet" oder defensiv im Sinne von „abwehrend und zurückhaltend" gestalten möchte. Die beiden Ausprägungen offensiv und defensiv lassen sich in Anlehnung an die Gestaltung der Konkurrenzstrategie[400] eines Unternehmens näher erläutern. Eine offensive interne Kommunikationspolitik steht für eine frühzeitige Planung und Durchführung der Kommunikations-Maßnahmen. Diese werden in die Gesamtplanung und -gestaltung der Maßnahmen zum Krisenmanagement aktiv integriert. Eine defensive Kommunikationsstrategie charakterisiert hingegen eine vorwiegend reaktive Vorgehensweise der Unternehmensleitung und der Kommunikationsverantwortlichen. Die Initiative zur Kommunikation erfolgt durch die Belegschaft. Diese fordert Informationen ein und setzt die Unternehmensleitung z.B. durch Streiks unter Druck. Das Vorgehen ist tendenziell zurückhaltender und abwartend.

Die möglichen Extremausprägungen offensiv und defensiv stehen auch für die Begriffe „proaktiv" und „reaktiv". Die Entscheidung für die eine oder andere Form der Kommunikation ist von diversen Faktoren abhängig. Fraglich ist z.B., wie der generelle Umgang mit Mitarbeitern des Unternehmens und die Unternehmenskultur charakterisiert und inwiefern das Bewusstsein für die Notwendigkeit der internen Kommunikation im Krisenmanagement ausgeprägt ist: Wird die Gestaltung der internen Kommunikation als ein zu beeinflussender Erfolgsfaktor angesehen, der die Maßnahmen zur Krisenbewältigung aktiv unterstützen kann? Auch die generelle Strategie des Krisenmanagements hat einen Einfluss auf die Gestaltung der Kommunikation:

[400] Vgl. zur Konkurrenzstrategie von Unternehmen z.B. Meffert (Marketing-Management, 1994), S. 155-163; Kleinaltenkamp/Fließ (Marketing-Konzeption, 1995), S. 995-996; Kotler/Bliemel (Marketing-Management, 2001), S. 684 ff.

Wird offensiv oder defensiv mit der Krise des Unternehmens umgegangen, d.h. den Problemen aktiv oder eher passiv begegnet? Weiterhin spielen die bisherige Kommunikationsstrategie und die vorhandene Kommunikationsinfrastruktur eine Rolle für die Grundhaltung der internen Kommunikation im Krisenmanagement – auch in Abhängigkeit von den vorhandenen personellen und finanziellen Ressourcen des Unternehmens für diesen Bereich. Auch der mögliche Druck der Belegschaft zum offensiven Umgang mit der Unternehmenskrise und der entsprechenden Kommunikation hat Einfluss auf die Grundhaltung der Kommunikationspolitik. Der Grad der öffentlichen Exponiertheit des betroffenen Unternehmens sowie der Umgang der Öffentlichkeit und weiterer externer Anspruchsgruppen tangieren die Grundhaltung der Mitarbeiterkommunikation. Für eine offensive Kommunikationspolitik gegenüber den internen Zielgruppen spricht, dass diese Vorgehensweise einen nachträglichen Rechtfertigungszwang der Unternehmensleitung verhindert. Ein solcher entsteht, wenn Entwicklungen im Unternehmen erst zu einem relativ späten Zeitpunkt und unter Druck der Belegschaft kommentiert werden. Proaktives Handeln kann jedoch einen Meinungsvorsprung erzielen, der Glaubwürdigkeit und Vertrauen in die Unternehmensleitung stärkt und so Energien bei Mitarbeitern und Führungskräften zur Bewältigung der Krisensituation mobilisiert. So kann durch eine offensive Kommunikation eine frühe Überzeugung und Meinungsbildung bei der Belegschaft erreicht werden. Einer erheblichen Beeinflussung durch beispielsweise eine mediale Berichterstattung wird vorgebeugt. Die folgenden drei Aspekte fassen die Vorteilhaftigkeit einer offensiven internen Kommunikation in Krisensituationen zusammen:[401]

- „Offensives Kommunizieren heißt nicht, in einer Sache nachzugeben.“
- „Offensives Kommunizieren schafft Meinungsvorsprung und verhindert Rechtfertigungszwang.“
- „Offensives Kommunizieren macht aus der Reaktion die Aktion.“

Vor dem Hintergrund der aufgeführten Rahmenbedingungen und Entscheidungskriterien ist folglich zu prüfen, ob besser eine offensive oder defensive Vorgehensweise in der Kommunikation mit Führungskräften und Mitarbeitern zur Erreichung der Zielsetzungen einer Krisenkommunikation führt.

---

[401] Vgl. O.V. (Kommunikation und Krisenmanagement, 1997), S. 16.

5.4.2 Wahrhaftigkeit der Information

Die Frage nach der Wahrhaftigkeit der Informationen im Krisenmanagement thematisiert, ob die Unternehmensleitung und die entsprechenden Kommunikationsverantwortlichen offen, d.h. ehrlich Hintergründe und Pläne zum Krisenmanagement preisgeben oder aber gefilterte Informationen weiterleiten. Nur bestimmte Informationen werden in diesem Fall kommuniziert und andere zurückgehalten.

Sperka stellt in seinem Aufsatz „Richtig kommunizieren im Unternehmen: Wer will das eigentlich?“ psychologische und soziologische Ansätze und Untersuchungen aus den USA dar. Er beschreibt die möglichen Ursachen von so genannten Informationsmanipulationen, d.h. Prozessen der Zurückhaltung oder Veränderung von Informationen. In Wirtschaft, Politik und Gesellschaft stellen derartige Prozesse kein ungewöhnliches Phänomen dar.[402] Von Interesse ist vor allem, dass „gute Nachrichten häufiger, schneller, spontaner und umfangreicher weitergegeben werden als schlechte.“[403] Folgende Gründe werden für eine Entscheidung gegen eine offene und ungefilterte Information aufgezeigt:

- das Unterlassen einer Nachrichtenweitergabe, um einen unangenehmen Zustand beim Empfänger zu vermeiden, was z.B. der Fall bei anstehenden Personalfreistellungen sein kann;
- die Furcht des Senders, in Zusammenhang zu einem Nachrichteninhalt gebracht und dadurch selbst negativ bewertet zu werden;
- die Gefahr, beim Empfänger eine schlechte Stimmung zu erzeugen oder
- nur die Informationen weiterzugeben, welche der Empfänger vermutlich hören möchte.[404]

---

402 Vgl. Sperka (Richtig kommunizieren, 1996), S. 123-139. Vgl. dazu ebenfalls Riklin (Wahrhaftigkeit, 2004). Dieses Buch stellt eine Zusammenstellung unterschiedlicher Aufsätze dar, die Wahrhaftigkeit und Lügen in Wirtschaft und Politik auch anhand von zahlreichen Beispielen untersuchen und diskutieren.

403 Sperka (Richtig kommunizieren, 1996), S. 126.

404 Vgl. Sperka (Richtig kommunizieren, 1996), S. 126-127.

Ebenso bestehen diverse Gründe für die „bewusste Schaffung von Unklarheit im Unternehmen“[405], d.h. die bewusste Zurückhaltung oder Veränderung von Informationen. Dies sind z.B. die Demonstration der eigenen Überlegenheit, die bewusste Erzeugung von Unsicherheit zur Erhöhung der eigenen Macht, die Provokation von Konflikten und die Verschleierung strategischer Absichten, um potenzielle Gegenmaßnahmen zu verhindern.[406] Die Betrachtung dieser soziologischen Begründungen macht deutlich, dass unterschiedliche Mechanismen denkbar sind, um Informationen zur Realisierung unterschiedlichster individueller Interessen und Zielsetzungen zu nutzen bzw. zu manipulieren. Dies ist auf der einen Seite in die Überlegungen zur Gestaltung der Mitarbeiterkommunikation im Krisenmanagement zu integrieren und zeigt gleichzeitig auf, warum aus Sicht der Unternehmensleitung oder der entsprechenden Kommunikatoren für eine überwiegend gefilterte Informationspolitik plädiert wird.

Darüber hinaus ist die Entscheidung über eine offene oder gefilterte Mitarbeiterkommunikation vom Ausmaß der verfügbaren und bestätigten Informationen und der bereits angesprochenen Problematik der Revision von verfrühten oder unkorrekten Informationen abhängig. Auch die erwartete Reaktion der Belegschaft und deren Zusammensetzung sind zu betrachten. Es kann vermieden werden, dass zu komplexe, detaillierte und komplizierte Sachverhalte kommuniziert werden, die nicht für alle Mitarbeitergruppen nachzuvollziehen sind und dadurch zusätzliche Unruhen, Unsicherheiten und Ängste hervorrufen.

Auch sind der bisherige Umgang mit Problemen und schwierigen Situationen im Unternehmen und die daraus resultierenden Reaktionen ausschlaggebend für die Entscheidung über eine offene oder gefilterte interne Kommunikation im Krisenmanagement. Vor dem Hintergrund der Aussage „Man kann nicht nicht kommunizieren“ ist zu überlegen, ob sich eine gefilterte Informationspolitik überhaupt realisieren lässt oder ob nicht damit zu rechnen ist, dass bestimmte Informationen trotzdem nach außen dringen und dann im Gegensatz zu getroffenen Aussagen stehen.

---

405 Vgl. zum Phänomen der bewussten Schaffung von Unklarheit als innerorganisatorisches Problem Bosetzky (Unklarheit, 1979), S. 63 ff.

406 Vgl. Sperka (Richtig kommunizieren, 1996), S. 128-129.

Die Frage nach der „Wahrhaftigkeit" der Informationen kann ebenfalls vor dem Hintergrund ethischer Konzepte und Überlegungen diskutiert werden. Die ethische Perspektive und die Sichtweise des Personals als Humanwert im Unternehmen wurden an anderer Stelle bereits umfassend dargestellt.[407] *Gauly* spricht in diesem Zusammenhang von „wertorientierter Unternehmenskommunikation". Für ein nachhaltiges erfolgreiches Wirtschaften und Kommunizieren gelten Werte wie „Glaubwürdigkeit", „Ehrlichkeit", „Vertrauen" und „Offenheit". Transparenz und Offenheit gegenüber den eigenen Mitarbeitern und dem Markt sieht er als einen wichtigen Faktor für den Unternehmenserfolg. „Der Volksmund weiß, Lügen haben kurze Beine, der Ehrliche setzt sich am Ende durch. Die These, dass Transparenz, im Sinne von Ehrlichkeit, dem Unternehmen langfristig nutzt, lässt sich in der Realität immer wieder erhärten."[408] *Gauly* fordert, zwar wahrhaftig, ehrlich und transparent zu kommunizieren, aber Sachverhalte erst dann weiterzugeben, wenn sie für den Markt „reif" sind. Falsche Informationen müssten kostspielig „eingefangen" werden. Die Glaubwürdigkeit des entsprechenden Unternehmens würde belastet.[409]

5.4.3 Quantität der Informationen

Hinsichtlich der Quantität kann die interne Krisenkommunikation expansiv oder restriktiv ausgestaltet werden. Expansiv meint dabei eine quantitativ nahezu uneingeschränkte Weitergabe von Informationen. Eine restriktive Kommunikation zeichnet sich dadurch aus, dass die Mitarbeiter mit einem Mindestmaß an Informationen, z.B. orientiert an den rechtlichen Vorschriften zur Mitarbeiterinformation, versorgt werden. Die Hauptüberlegung zu dieser Gestaltungsdeterminante besteht darin, ob Mitarbeiter umfassend und detailliert über Maßnahmen, Hintergründe und die zukünftige Entwicklung des Unternehmens informiert werden sollen, oder ob die entsprechenden Informationsaktivitäten quantitativ zu beschränken sind. Oftmals wird dann für eine restriktive Kommunikationspolitik plädiert, wenn noch keine ausreichenden Inhalte zu einer Veränderung oder Entwicklung existieren. Die Bereitschaft zum Dia-

407 Vgl. hierzu Kapitel 4.1.2.

408 Gauly (Ethik, 1999), S. 1.

409 Vgl. Gauly (Ethik 1999), S. 1.

log oder zumindest die Information darüber, dass noch keine weiteren Informationen vorliegen, erwecken jedoch bei der Belegschaft ein großes Vertrauen und das Gefühl, nicht vergessen zu werden. Auch das Berichten über „kleine" Erfolge und Zwischenschritte hilft dabei, Ängste und Unsicherheiten abzubauen und einer unkontrollierbaren Gerüchteküche vorzubeugen.

Der Aspekt der Quantität der Informationen ist eng mit dem Punkt der Wahrhaftigkeit der Informationen verbunden, da oftmals eine Diskrepanz zwischen der quantitativen Informationsmenge und der Qualität der Informationen besteht. Eine Informationsüberflutung der Mitarbeiter wird häufig kritisiert. Eine expansive Kommunikation kann daher auch im Gegensatz zu einer offenen Kommunikationspolitik stehen oder eine solche durch die Vielzahl der weitergegebenen Informationen vortäuschen. Es wird deutlich, dass die einzelnen Gestaltungsparameter nicht getrennt voneinander zu betrachten, sondern eng miteinander verbunden sind.

5.4.4 Auswahl der Kommunikationssegmente

Die Auswahl der Kommunikationssegmente kann aus der marketingorientierten Marktsegmentierung abgleitet werden, d.h. der „Aufteilung eines heterogenen Gesamtmarktes in homogenere Teilmärkte."[410] Es sollen Segmente voneinander differenziert werden, die in sich möglichst homogen sind, aber im Vergleich zu anderen Segmenten möglichst heterogen reagieren.[411] Unterschiede zwischen den einzelnen Zielgruppen werden so berücksichtigt und liefern Ansatzpunkte für eine differenzierte Ansprache der Zielgruppen. Zahlreiche Kriterien können zur Segmentierung eines Kommunikationsfeldes herangezogen werden, wie z.B. demographische, sozioökonomische, geographische und verhaltensbezogene Kriterien.[412] *Bruhn* unterscheidet Verhaltensrelevanz und Messbarkeit der Kriterien, Erreichbarkeit bzw. Zugänglich-

410 Noll (Gestaltungsperspektiven interner Kommunikation, 1996), S. 187.

411 Vgl. dazu z.B. Pepels (Marketing, 1998), S. 99; Meffert (Marketing, 2000), S. 181; Zentes (Marketing, 2001), S. 372.

412 Vgl. hierzu z.B. Meffert (Marketing, 1991), S. 245-253; Noll (Gestaltungsperspektiven interner Kommunikation, 1996), S. 189-192; Pepels (Marketing, 1998), S, 104-106; Kotler/Bliemel (Marketing-Management, 2001), S. 428 ff.; Bruhn (Unternehmens- und Markenkommunikation, 2003), S. 158.

keit und zeitliche Stabilität der Segmente, Handlungsfähigkeit und Wirtschaftlichkeit.[413]

In den bisherigen Ausführungen wurde bereits eine Segmentierung der internen Stakeholdergruppen vorgenommen und Mitarbeiter, Führungskräfte und Sozialpartner als wichtigste Zielgruppen der internen Kommunikation verstanden. Fraglich ist, ob dieser Grad der Differenzierung als zu grob oder ausreichend erachtet werden kann. Im Zusammenhang zu einer derartigen segmentspezifischen Ausrichtung der internen Kommunikation ist zu beantworten, welche Gruppen angesprochen werden, welche Informations- und Kommunikationsansprüche erfüllt werden können oder sollen und durch welche Maßnahmen und Kommunikationsinstrumente die anvisierten Mitarbeiter erreicht werden können.[414] Im unternehmensinternen Kontext lassen sich in Abhängigkeit zu Unternehmenszugehörigkeit, Qualifikation, Mitarbeiterstatus, Unternehmensbereich, -abteilung und -region unterschiedliche Informations- und Kommunikationsbedürfnisse und -erfordernisse unterscheiden, die zu einer sinnvollen und weiterführenden Segmentierung der Zielgruppen „Mitarbeiter“, „Führungskräfte“ und „Arbeitnehmervertreter“ führen können.[415] So haben beispielsweise neue und uneingearbeitete Mitarbeiter andere Informations- und Kommunikationsbedürfnisse als Mitarbeiter mit langjähriger Betriebszugehörigkeit, Mitarbeiter unterschiedlicher Regionen unterschiedliche Interessenschwerpunkte, Führungskräfte der verschiedenen Managementebenen ebenfalls sehr unterschiedliche Informationsbedürfnisse in Abhängigkeit von ihrer Aufgabe, der entsprechenden Hierarchiestufe und ihrem Grad an Verantwortung gegenüber den unterstellten Mitarbeitern. Letztendlich ist eine Zielgruppensegmentierung vom jeweiligen situationsspezifischen Kommunikationsziel abhängig und sollte im jeweiligen Konzept präzisiert werden. Bespielweise kommen an dieser Stelle auch die entsprechende Krisenphase und damit der bestehende Handlungs-, Entscheidungs- und Zeitdruck zum Tragen. Sofern im betroffenen Unternehmen bisher keine zielgruppenadäquate interne Kommunikation stattgefunden hat, ist es problematisch, in einer akuten Krisensituation eine umfang-

[413] Zur Detaillierung der einzelnen Anforderungen vgl. Bruhn (Unternehmens- und Markenkommunikation, 2003), S. 157-158.

[414] Vgl. Noll (Gestaltungsperspektiven interner Kommunikation, 1996), S. 187-188.

[415] Vgl. Noll (Gestaltungsperspektiven interner Kommunikation, 1996), S. 190-192; Mast (Unternehmenskommunikation, 2002), S. 106.

reiche, ressourcen- und zeitintensive Segmentierung vorzunehmen und ein differenziertes Kommunikationsprogramm zu etablieren.

Im Anschluss an die Segmentierung steht das betroffene Unternehmen vor der Wahl der zu „bearbeitenden" Segmente. Wird über die Differenzierung einzelner Zielgruppen hinweg gegangen und konzentriert man sich auf Gemeinsamkeiten der unterschiedlichen Gruppen, kann von einer undifferenzierten Kommunikation gesprochen werden. Da aber durchaus bedeutsame Abweichungen hinsichtlich der Ansprüche, Anspruchsgrundlagen und Bedürfnisse bestehen, ist dies bei der Gestaltung der internen Kommunikation im Krisenmanagement zu berücksichtigen.

Als Extrempositionen der Auswahl der Kommunikationssegmente sollen die „konzentrierte" und die „differenzierte" Kommunikation gegenübergestellt werden.[416] Eine differenzierte Mitarbeiterkommunikation versorgt alle Segmente mit verschiedenen Kommunikationsprogrammen, -instrumenten und -inhalten im Hinblick auf ihre speziellen und individuellen Bedürfnisse und setzt unterschiedliche Prioritäten. Eine konzentrierte Kommunikationsstrategie fokussiert hingegen nur ein bzw. einige wenige Segmente und bezieht diese in die Kommunikationsaktivitäten mit ein. Beispielsweise werden nur das obere und mittlere Management in die Information und Entscheidungsfindung zu Maßnahmen der Krisenbewältigung einbezogen.

Argumente für eine differenzierte oder konzentrierte Krisenkommunikation lassen sich in Abhängigkeit der Krisenphase, der zur Verfügung stehenden Zeit, den zur Verfügung stehenden finanziellen und personellen Kapazitäten, dem Entscheidungsdruck, den rechtlichen Anforderungen und Regelungen sowie der bestehenden Kommunikationsinfrastruktur, -kultur und -strategie finden.

---

[416] Vgl. zur differenzierten und konzentrierten Marketing-Strategie z.B. Meffert (Marketing, 1991), S. 254-257; Kotler/Bliemel (Marketing-Management, 2001), S. 455-464.

5.4.5 Auswahl des Kommunikationszeitpunktes

Die Auswahl des Kommunikationszeitpunktes ist eine zentrale Gestaltungsdeterminante der internen Kommunikationspolitik. Im Vergleich zu den zuvor dargestellten Gestaltungsoptionen ist die Auswahl eines begrifflichen Gegensatzpaares problematisch. Zur Beantwortung der Kernfrage „Wann sollte die Unternehmensleitung und die entsprechenden Kommunikationsverantwortlichen bestimmte krisenbezogene Informationen kommunizieren bzw. an die unternehmensinterne Öffentlichkeit weitergeben?“ werden eine zeitnahe, d.h. frühe sowie eine zeitverzögerte, d.h. späte Kommunikation unterschieden.

Die Wahl des Kommunikationszeitpunktes ist deshalb von Interesse, als eine verfrühte und ungeplante Information zu Unruhen und Unsicherheiten in der Belegschaft führen kann. Bestimmte Informationen können sich im Nachhinein als unkorrekt erweisen oder müssen revidiert werden. Ein möglicher Glaubwürdigkeits- und Vertrauensverlust sowie ein verfrühtes und unnötiges Auslösen von Unsicherheiten und Ängsten widersprechen einer frühen Kommunikation.

Auf der anderen Seite kann eine frühzeitige Kommunikation zu krisenbezogenen Themen einer Information der internen Anspruchsgruppen durch die externe Kommunikation bzw. die Medien und Presse vorbeugen. Als vertraulich deklarierte Informationen finden nämlich meist trotzdem den Weg an die Öffentlichkeit. Das Beispiel von *DaimlerChrysler* vom Juli 2004[417] hat gezeigt, dass dies zu kostenintensiven Streiks der Belegschaft führen kann und Vertrauen und Glaubwürdigkeit in einem solchen Fall nachhaltig gestört werden.

Wird „zu spät“ kommuniziert, ist eine offensive und geplante Mitarbeiterkommunikation nicht mehr möglich. Es kann nur noch reagiert, aber nicht mehr aktiv und beeinflussend agiert werden. Die Unternehmensleitung muss abwägen, wann einerseits ein ausreichendes Maß an bestätigten Information zur Verfügung steht und an die

[417] Nachdem die Zeitung „Die Welt“ im Juni 2004 über angeblich geplante Entlassungen von 10.000 Mitarbeitern bei Mercedes-Benz berichtet, beteiligen sich im Juli 2004 rund 60.000 DaimlerChrysler-Mitarbeiter an Arbeitsniederlegungen in allen deutschen Werken und protestieren damit gegen das vom Vorstand geforderte Einsparvolumen von jährlich 500 Millionen Euro. Erst nach wochenlangen Protesten der Belegschaft kann ein Konsens zwischen Vorstand, Betriebsrat und IG Metall herbeigeführt werden. Vgl. dazu http://welt.de/data/2004/07/23/309177.html.

Belegschaft weitergegeben werden kann und andererseits die Gefahr einer „zu späten" internen Kommunikation wie oben erläutert minimiert werden kann. Die Festlegung eines „optimalen" Kommunikationszeitpunktes ist demzufolge genau zu durchdenken. Der Zeitpunkt ist von einer Vielzahl situativer Einflussfaktoren abhängig und eng mit den weiteren Entscheidungsoptionen verknüpft. Eine expansive und gleichzeitig frühzeitige Information, die alle internen Zielgruppen differenziert anspricht, ist nur realisierbar, wenn ausreichend Detailinformationen zur Verfügung stehen. Auch wird eine frühzeitige Information tendenziell eher gefilterte Informationen weitergeben, um das Risiko aus einer starken öffentlichen Exponiertheit des Unternehmens zu vermeiden. Auch das Ausmaß des Zeit- und Entscheidungsdrucks bzw. des Bedrohungspotenzials in Abhängigkeit von der zugrunde gelegten Krisenphase spielen eine Rolle.

Unabhängig von der Frage nach konkreten Kommunikationsinhalten und der Auswahl der einzusetzenden Kommunikationsinstrumente sind die dargelegten Gestaltungsoptionen zu konkretisieren und damit den Kommunikationsaktivitäten im Krisenmanagement eine Struktur zu verleihen. Dabei geht es um die Haltung der Kommunikation, die Wahrhaftigkeit und Quantität der Informationen, die Auswahl der zu bearbeitenden Segmente und die Auswahl eines geeigneten Kommunikationszeitpunktes. Neben den dargestellten Extremausprägungen dieser Optionen sind weitere Kombinationen und Zwischenformen denkbar. Die als Ausgangspunkt in Kapitel 5 dargestellten Kommunikationsfelder können noch weitaus differenzierter formuliert und damit entsprechende Rückschlüsse auf die Anforderungen an die interne Krisenkommunikation gezogen werden. Zugunsten der Eindeutigkeit und Übersichtlichkeit der Analyse werden diese nicht explizit betrachtet, da ansonsten eine unübersehbare Fülle unterschiedlicher Erscheinungsformen der angesprochenen Gestaltungsparameter denkbar wäre.[418]

---

[418] Die vorliegende Vorgehensweise der Betrachtung von Extrempositionen eines Kontinuums zur Reduzierung einer unübersehbaren Fülle von Erscheinungsformen wird beispielsweise auch im „Führungskontinuum" von Tannenbaum/Schmidt oder dem „managerial grid" von Blake/Mouton angewendet. Tannenbaum/Schmidt unterscheiden auf ihrem Kontinuum des Führungsverhaltens sieben Verhaltensklassen nach dem Merkmal des Umfangs der Entscheidungsdelegation und bilden damit Zwischenstufen zwischen den Extrempositionen des autoritären und des partizipativen Führungsstils. Vgl. Tannenbaum/Schmidt (Leadership Pattern, 1958), S. 96. Das Verhaltensgitter von Blake/Mouton zeigt die Wechselbeziehungen zwischen den beiden Führungsdimensionen „Produktionsorientierung" und „Menschenorientierung". Dabei ist jede Dimension durch neun Ausprägungsmerkmale auf einem Kontinuum gekennzeichnet. Dabei werden jedoch nur 5 unterschiedliche Führungsstile beschrieben. Vgl. Blake/Mouton (Verhaltenspsychologie, 1968).

6 Effektivität der internen Kommunikation im Krisenmanagement

6.1 Zielsystem der internen Kommunikation im Krisenmanagement

Zur Ableitung von Effektivitätskriterien der internen Krisenkommunikation bedarf es zunächst der Bestimmung eines entsprechenden Zielsystems. Unter dem Begriff „Ziel“ lässt sich ein vorgestellter und gewollter zukünftiger Zustand oder eine antizipierte Vorstellung der Wirkung unseres Handelns verstehen.[419] Für Unternehmen als komplexe Systeme lässt sich nicht ein einziges vordergründiges Ziel, sondern vielmehr ein Zielsystem ableiten, welches die Unternehmensaktivitäten steuert.

Auch für die interne Kommunikation im Krisenmanagement kann ein solches Zielsystem entwickelt werden. Ausgehend von den Zielen des Krisenmanagements können die Ziele der internen Kommunikation abgeleitet werden. Die Maßnahmen derselben sollen zur Erreichung der Krisenmanagement-Ziele und damit zur Bewältigung einer Krisensituation beitragen. Da dieser Sachverhalt in der Literatur bisher nicht beleuchtet wurde, werden die allgemeinen Ziele der Mitarbeiterkommunikation herangezogen und modifiziert.[420]

Die folgende Abbildung stellt das Zielsystem der internen Kommunikation im Krisenmanagement dar. Ausgehend von den Zielen des Krisenmanagements, welche vordergründig in der Existenz- und Liquiditätssicherung des Unternehmens und der Sicherung sämtlicher Leistungspotenziale liegen, werden zunächst die unternehmensorientierten Ziele der internen Kommunikation abgeleitet. Soll die Unternehmenskrise langfristig und nachhaltig überwunden und die Leistungsfähigkeit des Unternehmens zurückerlangt werden, so sind mit Hilfe der internen Kommunikation die Leistungsfähigkeit der Mitarbeiter zu erhalten und die Leistungsträger über die Krise hinweg an das Unternehmen zu binden.

---

[419] Vgl. Hamel (Zielplanung, 1989), Sp. 2302 oder Hamel (Zielsysteme, 1992), Sp. 2635.

[420] So hat beispielsweise Macharzina umfangreiche Zielkataloge zur internen Kommunikation aufgestellt. Vgl. Macharzina (Informationspolitik, 1990), S. 63-76. Ebenso lassen sich die allgemeinen Ziele der internen Kommunikation bei Noll (Gestaltungsperspektiven interner Kommunikation, 1995), S. 134-143 und Salecker (Kommunikationsauftrag, 1995), S. 173-178 finden. Diese Zielsysteme der internen Kommunikation als „Regelkommunikation“ müssen für die vorliegende Fragestellung dahingehend modifiziert werden, dass es sich hierbei um eine unternehmensbezogene und außerordentliche Kommunikation mit den Mitarbeitern handelt, die der Bewältigung der Krisensituation dienen soll.

Diese Oberziele der internen Kommunikation lassen sich in mitarbeiterorientierte Ziele herunterbrechen. Diese müssen dahingehend differenziert werden, dass auf der einen Seite der individuelle Mitarbeiter und auf der anderen Seite die Belegschaft als Gruppe betrachtet werden.[421] Individuumsbezogene Ziele liegen zum einen in der Demonstration der Bedeutsamkeit der Humanressourcen im Krisenmanagement und dem Aufbau von Verständnis für Entwicklungen im Unternehmen. Nur wenn die Mitarbeiter verstehen, was vor sich geht und warum bestimmte Maßnahmen erforderlich sind, kann man sie zur aktiven Beteiligung und Unterstützung der Krisenbewältigungsmaßnahmen bewegen. Weiterhin ist es Ziel, die Kräfte der Belegschaft zu mobilisieren, ihre Motivation zu erhalten, Widerstände, Ängste und Unsicherheiten abzubauen, Vertrauen und Glaubwürdigkeit der Unternehmensleitung zu erhalten und Loyalität und Commitment der Mitarbeiter und Führungskräfte über die Krisensituation hinaus zu erhalten. Ebenso kann der Aufbau eines Intrapreneurships durch Maßnahmen der internen Kommunikation dazu beitragen, einen Unternehmergeist bei den Mitarbeitern zu wecken und damit die Krisenbewältigung voran zu treiben. Gleiches gilt auch für die Intensivierung des Dialoges zwischen Unternehmensleitung und Belegschaft. Der intensive Austausch von Informationen ist notwendige Voraussetzung für die Aufdeckung von Schwachstellen im Unternehmen und die Generierung eines Ideenpotenzials zur Lösung der Krisensituation.

Bezogen auf die Gesamtbelegschaft und ihre sozialen Netzwerke verfolgt die interne Krisenkommunikation das Ziel, Konflikten entgegen zu wirken, Gerüchte im Unternehmen zu regulieren und das Organisationsklima zu stabilisieren. Die Abbildung enthält auch die Sachziele der internen Kommunikation im Krisenmanagement, nämlich die zielgerichtete Planung, Steuerung und Kontrolle des Kommunikationssystems. Die aufgeführten Ziele werden im Folgenden noch näher erläutert. Kapitel 6.3 dient der Erläuterung der individuumsbezogenen Effektivtätskriterien und Kapitel 6.4 der Darstellung der gruppenbezogenen Effektivitätskriterien.

[421] Vgl. hierzu Kapitel 1.2. An dieser Stelle wird erläutert, was unter individuums- und gruppenbezogener Effektivität zu verstehen ist.

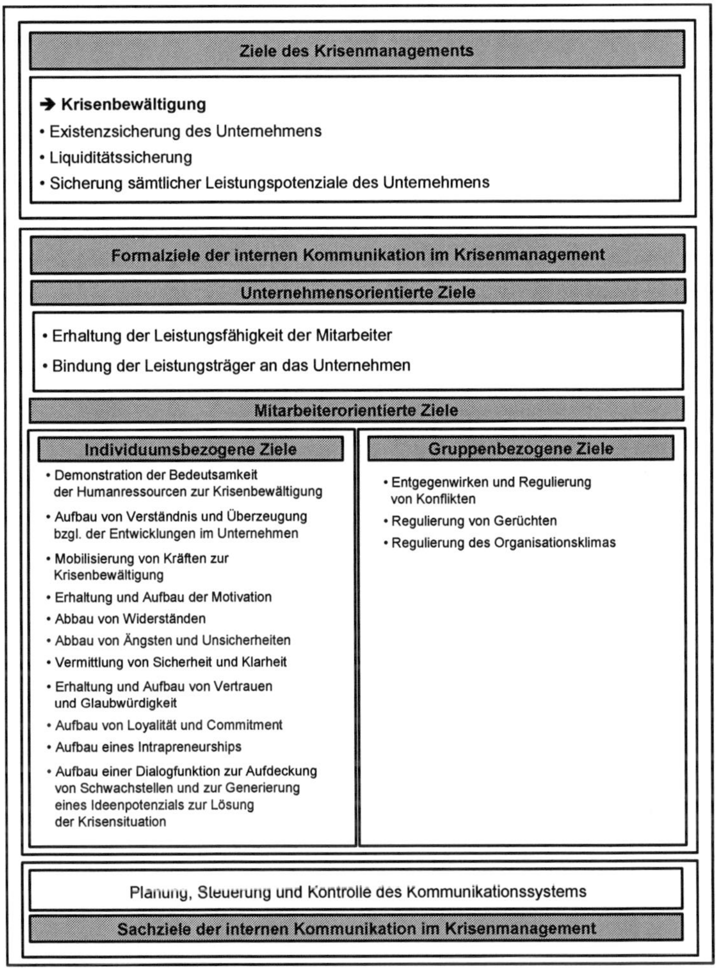

Abbildung 27: Zielsystem der internen Kommunikation im Krisenmanagement

Im folgenden Abschnitt wird der Begriff der Effektivität erläutert, um anschließend aus dem vorliegenden Zielsystem die entsprechenden Effektivitätskriterien zur Bewertung der internen Kommunikation abzuleiten.

6.2 Der Begriff der Effektivität

Der Begriff der Effektivität wird im allgemeinen Sprachgebrauch häufig synonym zum Begriff der Effizienz verwendet.[422] Sowohl Effektivität als auch Effizienz gehen auf einen gemeinsamen lateinischen Begriffsursprung zurück, der mit „Wirksamkeit" übersetzt werden kann.[423] Effektivität steht für eine Maßgröße der wirksamen Aufgabenerfüllung, d.h. Maßgröße für den entsprechenden Output. Effizienz hingegen soll als Maßgröße der wirtschaftlichen Zielerreichung verstanden werden, d.h. als Maßstab für die Ressourcenwirtschaftlichkeit.

Im Bezug auf die Ableitung von Effektivitätskriterien der internen Krisenkommunikation werden die oben genannten Ziele der internen Kommunikation herangezogen. Es soll dann von einer effektiven internen Kommunikation gesprochen werden, wenn die individuums- oder gruppenbezogenen Ziele erreicht werden. Zwar ist keine absolute Monokausalität der Kommunikationsanstrengungen im Bezug auf die beschriebenen Zielgrößen gegeben. Dennoch kann ein positiver Zusammenhang unterstellt werden. Die Kommunikation in der Krise ist dann als effektiv zu bezeichnen, wenn sie in der Lage ist, Unsicherheiten, Ängste und Widerstände bei den Mitarbeitern zu verringern, das Vertrauensverhältnis zwischen Unternehmensleitung und Belegschaft zu stabilisieren, die Gerüchteküche zu regulieren, das Organisationsklima positiv zu beeinflussen und Konflikte zu vermeiden. Problematisch sind die bereits erwähnte nicht vorhandene, eindeutige Zurechenbarkeit sowie messtechnische Probleme. Es ist beispielsweise kaum möglich, die Zahl der im Unternehmen kursierenden Gerüchte nachzuvollziehen oder den Grad der individuellen Angst oder Unsicherheit bei den Mitarbeitern festzustellen. Kapitel 7.6 beschäftigt sich eingehend mit der Frage nach der Wirtschaftlichkeitskontrolle von Kommunikationsaktivitäten.

[422] Vgl. Bohr (Effizienz und Effektivität, 1993), Sp. 855 ff.

[423] Vgl. dazu Witte (Effizienz der Führung, 1995), Sp. 263.

6.3 Individuumsbezogene Effektivität

6.3.1 Abbau von Ängsten

Sowohl im privaten als auch im betrieblichen Umfeld werden Ängste tabuisiert und wenig berücksichtigt, obwohl diese nachweislich die Leistungsfähigkeit und den Leistungswillen der betroffenen Person beeinflussen.[424] Es besteht kein Zweifel daran, dass Ängste im Zusammenhang mit der Arbeitstätigkeit entstehen können und ein konstruktiver Umgang mit Ängsten im Unternehmen den einschränkenden Auswirkungen auf die Leistungsfähigkeit entgegenwirkt.[425]

Bisher ist es nicht gelungen, ein einheitliches Verständnis des Phänomens „Angst" zu entwickeln, so dass zahlreiche Definitionen in der Literatur zu finden sind. Angst wird beispielsweise beschrieben

- als Gefühlszustand, der als unangenehm erlebt wird;
- als das bewusste Erleben eines unangenehmen Erregungszustandes;
- als eine körperlich-geistige Reaktion auf einen Stressor, der als bedrohlich empfunden wird;
- als subjektiv wahrgenommene bedrohliche Situation;
- als unangenehmen Erregungszustand.[426]

„Unbehagen", „Besorgtheit", „Befürchtungen", „Unsicherheit", „Stress", „Spannung", „Anspannung", „Belastung", „Anstrengen", „Panik" und „Phobie" werden synonym zum Begriff der Angst verwendet.[427] *Panse* und *Stegmann* verstehen Angst als „ein Grundproblem im Menschen, das immer vorhanden, aber nicht immer spürbar ist, jedoch jederzeit aktiviert werden kann."[428] *Bröckermann* definiert Angst als „eine Emotion, ein subjektives, häufig unbewusstes Gefühl der Bedrohung, das eine

---

424 Vgl. Panse (Kostenfaktor Angst, 1999), S. 36; Meyer (Mitarbeiterführung, 1999), S. 22; Jumpertz (Angst, 2003), S. 8 ff.

425 Vgl. Näf (Angst am Arbeitsplatz, 1995), S. 30.

426 Vgl. z.B. Näf (Angst am Arbeitsplatz, 1995), S. 14-15; Panse/Stegmann (Angst – Macht – Erfolg, 2004), S. 31-34.

427 Vgl. Kiechl (Angst, 1996), S. 86; Näf (Angst am Arbeitsplatz, 1995), S. 14.

428 Panse/Stegmann (Angst – Macht – Erfolg, 2004), S. 60.

Situation signalisiert, die der einzelne aufgrund seiner – von sozialen Kontakten geprägten – Erfahrungen als gefährlich einstuft."[429] Es handelt sich folglich um eine überwiegend psychologische Thematik. Fraglich ist, welcher Bezug dabei zu betriebswirtschaftlichen bzw. ökonomischen Aspekten besteht. Das betriebliche Umfeld eines Menschen kann einen möglichen Angstauslöser darstellen. In den letzten Jahren ist das Betriebsklima in zahlreichen Unternehmen „rauher" geworden und der Leistungs- und Erfolgsdruck für den einzelnen hat stetig zugenommen.[430] Untersuchungen zufolge sind die zwölf am häufigsten genannten Ängste bei Beschäftigten:[431]

- Angst vor Arbeitsplatzverlust (67,58%)
- Angst vor Krankheit und Unfall (67,42%)
- Angst, Fehler zu machen (58,98%)
- Angst, Wertschätzung und Anerkennung zu verlieren (50,39%)
- Angst vor Konkurrenten (30,23%)
- Angst vor Autoritätsverlust (28,21%)
- Angst vor Innovationen (27,31%)
- Angst, Mitarbeitern nicht gerecht zu werden (20,37%)
- Angst vor Fehlinformationen (15,29%)
- Angst vor Überforderung (12,32%)
- Angst, überflüssig zu sein (11,35%)
- Angst vor Spielraumeinengung (8,26%)

In Zeiten hoher Arbeitslosigkeit und einer schlechten Wirtschaftslage nimmt die Angst vor Arbeitsplatzverlust zu. Laut Untersuchungen des Infa-Institutes befürchtet in Rezessions-Phasen ca. die Hälfte aller Beschäftigten den Verlust des Arbeitsplatzes.[432] *Panse* und *Stegmann* stießen in ihren Untersuchungen sogar auf Unternehmen, in denen die Angst vor Arbeitsplatzverlust bei über 90% lag.[433] Übersetzt wer-

[429] Bröckermann (Führung und Angst, 1989), S. 82.

[430] Vgl. Kittner (Angst im Job, 2003), S. 9 und 16.

[431] Vgl. Panse (Kostenfaktor Angst, 1999), S. 38.

[432] Vgl. Panse/Stegmann (Angst – Macht – Erfolg, 2004), S. 36.

[433] Fraglich ist, ob diese Zahl ausreichend aussagefähig ist. Es wird z.B. keine Messung der Angstintensität vorgenommen, so dass zu befürchten ist, dass zwar viele Befragte Angst als Element nennen, weil man die Angstäußerung als sozial erwünscht einstuft.

den kann die Angst vor Arbeitsplatzverlust in die Befürchtung des Wegfalls der materiellen Grundlage, des Verlustes von Status und Stellung in der Gesellschaft, die Angst vor Identitätsverlust und die Angst vor Veränderung des gewohnten Arbeitsumfeldes.[434] Untersuchungen haben gezeigt, dass ein enger Zusammenhang zwischen der Angst vor Jobverlust und der Gesundheit und damit auch den Arbeitsleistungen der betroffenen Mitarbeiter besteht. So konnte gezeigt werden, dass in einem Industriebetrieb, der innerhalb eines Jahres die Belegschaft um 15% reduzieren sollte, sich die Blutfettwerte der betroffenen Mitarbeiter verschlechterten und damit ein Anzeichen für eine wachsende Herzinfarktgefährung gegeben wurde.[435] Zu diesem Zeitpunkt stand für den einzelnen Arbeitnehmer noch nicht fest, ob die geplanten Entlassungen ihn persönlich betreffen werden. Allein die Arbeitsplatzunsicherheit wirkt sich folglich unmittelbar auf körperliche Prozesse aus.[436]

Die Bewältigung einer Unternehmenskrise drückt sich neben möglichen Entlassungen von Mitarbeitern meist in betrieblichen Rationalisierungsmaßnahmen, Reengineering- und Kostensenkungs-Projekten, der Einführung neuer Organisationsstrukturen und Technologien sowie der Umstellung bestehender Arbeitsprozesse aus.[437] Mit der Angst vor Arbeitsplatzverlust geht in Krisenzeiten auch die generelle Angst vor Veränderungen und Neuerungen einher. Für Arbeitnehmer bedeuten Krisen oft die Aufgabe vertrauter Arbeitsprozesse, den Verlust von Kollegen und Vorgesetzten und den Zwang, Dinge neu zu ordnen und neu zu arrangieren. Widerstände gegen geplante Veränderungen sind daraus meist die Konsequenz. Es ist jedoch nicht davon auszugehen, dass Mitarbeiter prinzipiell gegen den Fortschritt im Betrieb sind und jegliche Veränderung ablehnen. Arbeitnehmer wollen durchaus einen wertvollen Beitrag zur Gesundung des Unternehmens leisten und sind daran interessiert, dass das eigene Unternehmen Erfolge vorweisen kann.[438] Ängste und Widerstände haben ihren Ur-

434 Vgl. Kittner (Angst im Job, 2003), S. 23-38; Panse/Stegmann (Angst – Macht – Erfolg, 2004), S. 36 ff.

435 Dabei ist zweifelhaft, ob die Veränderung signifikant auf die Angst zurückzuführen ist. Von einer Monokausalität kann hier kaum ausgegangen werde, da derartige körperliche Befunde meist mehrere Ursachen aufweisen können.

436 Vgl. Kleinschmidt (Anerkennung, 2004), S. 59-60.

437 Vgl. Kittner (Angst im Job, 2003), S. 23-38; Disselkamp (Preis der Angst, 2004), S. 24-25.

438 Vgl. Kiechl (Angst, 1996), S. 86. Veränderungen können durchaus auch Chancen beinhalten und es ist dabei auch eine Frage der Persönlichkeitsstruktur der betroffenen Mitarbeiter, ob aus einer Veränderung eher Angst oder Zuversicht geschöpft werden.

sprung daher meist in einer „psychologisch-ungeschickten“ Durchführung des Wandels, welche in einer unvollkommenen Information der Belegschaft, einer Unüberschaubarkeit der geplanten Aktionen und einem Mangel an Inhalten, Hintergründen und Absichten der getroffenen Maßnahmen Ausdruck findet.[439]

Ein gewisses Maß an Angst im Unternehmen ist möglicherweise erforderlich, um kurzfristig die Leistungsfähigkeit der Beschäftigten zu steigern. So kann sich fehlende Angst negativ auf die Arbeitsmotivation auswirken, wenn Fehler und Trägheit keine Konsequenzen nach sich ziehen. Haben Mitarbeiter seit Jahren einen unkündbaren Status erreicht und erfreuen sich umfangreicher Sozialleistungen und hoher Betriebsrenten, so befinden sich diese in einer Art Sicherheitszone und hegen kaum Befürchtungen. Bleiben außerdem die Ergebnisse der Mitarbeiter generell unkontrolliert, kann dies zu einem Leistungsabfall und einer verminderten Produktivität führen.[440]

Als konstruktive Angst bezeichnet man „diejenigen Ausprägungen betriebswirtschaftlich relevanter Ängste, die Handelnde vor unbedachten Aktivitäten schützen und die deren Leistungsbereitschaft bzw. -fähigkeit auf ein für alle Beteiligten optimales Niveau bringen.“[441] *Panse* und *Stegmann* nennen die Zeit unmittelbar vor Mitarbeiterbeurteilungen als Beispiel für die leistungssteigernde Wirkung von Ängsten. Aus Angst vor einer schlechten Einschätzung wird gewissenhafter und konzentrierter gearbeitet, die Fehlzeiten verringern sich und es kommt meist zu einer Verbesserung der Vorschlagsrate.[442]

Weiterhin lässt sich laut Fehlzeiten-Report 2004[443] gegenwärtig ein Trend zu niedrigeren Krankenständen verzeichnen. Dies lässt sich ebenfalls in ökonomischen Größen für Unternehmen ausdrücken. So betrugen z.B. die volkswirtschaftlichen Kosten

---

439 Vgl. Kiechl (Angst, 1996), S. 86; Kittner (Angst im Job, 2003), S. 2, Disselkamp (Preis der Angst, 2004), S. 25.

440 Vgl. Kittner (Angst im Job, 2003), S. 11-12; Disselkamp (Preis der Angst, 2004), S. 25.

441 Panse/Stegmann (Angst – Macht – Erfolg, 2004), S. 61.

442 Vgl. Panse/Stegmann (Angst – Macht – Erfolg, 2004), S. 65.

443 Vgl. Badura/Schellschmidt/Vetter (Fehlzeiten-Report 2004, 2005), S. 269 ff. Dieser Quelle können genaue statistische Angaben zur gegenwärtigen Entwicklung von Fehlzeiten und Krankenständen in Deutschland entnommen werden.

für den Verlust an Arbeitsproduktivität aufgrund von Fehlzeiten im Jahre 2001 70,75 Milliarden Euro, während im darauf folgenden Jahr 2002 nur noch Kosten in Höhe von 69,53 Milliarden Euro angefallen sind. Angst kann auch lebenswichtige Zwecke erfüllen, indem sie als Warnzeichen wirkt, Kräfte mobilisiert und den Menschen in die Lage versetzt, schnell und richtig zu reagieren.[444] Als Emotion und damit zentraler Bestandteil des menschlichen Lebens kann sie am Arbeitsplatz nicht gänzlich ausgeschaltet werden. Aufgrund ihrer konstruktiven Wirkungen sollte dies auch nicht angestrebt werden.

Dem gegenüber stehen die destruktiven Wirkungen von Ängsten. Diese können im Bezug auf die vorliegende Thematik die Bewältigung einer Krisensituation behindern oder eine bestehende Krise noch zusätzlich verschärfen. Destruktive Ängste bezeichnen „die Ängste, die die Leistungsfähigkeit und -bereitschaft von (...) Menschen mindern oder mittel- bzw. langfristig zerstören können.“[445] Es kann zu einem Leistungsabfall kommen, weil die psychische Energie der betroffenen Mitarbeiter gebunden, die Aufmerksamkeit und Konzentration abgelenkt und dadurch die gewohnten Aufgaben unter Umständen langsamer oder fehlerhaft erledigt werden. Auch bleiben Angstbetroffene zur Vermeidung der betrieblichen Angstauslöser dem Arbeitsplatz fern oder flüchten sich in Alkohol und Medikamente.[446]

Die folgende Abbildung zum „Angstindex“ macht deutlich, dass von Ängsten sowohl positive als auch negative Wirkungen auf die Leistungsfähigkeit der Beschäftigten ausgehen können. Mit zunehmender Angstintensität nimmt die Leistungsfähigkeit jedoch ab und rutscht in einen negativen Bereich, der in den beschriebenen destruktiven Wirkungen von Ängsten mündet. Als Konsequenz aus dem abgebildeten Angstindex würde also ein mittleres Angst-Niveau zu einer optimalen Leistung führen. Die Messung der entsprechenden Angstintensität sowie das Ergreifen von Maßnahmen zur Erreichung eines solchen Angst-Levels wären jedoch nur eingeschränkt durchführbar.

---

444 Vgl. Kiechl (Angst, 1996), S. 86-88; Kittner (Angst im Job, 2003), S. 11.

445 Panse/Stegmann (Angst – Macht – Erfolg, 2004), S. 61.

446 Vgl. Kittner (Angst im Job, 2003), S. 46.

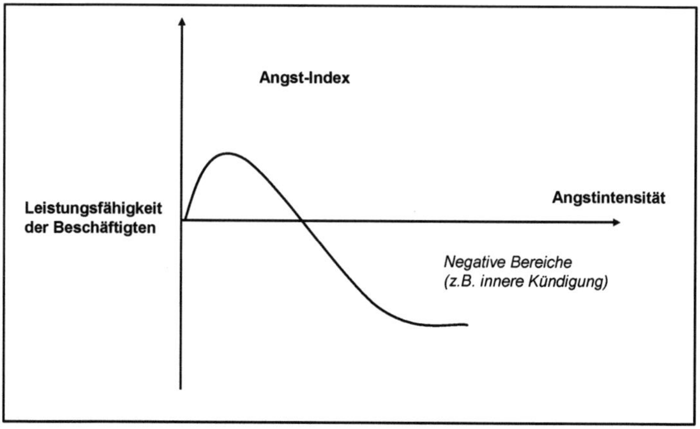

Abbildung 28: Theorie des Angstindex[447]

Auch wenn Angst und Kosten auf den ersten Blick artfremde Begriffe darstellen, ist Wirtschaftspraktikern die Kostenrelevanz von Ängsten nicht gänzlich unbekannt. Da angstverursachte Kosten nicht unmittelbar quantifizierbar sind, werden sie meist nicht als Entscheidungsunterstützung oder Rahmenbedingung des Krisenmanagements berücksichtigt und aktiv bekämpft.[448]

In der Literatur finden sich vereinzelte Ansätze zur Übersetzung der destruktiven Wirkungen in „Kosten für Angst". So errechnet beispielsweise *Disselkamp* als Kosten für Angst eines Mitarbeiters pro Jahr 3.432 Euro. Dies entspricht einer angstbedingten Einbuße der Leistungsfähigkeit von nur 10% eines durchschnittlichen Beschäftigten in Deutschland mit einem Brutto-Gehalt von 2.200 Euro pro Monat plus Lohnnebenkosten. Bei einem Team mit 10 „angsterfüllten" Mitarbeitern würde dies schon 34.000 Euro pro Jahr ausmachen.[449] Zwar handelt es sich um eine äußerst vereinfachte Berechnung. Zu hinterfragen ist beispielsweise, wie die Schätzung von 10% an Einbuße der Leistungsfähigkeit ermittelt wird und wie sich bei komplexen

[447] In Anlehnung an Disselkamp (Preis der Angst, 2004), S. 25.

[448] Vgl. Panse/Stegmann (Angst – Macht – Erfolg, 2004), S. 301.

[449] Vgl. Disselkamp (Preis der Angst, 2004), S. 24.

und wenig repetitiven Tätigkeiten ein Produktivitätsverlust ausdrücken lässt. Auch kann nicht von einer monokausalen Wirkung von Ängsten auf das Leistungsverhalten ausgegangen werden. Andere Faktoren können gleichzeitig einen negativen Einfluss auf die Produktivität des Mitarbeiters ausüben. Eine eindeutige Zurechenbarkeit ist folglich nicht gegeben. Nichts desto trotz werden die möglichen Dimensionen der Kosten für Angst sichtbar.

Panse und *Stegmann* haben in ihrem Werk „Kostenfaktor Angst" von 1996 berechnet, dass Angst die deutsche Wirtschaft umgerechnet jährlich 50 Milliarden Euro kostet. In der aktuellen Ausgabe „Angst – Macht – Erfolg" von 2004 kommen die Autoren bereits auf eine Summe von rund 100 Milliarden Euro pro Jahr. Die Gesamtsumme ergibt sich aus den Kosten durch angstverursachende betriebliche Aktivitäten, Kosten durch Mobbing, Kosten durch angstbedingten Alkohol- und Medikamentenkonsums und Kosten durch Flucht in Krankheit. Die oben aufgeführten Kritikpunkte und Probleme bei dem Versuch, die Kosten für Angst zu quantifizieren, sind zu berücksichtigen. Die vorliegende Zahl von 100 Milliarden Euro pro Jahr eignet sich zwar, um zu verdeutlichen, welche Dimensionen dieser oftmals vernachlässigte Kostenfaktor einnehmen kann. Letztlich ist eine genaue Quantifizierung aufgrund der angeführten Zurechenbarkeitsproblematik und der mangelnden Monokausalität nicht möglich.

Nichts desto trotz stellt Angst einen bedeutenden ökonomischen Kostenblock im Unternehmen dar, der sich in Krisenzeiten noch durch „begünstigende" Rahmenbedingungen verschärft. Sowohl Leistung als auch Kosten können durch Ängste beeinflusst werden, so dass es einer hinreichenden Beachtung derselben im Unternehmen bedarf. Wird Angst also von der Unternehmung als Kostenfaktor erkannt, so gilt es, diese Erkenntnis in das ökonomische Denken und Handeln zu integrieren.

Vorschläge zum Umgang mit Ängsten von Mitarbeitern werden immer wieder in Bezug zur Kommunikation im Unternehmen gesetzt. *Panse* und *Stegmann* führen an: „Angstmanagement ist Emotionsmanagement ist Motivationsmanagement ist Kommunikationsmanagement."[450] Der Unternehmensleitung wird nahe gelegt, auf das Betriebsklima so einzuwirken, dass eine Atmosphäre der Zufriedenheit und des Ver-

[450] Panse/Stegmann (Angst – Macht – Erfolg, 2004), S. 354.

trauens aufgebaut wird. Durch eine offene Kommunikation, Kooperationsbereitschaft und gegenseitige Unterstützung in der Zusammenarbeit soll die Grundlage für einen fairen Umgang geschaffen werden.[451] In Krisensituationen gehört dazu die Fähigkeit, auch unangenehme Dinge rechtzeitig, offen und erklärend zu thematisieren. Bei jeglicher Art von betrieblichen Veränderungen können Unsicherheiten und Ängste abgebaut werden, indem über Maßnahmen im Rahmen der internen Kommunikation frühzeitig informiert wird.[452]

Von größter Bedeutung ist auch die Glaubwürdigkeit der vermittelten Informationen: Nur wenn Worte und Taten übereinstimmen, kann ein Vertrauensklima geschaffen werden, welches in der Lage ist, Ängsten vorzubeugen oder diese zu verringern. Die größte Herausforderung stellt dabei „die Gewährleistung einer Betriebsatmosphäre dar, in der die Leute ohne übermäßige und blockierende Angst vor negativen Konsequenzen die ungeschminkte Wahrheit über die Wahrnehmung des betrieblichen Geschehens äußern."[453]

Hiermit wird auch die Bedeutung des dialogischen Aspektes der internen Kommunikation im Krisenmanagement deutlich. Mitarbeiter sind nicht nur zu informieren, sondern sie besitzen in der Regel das Wissen über die Schwachpunkte und Defizite im eigenen Bereich, die zur Entstehung der Krisensituation beigetragen haben. Soll die Krise also erfolgreich bewältigt werden, so ist die Unternehmensleitung ebenso darauf angewiesen, von den Mitarbeitern informiert zu werden. Der Abbau von Ängsten im Unternehmen stellt folglich ein weiteres Effektivitätskriterium der internen Kommunikation im Krisenmanagement dar.

---

451 Vgl. Kittner (Angst im Job, 2003), S. 58.

452 Vgl. Näf (Angst am Arbeitsplatz, 1995), S. 156.

453 Kiechl (Angst, 1996), S. 85.

Gelingt es mit Hilfe von Kommunikationsmaßnahmen, die destruktiven Wirkungen von Ängsten seitens der Mitarbeiter zu verringern oder gar im Vorhinein zu verhindern, dann kann von einer effektiven internen Kommunikation gesprochen werden.[454]

6.3.2 Erhaltung und Aufbau von Vertrauen

Obwohl dem Konstrukt „Vertrauen" in der betriebswirtschaftlichen Literatur in jüngster Zeit eine hohe Bedeutung beigemessen wird, wurde dieses Thema bisher relativ unsystematisch behandelt.[455] Vertrauen kann in einer weiten Definition als der Glauben an das Gute im Menschen betrachtet werden.[456] Diese Abgrenzung von interpersonalem Vertrauen beinhaltet „eine generalisierte, über soziales Lernen und direkte oder indirekte Kommunikation mit wichtigen Personen vermittelte Erwartungshaltung von Individuen/Gruppen, dass man sich auf das Wort, die Versprechen, die verbalen oder geschriebenen Aussagen anderer Individuen/Gruppen verlassen kann."[457] Da Vertrauen ein multidimensionales Konzept darstellt, müssen neben den Merkmalen von vertrauenswürdigen Menschen durchaus auch situative, kulturelle sowie organisations- und sozialstrukturelle Einflussfaktoren berücksichtigt werden.[458] Gemäß einer Untersuchung sind die sechs häufigsten Merkmale vertrauens-

---

454 Es muss die Einschränkung getroffen werden, dass wenn ein Unternehmen aufgrund der eingetretenen Krisensituation zu Entlassungen und Stellenabbau gezwungen ist, der Einsatz einer entsprechenden internen Kommunikation nicht in der Lage sein dürfte, bei den Mitarbeitern die Angst vor Arbeitsplatzverlust gänzlich zu verhindern. Wichtig ist es jedoch, der Belegschaft zu einem möglichst frühen Zeitpunkt mitzuteilen, welche Bereiche des Unternehmens von Stellenstreichungen betroffen sein werden und wie genau vorgegangen wird. Sofern nur eine sehr undifferenzierte, wenig präzise und wenig detaillierte Pauschalinformation erfolgt, besteht die Gefahr, dass große Teile der Gesamtbelegschaft von Unsicherheiten und Ängsten geplagt sind, obwohl sie gar nicht von Freisetzungsplänen betroffen wären. Insbesondere die Mitarbeiter, die im Unternehmen verbleiben sollen, also die Leistungsträger, die für die Gesundung des Unternehmens existenziell sind, sollten frühzeitig glaubwürdige Informationen dazu erhalten, dass sie von derartigen Plänen nicht betroffen sein werden. Die Konsequenzen aus ungewollter Fluktuation wurden bereits im Abschnitt 4.1.1 dargestellt.

455 Vgl. Eberl (Vertrauen und Management, 2003), S. 21.

456 Vgl. Büssing/Moranz (Aufbau von Vertrauen, 2003), S. 29.

457 Büssing/Moranz (Aufbau von Vertrauen, 2003), S. 29.

458 Vgl. dazu z.B. Bierhoff (Vertrauen, 1995), Sp. 2149; Grunwald (Vertrauen, 1995), S. 3-5; Martin (Vertrauen, 2003), S. 130.

würdiger Menschen „Ehrlichkeit“, „Offenheit“, „Zuhören können“, „Verschwiegenheit“, „Zuverlässigkeit“ und „Hilfsbereitschaft“.[459]

Bezüglich der Bedeutung von Vertrauen im Unternehmen ist man sich in Wissenschaft und Praxis einig, dass es sich um einen produktivitätssteigernden Faktor handelt.[460] Es konnte sogar empirisch nachgewiesen werden, dass Vertrauen Transaktionskosten im Sinne von Kontrollkosten reduziert, die Mitarbeitermotivation und damit auch die Leistung der Mitarbeiter steigt und zu effektiveren Problemlösungen führt.[461] Als wissenschaftlich erwiesen gilt damit, dass Vertrauen die Leistung im Unternehmen verbessert. Eine Unternehmensführung, die das Vertrauen der Mitarbeiter verliert, büßt zwangsweise an Effizienz ein.[462]

In Krisensituationen besteht für Unternehmen die erhöhte Bedrohung, das Vertrauen der Mitarbeiter zu verlieren und damit nicht nur die erfolgreiche Aufgabenerledigung zu behindern, sondern die Bewältigung der Krisensituation nachhaltig zu gefährden. In zahlreichen Unternehmen ist in den letzten Jahren aufgrund von rigorosem Personalabbau im Rahmen einseitig orientierter Lean-Management-Konzepte mehr Misstrauen zu spüren. Eine überwiegend kurzfristige Kostensenkungsperspektive hat bei den meisten Mitarbeitern Unsicherheiten, Misstrauen und Ängste bewirkt. Dies führt dazu, dass das geschwundene Vertrauensklima nur schwerlich wieder herzustellen ist.[463] Meist ist nicht die Krise selbst Ursache für den Vertrauensverlust, sondern die Art und Weise, wie mit der Situation umgegangen wird. Im Fall von Restrukturierungen und Entlassungswellen sind die „Antennen“ der Mitarbeiter derart auf sämtliche Signale der Unternehmensleitung gerichtet, dass in jeglicher Art der Kommunikation ein tieferer Grund vermutet wird. Wenn den Mitarbeitern bewusst ist, dass etwas Wichtiges vor sich geht, sie aber keine genauen Informationen erhalten, machen schnell negative Gerüchte die Runde. Ein vorübergehendes Informationsvakuum der Unternehmensleitung kann damit ein verstärktes Misstrauen verursachen.[464]

---

[459] Vgl. Grunwald (Vertrauen, 1995), S. 4-5.

[460] Vgl. Möllering (Hinein ins Vertrauen, 2002), S. 81; Eberl (Vertrauen und Management, 2003), S. 27; Galford/Drapeau (Feinde des Vertrauens, 2003), S. 97.

[461] Vgl. Eberl (Vertrauen und Management, 2003), S. 45.

[462] Vgl. Galford/Drapeau (Feinde des Vertrauens, 2003), S. 98; Schloter (Vertrauen, 2004), S. 204.

[463] Vgl. Grunwald (Vertrauen, 1995), S. 6; Grunwald (Vertrauensorganisation, 1995), S. 73.

[464] Vgl. Galford/Drapeau (Feinde des Vertrauens, 2003), S. 103-104.

Eine Unternehmenskrise kann dazu führen, dass das Vertrauensverhältnis zwischen Management und Belegschaft durch mangelnde Information über Leistungsdaten, Wettbewerbssituation und Zukunft des Unternehmens stark beeinträchtigt wird. Die bereits aufgeführten Folgen eines Vertrauensverlustes können in einem Verlust an Motivation und Produktivität münden und sich damit negativ auf die Krisenbewältigungsfähigkeit des Unternehmens auswirken. Die interne Kommunikation kann jedoch einen wichtigen Beitrag zur Erhaltung von Vertrauen darstellen. Der Zusammenhang zwischen Kommunikation und Vertrauen ist „keine einfache Ursache-Wirkungs-Beziehung, sondern eher eine zirkuläre Interdependenz."[465] Es bestehen „also nicht nur wechselseitige Abhängigkeiten, sondern spiralförmige Rückkopplungen"[466] zwischen den beiden Konstrukten. Auf der einen Seite wirkt sich die Existenz von Vertrauen sowohl in horizontalen als auch vertikalen Arbeitsbeziehungen positiv auf die Art und Weise der Kommunikation aus. Vor allem negative Informationen von unten nach oben bzw. in die Gegenrichtung werden weniger gefiltert und dysfunktionale Kommunikationsmuster weitestgehend vermieden. Auf der anderen Seite wird davon ausgegangen, dass offene Kommunikation einen bedeutsamen Faktor für die Entstehung und den Erhalt von Vertrauen darstellt.[467] „Vertrauen wird durch Offenheit in der Kommunikation zum Ausdruck gebracht und dies wiederum erhöht das Niveau des Vertrauens, was wiederum zu mehr Offenheit führt."[468] Dabei gilt in Krisensituationen die Restriktion, dass Vertrauen zwar schnell erschüttert, jedoch nur schwer zu schaffen und zu erhalten ist. Ebenso besteht bei dem Versuch, Vertrauen nachdrücklich zu managen, die Gefahr eines Instrumentalisierungsverdachtes, was wiederum einem Vertrauenszuwachs entgegensteht.[469]

Trotzdem trägt eine klare und offene Kommunikation in Unternehmenskrisen dazu bei, Vertrauen innerhalb der Mitarbeiterschaft und damit die Leistungsfähigkeit zu erhalten. Die Bereitschaft, sich auch unangenehmen Fragen zu stellen und zuzugeben, nicht mit Sicherheit zu wissen, was geschehen wird, zeichnet vertrauenswürdiges Verhalten aus. Es ist umso wahrscheinlicher, falsch verstanden zu werden,

---

465 Eberl (Vertrauen und Management, 2003), S. 29.

466 Eberl (Vertrauen und Management, 2003), S. 29.

467 Vgl. Bierhoff (Vertrauen, 1995), Sp. 2148 ff.; Eberl (Vertrauen und Management, 2003), S. 29.

468 Eberl (Vertrauen und Management, 2003), S. 29.

469 Vgl. Eberl (Vertrauen und Management, 2003), S. 255.

je weniger man sagt.[470] „Auf der Wahrnehmungsebene kann Vertrauen nur aufgebaut werden, wenn man viel in die Mitarbeiterkommunikation investiert."[471] Es gilt für das Management, viel Zeit im Dialog mit den Mitarbeitern zu verbringen und Entscheidungen und Pläne zu erklären. Gelingt es mit Hilfe der internen Kommunikation, Vertrauen zu stabilisieren, das Krisenmanagement so aktiv zu unterstützen und die destruktiven Wirkungen von Misstrauen im Unternehmen im Hinblick auf die Zeit nach der Krisenbewältigung präventiv zu vermeiden, kann von einer effektiven Durchführung gesprochen werden. Erhaltung und Aufbau von Vertrauen in Krisensituationen stellen wesentliche Zielsetzungen und damit weitere Effektivitätskriterien der internen Kommunikation dar.

6.3.3 Abbau von Widerständen

Die Literatur zum Change-Management liefert eine Vielzahl an Erläuterungen zum Thema „Veränderungswiderstände". Wie im Grundlagenkapitel bereits dargestellt wurde, stellen die Aktivitäten zur Bewältigung einer Krisensituation im Unternehmen Change-Management-Anstrengungen dar, die dazu führen sollen, dass ein so genannter „Turnaround" erzielt und die Gesundung des Unternehmen erreicht werden kann. Da Widerstände bei tief greifenden Veränderungen den Wandel verzögern, verhindern oder auch scheitern lassen können, ist die Frage nach der Handhabung derartiger Konflikte und Anpassungswiderstände von besonderem Interesse.[472] Zahlreiche Autoren gehen sogar so weit zu sagen, dass bei der Einführung von Neuerungen der Umgang mit Widerstand einen entscheidenden Erfolgsfaktor darstellt.[473] *Kling* führt zahlreiche Untersuchungen auf, die die Bedeutung mangelnder Mitarbeiterakzeptanz für das Scheitern von Veränderungsvorhaben bestätigen.[474] Da Men-

---

[470] Vgl. Galford/Drapeau (Feinde des Vertrauens, 2003), S. 103.

[471] Schloter (Vertrauen, 2004), S. 204.

[472] Vgl. Schewe/Schaecke/Nentwig (Personenbedingte Widerstände, 2004), S. 1.

[473] Vgl. dazu z.B. Reiss/Zeyer (Widerstände, 1994), S. 88; Mohr (Kommunikation und organisatorischer Wandel, 1997), S. 115; Kling (Change Marketing, 2003), S. 27; Schewe/Schaecke/Nentwig (Personenbedingte Widerstände, 2004), S. 3.

[474] Vgl. Kling (Change Marketing, 2003), S. 26 ff.

schen der aktuelle Status Quo ein gewisses Maß an Sicherheit vermittelt, halten diese meist daran fest. Veränderungen ohne Widerstand sind folglich undenkbar.[475]

Im Umgang mit Widerstand hat es sich als sinnvoll erwiesen, dem Wunsch nach rationalem und anspruchsvollem Verhalten im Sinne von Kommunikation, Partizipation, Aufklärungsarbeit, frühzeitiger Unterrichtung der Betroffenen sowie einer transparenten Darlegung von Problemen nachzugehen. Die Realität im Sinne von Verunsicherung und Erpressung der Mitarbeiter, Provokation von Ängsten und Geheimhaltung von wichtigen Fakten steht diesem gewünschten Umgang mit Widerständen häufig gegenüber.[476]

Bevor nun auf den Zusammenhang zwischen interner Kommunikation und Widerständen eingegangen wird, soll zunächst verdeutlicht werden, was unter Widerständen zu verstehen ist, welche unterschiedlichen Arten sich unterscheiden lassen und wie sie entstehen. „Von Widerstand kann immer dann gesprochen werden, wenn vorhergesehene Entscheidungen oder getroffene Maßnahmen, die auch bei sorgfältiger Prüfung als sinnvoll, „logisch" oder sogar dringend notwendig erscheinen, aus zunächst nicht ersichtlichen Gründen bei einzelnen Individuen, bei einzelnen Gruppen oder bei der ganzen Belegschaft auf diffuse Ablehnung stoßen, nicht unmittelbar nachvollziehbare Bedenken erzeugen oder durch passives Verhalten unterlaufen werden."[477]

Da Widerstände oftmals verdeckt auftreten, ist ihre Identifizierung Grundvoraussetzung für die anschließende Ableitung von Gegenmaßnahmen.[478] Auf Unternehmensebene gelten beispielsweise ein hoher Krankenstand, hohe Fehlzeiten und Fluktuationsraten, Versetzungsanträge, Häufigkeit von Kritik und Beschwerden, Unruhen, Intrigen, Gerüchtebildung und ein hoher Ausschuss als typische Anzeichen von Wi-

475 Vgl. Mohr (Kommunikation und organisatorischer Wandel, 1997), S. 115. Diese Aussage bedarf einer differenzierteren Betrachtung. Mann kann nicht generell davon ausgehen, dass für alle Menschen Veränderungen derart negativ belegt sind, dass sie mit Widerständen darauf reagieren. Es mag auch Menschen geben, die Veränderungen anstreben und dem aktuellen Status Quo Widerstände entgegen bringen. Dieser Aspekt wird für alle weiteren Ausführungen in diesem Kapitel unterstellt und in der folgenden Argumentation nicht noch einmal explizit betont.

476 Vgl. Reiss/Zeyer (Widerstände, 1994), S. 88.

477 Doppler/Lauterburg (Change Management, 2002), S. 323.

478 Vgl. Kling (Change Marketing, 2003), S. 28.

derständen.[479] In der Anfangsphase von Veränderungen zeigt sich Widerstand in unvorhersehbaren Verzögerungen bei der Implementierung des Wandlungsprozesses. Im fortgeschrittenen Wandlungsprozess besteht meist das Bestreben, die Veränderung rückgängig zu machen und den Ausgangszustand wieder herzustellen.[480]

Widerstand als Verhalten der Abwehr von Veränderungen entsteht dadurch, dass diese in der Regel einen Verlust an Stabilität mit sich bringen und Gewohntes durch Unbekanntes abgelöst wird. Dies erzeugt bei den betroffenen Mitarbeitern Unsicherheiten, Ängste und Hilflosigkeit.[481] Die folgende Auflistung zeigt weitere mögliche Ursachen für personenbedingte Widerstände auf:[482]

- Zielkonflikte zwischen Unternehmens- und Individualzielen;
- Veränderungen werden als persönliche Dequalifizierung im Sinne von Einkommenseinbußen, Prestigeverlust bis hin zum Arbeitsplatzverlust erlebt;
- mangelnde Einsicht, dass organisatorische Veränderungen überhaupt notwendig sind;
- der Informationsstand der Betroffenen ist nicht ausreichend: Informationen über Veränderungen unterbleiben ganz, kommen zur falschen Zeit, sind unvollständig oder unglaubwürdig;
- es findet keine ausreichende Partizipation der Betroffenen am Veränderungsprozess statt.

Doppler und *Lauterburg* fassen die Gründe für Widerstände auf die folgenden drei Sachverhalte zusammen:[483]

1. Die Betroffenen haben die Ziele, Hintergründe und Motive einer Maßnahme nicht verstanden.

---

479 Vgl. Doppler/Lauterburg (Change Management, 2002), S. 325; Schewe/Schaecke/Nentwig (Personenbedingte Widerstände, 2004), S. 12.

480 Vgl. Mohr (Kommunikation und organisatorischer Wandel, 1997), S. 114-115.

481 Vgl. Vahs (Widerstand, 1997), S. 18-19.

482 Vgl. Vahs (Widerstand, 1997), S. 19-20.

483 Vgl. Doppler/Lauterburg (Change Management, 2002), S. 324.

2. Die Betroffenen haben verstanden, worum es geht, aber sie glauben nicht, was man ihnen sagt.

3. Die Betroffenen haben verstanden und glauben auch, was gesagt wird, aber sie können und wollen nicht mitgehen, weil sie sich von den Maßnahmen keine positiven Konsequenzen versprechen.

Es wird deutlich, dass ein enger Zusammenhang zwischen dem Entstehen von Widerständen im Krisenmanagement und der Gestaltung der Informations- und Kommunikationsprozesse im Unternehmen besteht. Sofern für die betroffenen Mitarbeiter angeordnete Veränderungen nicht nachvollziehbar sind, versuchen sie mit Hilfe der zur Verfügung stehenden Informationen, mögliche Konsequenzen abzuschätzen. Reicht der Informationsstand nicht aus, so kann das Gefühl des Kontrollverlustes und des Übergangenwerdens entstehen. Es kommt zu individuellen Widerständen gegen den Wandel im Unternehmen, weil Notwendigkeit und Motive nicht verstanden werden.[484]

In der folgenden Abbildung sind nur diejenigen Ursachen von Widerständen berücksichtigt, die durch Kommunikationsanstrengungen beeinflussbar scheinen. Zu beachten ist, dass die aufgeführten Kategorien nicht vollständig überschneidungsfrei sind, jedoch mögliche Ansatzpunkte zur gezielten Förderung der Akzeptanz der Mitarbeiter für krisenbewältigende Maßnahmen enthalten.

Die erste Kategorie der kognitiven Barrieren bezieht sich auf den Informationsstand der Mitarbeiter. Eine mangelnde Informationsquantität und -qualität, Gerüchte, wenig verständliche und zu komplexe Informationen, verzerrte Informationen und eine fehlende sprachliche Ausrichtung an Mitarbeiterbedürfnissen können kognitive Wissensbarrieren hervorrufen. Diese beruhen darauf, dass Mitarbeiter nicht über den Nutzen der Veränderung, die Vor- und Nachteile für die verschiedenen Organisationsbereiche und die spezifischen Auswirkungen auf den Arbeitsplatz informiert sind. Affektive Willensbarrieren basieren hingegen meist auf einer geringen Glaubwürdigkeit des Top-Managements.

---

484 Vgl. Schewe/Schaecke/Nentwig (Personenbedingte Widerstände, 2004), S. 11.

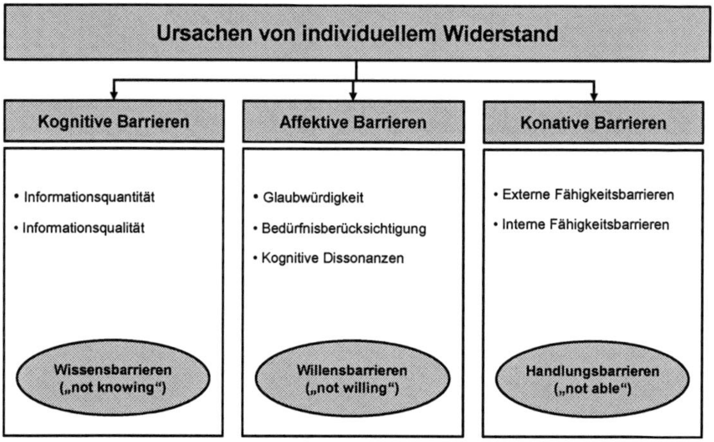

Abbildung 29: Ursachen von Mitarbeiterwiderstand im Change-Management[485]

Wenn in der Vergangenheit stets positiv über die Unternehmenssituation berichtet wurde, stellen sich kognitive Dissonanzen ein. Eine Veränderungsnotwendigkeit kann von der Belegschaft nicht nachvollzogen werden und deshalb beharrt man auf dem aktuellen Status Quo. Die konativen Handlungsbarrieren bestehen in unzureichenden Handlungsabsichten. Diese lassen sich auf Defizite in den Fähigkeiten bzw. Qualifikationen der Mitarbeiter zurückführen.[486] Da in Unternehmen in Abhängigkeit von der hierarchischen Position auch unterschiedliche Formen von Widerstand auftreten können, zeigt die folgende Tabelle, differenziert nach Topmanagement, mittlerem Management und Mitarbeiter, welche Widerstände im Bezug auf die Bereitschaft und die Fähigkeit zum Wandel bestehen.

Auch wenn Qualifikation, Partizipation und Anreizsysteme als Maßnahmen zur Akzeptanzförderung und zum Abbau von Widerständen aufgeführt sind, so verweisen doch zahlreiche Autoren auf die Wichtigkeit einer umfassenden und vertrauensvollen Kommunikationspolitik, um die notwendige Geschwindigkeit und erforderliche Intensität von Krisenbewältigungsmaßnahmen zu gewährleisten.

[485] In Anlehnung an Kling (Change Marketing, 2003), S. 31.

[486] Vgl. Kling (Change Marketing, 2003), S. 32-39.

Topmanagement		Mittleres Management		Mitarbeiter	
Bereitschaft	*Fähigkeit*	*Bereitschaft*	*Fähigkeit*	*Bereitschaft*	*Fähigkeit*
• Notwendigkeit des Wandels nicht sehen wollen • Divergenz zwischen persönl. und Unternehmenszielen • Status quo beibehalten: alte Muster und Strukturen; keine Änderung des Verhaltens • eingefahrene Denkmuster, Beharrungsvermögen, Uneinsichtigkeit • Angst vor Macht-, Einfluss- und Kontrollverlust • Rivalität an Unternehmensspitze	• falsches Verständnis bezüglich des Wandels • falsche Erwartungen • geistige Flexibilität • Überforderung durch neue Verhaltensweisen • Führungspersönlichkeit • Soziale Kompetenz • fachliches Wissen	• Herabwürdigung der eigenen Position • Sorgen und Ängste: Verlust an Sicherheit, Verlust des Arbeitsplatzes, finanzielle Einbußen, Macht-, Status- und Einflußverlust sowie Akzeptanzverlust • keine Aufstiegsmöglichkeiten • Dringlichkeit des Wandels nicht sehen wollen • keine Verhaltensänderung	• Überforderung durch zusätzliche, neue Anforderungen • Lähmung durch Angst und Unsicherheit • fehlende persönliche Reife und Flexibilität • zusätzliche Belastung zum Tagesgeschäft • fehlendes Wissen bezügl. Vorgehensweisen • Druck durch Vorgaben des Topmanagements • fehlende Macht, um Veränderungen durchzusetzen	• Sorgen und Ängste: Verlust an Sicherheit, Verlust des Arbeitsplatzes, Einkommenseinbußen • Überflüssigsein von Qualifikation • eingeschränkte Aufstiegsmöglichkeiten • Einschränkung der Handlungs- und Entscheidungsspielräume • Zwang/Druck durch zusätzl. Belastung • Verlust von Kontakten zu Kollegen	• Überforderung durch neues Rollenverständnis, neue Verhaltensweisen und Anforderungen • Ängste, keine ausreichenden Fertigkeiten zu besitzen • Informationsstand zu gering • kein Verständnis der Motive und der Notwendigkeit • Unsicherheit gegenüber neuen Aufgabe

Verhalten	Verhalten	Verhalten
Offen: • keine Bereitschaft, sich in die Karten schauen zu lassen • Abwertung von relevanten Themen • Betonung der bisherigen Erfolge • Hinweise auf entstehende Kosten **Verdeckt:** • Ressourcen zurückhalten • Information zurückhalten, verzerren • Machtspiele unter Topmanagern	**Offen:** • Nutzen des Wandels in Frage stellen • Hinweisen auf bisherige Erfolge • Belastung durch das Tagesgeschäft betonen **Verdeckt:** • Machtspiele unter Führungskräften • falsche Weitergabe oder Zurückhalten von Informationen und Wissen • Ressourcen nicht in ausreichender Menge zur Verfügung stellen	**Offen:** • abweisendes Verhalten gegenüber Vorgesetzten und deren Meinung • keine Bereitschaft zur Mehrarbeit **Verdeckt:** • Verlangsamen der Arbeit • Dienst nach Vorschrift • Apathie, Lustlosigkeit, Müdigkeit, Schweigen, Gleichgültigkeit • Unterlassen von Vorschlägen zur Verbesserung

Ebenenübergreifendes Verhalten		
Offen: • Fluktuation • Versetzungsanträge • Abwehrkoalitionen • explizites Bekunden der Ablehnung der Reorganisation	**Verdeckt:** • Intrigen, Boykotte, Sabotagen • Gerüchte • Ironie, Bagatellisieren • Vortäuschen von Verhalten im Sinne der Reorganisation • bewusstes Setzen falscher Prioritäten • endlose Debatten ohne Einigung und Ergebnisse	• Entscheidungsprozesse ins Stocken bringen • hoher Formalismus/Papierkrieg • Reibungsverluste, Pannen • innere Kündigung • Absentismus • Krankheit

Feststellen und Wahrnehmen	
Unternehmensebene: • Fluktuationsrate • Fehlzeitenstatistiken • Krankenstände • Anzahl der Überstunden • Versetzungsanträge • Häufigkeit von Kritik und Beschwerden • Produktivitätsraten/Ausschuss/ Reklamationen	**Ebene des Individuums:** • Mitarbeiterbefragungen • Mitarbeitergespräche • Mitarbeiterbeurteilung (durch Vorgesetzte) • Führungskräftebeurteilung (durch Untergebene oder Vorgesetzte) • Beurteilung des Topmanagements (durch Untergebene) • Verhaltensanalysen/Reaktionen z.B. in Veranstaltungen

Abbildung 30: Übersicht zur Identifikation von Widerständen[487]

Es reicht nicht aus, Informationen lediglich zu übermitteln, um das Verhalten der Mitarbeiter positiv zu beeinflussen. Die folgende Abbildung zeigt, dass für eine ef-

[487] In Anlehnung an Schewe/Schaecke/Nentwig (Personenbedingte Widerstände, 2004), S. 6.

fektive unternehmensinterne Kommunikation die aufgeführten drei Bereiche im menschlichen Organismus angesteuert werden sollten. Dabei wird unterstellt, dass zwischen interner Kommunikation und Änderungswiderstand ein negativer kausaler Zusammenhang besteht.[488] D.h. „je effizienter die unternehmensinterne Kommunikation im Veränderungsprozess eingesetzt wird, desto geringer ist der Widerstand der Mitarbeiter gegen das Vorhaben."[489]

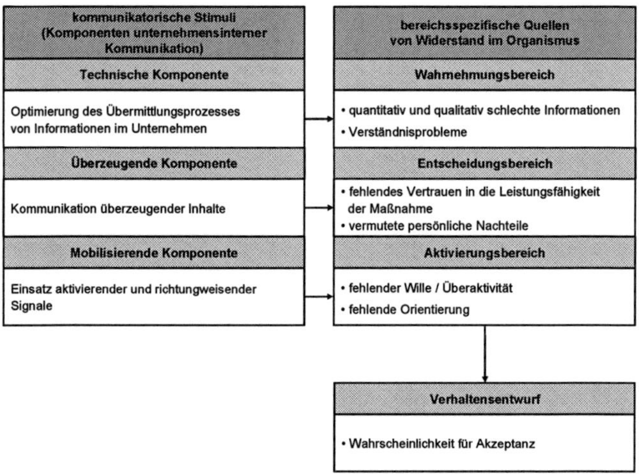

Abbildung 31: Komponenten unternehmensinterner Kommunikation[490]

Mohr führt als Quellen für Veränderungswiderstand den Wahrnehmungs-, Entscheidungs- und Aktivierungsbereich auf. Wird nun mit kommunikatorischen Stimuli auf diese Bereiche eingewirkt, erhöht sich die Wahrscheinlichkeit der Akzeptanz für Veränderungen. Die entsprechenden Widerstände verringern sich. Dazu sollte in technischer Hinsicht der Übermittlungsprozess der Informationen optimiert werden. Es geht hierbei beispielsweise um eine adäquate und zielgruppenorientierte Auswahl der Kommunikationsinstrumente. Weiterhin gilt es dem Modell nach, überzeugende Inhalte zu übermitteln, die das empfundene Risiko der betroffenen Mitarbeiter redu-

488 Vgl. Mohr (Kommunikation und organisatorischer Wandel, 1997), S. 135-140.

489 Mohr (Kommunikation und organisatorischer Wandel, 1997), S. 140.

490 Modifiziert nach Mohr (Kommunikation und organisatorischer Wandel, 1997), S. 204.

zieren. Die mobilisierende Kommunikation soll durch den Einsatz aktivierender und richtungweisender Signale dazu führen, dass nicht nur die Widerstände abgebaut, sondern eine aktive Beteiligung der Mitarbeiter zur Unterstützung der Krisenbewältigungsmaßnahmen erzielt wird.[491]

Schewe, *Schaecke* und *Nentwig* gehen ferner davon aus, dass zum Abbau von Widerständen in Reorganisationsprozessen die Ziele der Veränderung dargestellt, Emotionen, Erfahrungen und Erwartungen der beteiligten und betroffenen Parteien sichtbar gemacht und damit den Mitarbeitern eine gewisse Wertschätzung demonstriert werden sollten.[492] Die folgende Abbildung zeigt, welche formellen und informellen Kommunikationsmaßnahmen sich zum Abbau von Widerständen im Unternehmen eignen. Zusätzlich werden die Informations- und Kommunikationsbedürfnisse der unterschiedlichen Hierarchiestufen berücksichtigt und differenziert. Wie bereits oben erwähnt, gilt es, auf die beiden Leistungsdeterminanten „Bereitschaft" und „Fähigkeit" kommunikativ einzuwirken.

Nachdem nun die individuumsbezogenen Effektivitätskriterien präsentiert wurden, soll im folgenden Kapitel die gruppenbezogene Effektivität der internen Kommunikation in Krisensituationen erläutert werden. Gruppenbezogen heißt, dass die Belegschaft als Gruppe, d.h. ein soziales, interagierendes System verstanden wird.[493] Die Mitarbeiterkommunikation kann dann als effektiv bezeichnet werden kann, wenn sie in der Lage ist, die Gerüchteküche im Unternehmen zu regulieren und in „geordnete" Bahnen zu lenken. Es kann nicht die Zielsetzung sein, Gerüchte vollständig zu unterdrücken oder zu vermeiden. Dies wäre praktisch auch nicht möglich und die konstruktiven Wirkungen der informellen Kommunikationsbeziehungen wären damit zu Nichte gemacht. Zum anderen wird auch auf die Regulierung von Konfliktsituationen in der Krise eingegangen.

---

[491] Vgl. Mohr (Kommunikation und organisatorischer Wandel, 1997), S. 205.

[492] Vgl. Schewe/Schaecke/Nentwig (Personenbedingte Widerstände, 2004), S. 16-17.

[493] Zur Darstellung der folgenden Effektivitätskriterien „Regulierung von Gerüchten" und „Regulierung von Konflikten" wird die Gesamtbelegschaft aus Vereinfachungsgründen als eine Gruppe angesehen. Damit soll verdeutlich werden, dass es bei den Aspekten „Gerüchte" und „Konflikte" weniger um die Erscheinungen beim einzelnen Mitarbeiter als um die Wirkungen auf die sozialen Beziehungen im Unternehmen geht. Nicht zu vernachlässigen ist dabei, dass es durchaus hierarchische oder auch regionale Unterschiede gibt, die dazu führen, dass die Belegschaft nicht als eine in sich homogene Gruppe agiert. Vgl. hierzu beispielsweise auch die Zielgruppendifferenzierung in Kapitel 5.3.

Hierarchieebenen		Kommunikation
		Formell: • Informationsmärkte • Kick-off-Meetings • Projektveranstaltungen • Workshops • Betriebsversammlungen • Unternehmenstheater • Mitarbeiterbefragungen • Mitarbeitergespräche • E-Mail • Sprechstunden • Mitarbeiterzeitschrift • Intranet • Hotline • Infobrief **Informell:** • Kaminabende • Gespräche in der Kantine • Stammtisch
Top-Management	Bereitschaft	• Ziele verdeutlichen • Intensive Auseinandersetzung mit der Veränderung und den Konsequenzen initiieren • Dialog untereinander • Bindende Wirkung
	Fähigkeit	• Wissensstand erhöhen
Mittleres Management	Bereitschaft	• Genaue Ziele der Reorganisation verdeutlichen • Individuelle Konsequenzen aufzeigen
	Fähigkeit	• Notwendige Informationen zur Verfügung stellen • ausreichendes Wissen vermitteln
Mitarbeiter	Bereitschaft	• Ängste, Unsicherheiten, Missverständnisse verbalisieren • Ziele/Sinn aufzeigen • individuelle Konsequenzen aufzeigen • Austausch persönlicher Aspekte (Ängste und Erwartungen) fördern
	Fähigkeit	• Erhöhung des notwendigen Wissensstands

Abbildung 32: Maßnahmen und Instrumente zur Überwindung von Widerständen[494]

6.4 Gruppenbezogene Effektivität

6.4.1 Regulierung von Gerüchten

Eine Studie von ISR[495] aus dem Jahr 2005 hat ergeben, dass in Deutschland 61% der befragten Mitarbeiter von wichtigen Veränderungen im Unternehmen meist nur durch Hörensagen erfahren und nicht durch die entsprechenden Führungskräfte oder

494 In Anlehnung an Schewe/Schaecke/Nentwig (Personenbedingte Widerstände, 2004), S. 15.

495 Vgl. hierzu Fußnote 158.

die Unternehmensleitung. Die Kommunikation läuft in vielen Fällen über den so genannten „Flurfunk" bzw. die betriebsinterne Gerüchteküche. Damit belegt Deutschland im europäischen Vergleich einen der letzten Plätze. In skandinavischen Ländern wie beispielsweise Dänemark erfahren nur 41% der Befragten von Unternehmensentwicklungen über die informelle Gerüchteküche.

Analysiert man die vorliegende Literatur zum Thema, stellen Gerüchte ein vernachlässigtes Forschungsgebiet dar. Weder Kommunikations- noch Sozialwissenschaften haben sich ausführlich mit Gerüchten beschäftigt, was an den erheblichen methodischen Schwierigkeiten einer empirischen Gerüchteforschung liegen mag.[496] Auch wenn man sich über die Bedeutung von Gerüchten als ungeplante Unternehmenskommunikation einig ist, sind Quellen, die die betriebswirtschaftliche Problematik von Gerüchten in und über Unternehmen thematisieren, ebenfalls nur sehr vereinzelt zu finden.[497]Aus der Börsenwelt sind indessen zahlreiche Beispiele bekannt, dass Gerüchte, selbst wenn sie sich in kurzer Zeit als gegenstandslos erweisen, einen massiven Einfluss auf den Börsenkurs haben können und damit sogar die Existenz eines Unternehmens gefährden können.[498]

Zum Begriffsverständnis von Gerüchten liegt keine einheitliche Abgrenzung vor. *Kapferer* beschreibt Gerüchte als „das älteste Massenmedium der Welt"[499]. *Maletzke* versteht Gerüchte als „einen Spezialfall, eine eigene Form der zwischenmenschlichen Kommunikation"[500]. Laut *Duden* leitet sich Gerücht vom lateinischen „rumor"

[496] Vgl. dazu z.B. Maletzke (Kommunikationsform Gerücht, 2002), S. 225-227; Bruhn (Gerüchte, 2004), S. 13-14.

[497] Der Sammelband von Bruhn/Wunderlich mit dem Titel „Medium Gerücht. Studien zu Theorie und Praxis einer kollektiven Kommunikationsform", Bern; Stuttgart; Wien 2004 enthält einige Beiträge, die sich mit der Thematik von Gerüchten in und über Unternehmen befassen. Diese Aufsätze werden in der weiteren Diskussion herangezogen. Außerdem: Maletzke (Kommunikationsform Gerücht, 2002), S. 239.

[498] Vgl. z.B. Thießen (Gerüchte, 2005), S. 8-13. Vgl. dazu auch den Vorfall bei der Firma Birkel. In den achtziger Jahren kam es zu dem so genannten „Flüssigei-Skandal". Stuttgarter Behörden publizierten eine Liste, in der Birkel-Produkte zu unrecht als mikrobakteriell verdorben aufgeführt wurden. Das Unternehmen erlitt daraufhin drastische Umsatzeinbrüche. Vor Gericht konnte Birkel zwar später einen Schadenersatz in Höhe von 4,3 Millionen Deutsche Mark erkämpfen. Nichts desto trotz musste das Unternehmen aufgrund dieser Krise, die letztendlich auf unwahren Gerüchten beruhte, an den Danone-Konzern verkauft werden. Vgl. http://www.manager-magazin.de oder http://www.khd-research.net/Food/LM_Skandale_1.html. Vgl. zur Wirkung von Gerüchten auf die Börse auch die folgende Quelle: Thießen (Gerüchte, 2005), S. 8-13.

[499] Vgl. Kapferer (Gerüchte, 1996), S. 10 ff.; Bruhn (Gerüchte, 2004), S. 13.

[500] Maletzke (Kommunikationsform Gerücht, 2002), S. 225.

ab und steht für „Geschrei, Ruf oder Leumund“[501]. *Schick* definiert Gerüchte als „mehr oder weniger geplante Aussagen über die Wirklichkeit.“[502] *Bruhn* leitet auf der Grundlage der zahlreichen und vielfältigen Definitionen einige konstitutive Merkmale ab, um sich dem Phänomen „Gerücht“ weiter zu nähern. So werden Gerüchte zunächst der informellen Kommunikation zugeordnet. Zwar muss ein Gerücht nicht per se einen verfälschten oder unwahren Inhalt haben, es besteht jedoch in jedem Fall eine gewisse Unklarheit über den Wahrheitsgehalt des Gerüchtes. Gerüchte können auf Personen oder auch Objekte bezogen sein.[503]

Hinzu kommt die erstaunliche und beeindruckende Geschwindigkeit, mit der sich Gerüchte verbreiten. Dies wird meist damit begründet, dass Informationen ein leicht verderbliches Gut sind und bei einer verzögerten Weitergabe schnell an Wert verlieren. Die Beteiligten haben daher ein großes Interesse, die Botschaft schnell weiterzugeben.[504] Sicherlich wird so auch aus Gründen der Eitelkeit deklariert, dass man etwas wisse, was der andere vielleicht noch nicht weiß. Oft werden im Rahmen der mündlichen Weitergabe Inhalte reduziert, weggelassen, hervorgehoben und durch Zusatzinformationen oder eigene Interpretationen angepasst. Dies kann dazu führen, dass die entsprechenden Botschaften nicht zutreffen. Es kann aber durchaus auch zutreffende Botschaften in Form von Gerüchten geben.[505]

Die folgende Abbildung fasst mögliche Abgrenzungsmerkmale und die entsprechenden Formen von Gerüchten zusammen und verdeutlicht die einzelnen Typen durch entsprechende Beispiele.

501 Vgl. Bruhn (Gerüchte, 2004), S. 14.

502 Schick (Gerüchte, 2004), S. 225.

503 Vgl. Bruhn (Gerüchte, 2004), S. 14-17.

504 Vgl. Maletzke (Kommunikationsform Gerücht, 2002), S. 228-229; Mallmann (Wirkungen von Gerüchten, 2004), S. 159.

505 Vgl. Maletzke (Kommunikationsform Gerücht, 2002), S. 228 und S. 239; Mast (Gegenspieler der Manager, 2003), S. 30.

Abgrenzungsmerkmale	Formen	Beispiele
Ursprungsquelle	Bekannt	Bewusst mit bekanntem Absender platzierte Informationen von Individuen über Dritte
	Unbekannt	Unbestätigte Gerüchte über Produkte (z.B. Kokain in Coca-Cola)
Initiator	Selbstinitiiert	Bewusst in Umlauf gebracht, um individuelle Ziele zu erreichen
	Fremdinitiiert	Gerücht mit dem Ziel, Unternehmen zu schädigen
Absender	Individuum	Gerüchte von Personen über Dritte, häufig Rivalen, die meist indiskreten und diffamierenden Inhalt haben
	Organisation	Gerüchte zwischen Wettbewerbern
Empfänger	Individuum	Gerücht, das einem Freund im Vertrauen erzählt wird
	Bezugsgruppe	Gerücht, das im Sportverein, am Arbeitsplatz oder am Stammtisch erzählt wird
	Öffentlichkeit	Gerücht, das an Medien weitergeleitet wird
Verbreitungsgrad	Hoch	Internetbasierte Gerüchte
	Niedrig	Gerüchte innerhalb von Bezugsgruppen
Bezugsgröße	Personenbezogen	Gerüchte über Dritte
	Objektbezogen	Gerüchte über Produkte/Unternehmen/ Technologien
	Ereignisbezogen	Gerüchte im Kontext von aktuellen Ereignissen oder Geschehnissen
Inhalt	Positiv/Optimistisch	Gerüchte über die baldige Erholung der Aktienmärkte
	Negativ/Pessimistisch	Gerüchte über die Schließung von Firmen oder Niederlassungen
Ursprung	Reales Ereignis	Spekulationen, die im Zusammenhang mit realen Ereignissen entstehen
	Phantasie	Existenz fliegender Untertassen
Wahrheitsgehalt	Hoch	Gerüchte, die schnell belegt werden
	Niedrig	Gerüchte, deren Wahrheitsgehalt unwahrscheinlich ist, die nicht schnell belegt werden können
Motiv der Entstehung	Wunsch	Potenzieller Wechsel von Spielern im Profifußball
	Furcht	Gerüchte über bevorstehende Konkurse von Unternehmen
	Aggression	Klatsch über das Privatleben von Kollegen und Mobbing gegen sie
Übertragungskanal	Mensch – Mensch	Gerüchte, die zwischen Freunden diffundieren, „Stille Post"
	Mensch - Medium	„Hatesites" im Internet
Reichweite	Kurzlebig	Übernahmegerüchte bei Banken
	Langlebig	Gerüchte, die immer wieder auftauchen, abebben und wiederkehren
Zeitbezug	Erklärend	Gerüchte im Zusammenhang mit Unfällen
	Vorhersagend	Rücktrittsgerüchte in der Politik
Wirkung	Dysfunktional	Entlassungsgerüchte, die Panik und Angst auslösen
	Funktional	Gerüchte, die zum Ansteigen von Aktienkursen führen

Abbildung 33: Erscheinungsformen von Gerüchten[506]

[506] In Anlehnung an Bruhn (Gerüchte, 2004), S. 19-21.

Fraglich ist nun, wie Gerüchte überhaupt entstehen bzw. wie sie sich entwickeln und in Umlauf geraten. Auch hierzu existieren in der Literatur unterschiedliche Auffassungen. *Kapferer* beispielsweise nennt acht mögliche Entstehungsgründe von Gerüchten:[507]

- Vertrauliche Mitteilungen, die durch undichte Stellen gesickert sind;
- Beunruhigende Sachverhalte, die erklärt werden wollen;
- Augenzeugenberichte, die unrichtig weitergeben werden;
- Phantasievorstellungen, die jeglicher faktischen Grundlage entbehren;
- Wiederkehrende Mythen;
- Missverständnisse, die aus der falschen Deutung von Mitteilungen entstehen;
- Manipulationen, die bewusst in Umlauf gebracht werden;
- Gutgläubige Veröffentlichungen unbestätigter Fakten.

Im Bezug auf die Entstehung werden immer wieder kommunikative Merkmale betont. Gerüchte werden als eine „Funktion zum Ausgleich von Mängeln formaler, offizieller Kommunikation“[508] betrachtet. Zwar ist der kausale Zusammenhang zwischen der Entstehung von Gerüchten und einem als nicht ausreichend wahrgenommenen Informationsangebot nicht empirisch nachgewiesen. Dennoch treten Gerüchte als Substitutionsprodukt meist dann auf, wenn die Informationsnachfrage das offizielle Informationsangebot übersteigt.[509] Gerüchte entstehen nicht einfach nur so, sondern beruhen auf Informationslücken, d.h. einer Art Vakuum, das durch eine fehlende oder falsche offizielle Kommunikation entsteht.[510]

In Krisensituationen erwächst häufig ein idealer Nährboden für Gerüchte: Manager setzten sich häufig über die Tatsache hinweg, dass man nicht nicht kommunizieren kann.[511] Einzelne Informationsbruchstücke sickern durch, es fehlt jedoch an umfas-

507 Vgl. Kapferer (Gerüchte, 1996), S. 33-60; Bruhn (Gerüchte, 2004), S. 22-23.

508 Bruhn (Gerüchte, 2004), S. 36.

509 Vgl. Bruhn (Gerüchte, 2004), S. 35.

510 Vgl. Maletzke (Kommunikationsform Gerücht, 2002), S. 235; Bruhn (Gerüchte, 2004), S. 23; Mallmann (Wirkungen von Gerüchten, 2004), S. 167.

511 Vgl. Schick (Gerüchte, 2004), S. 228.

senden Informationen zur tatsächlichen wirtschaftlichen Situation des Unternehmens, zur geplanten Entwicklung und zu Hintergründen von Entscheidungen der Unternehmensleitung.[512] Von Mitarbeitern und Führungskräften wird eine solche „Nicht-Information" häufig so verstanden: „da ist etwas im Gang, sonst würden sich >die da oben< äußern."[513]

Je unklarer die Wirtschaftslage, je unsicherer die Zeiten und je ungewisser die Entwicklung des Unternehmens und die der eigenen Zukunft der Mitarbeiter sind, desto stärker kocht die Gerüchteküche.[514] Mitarbeiter wollen wissen, „wo die Reise hingeht" und spüren meist sehr frühzeitig, dass „etwas im Busch ist". Unsicherheiten und Ängste prägen das Kommunikationsklima und fehlende Informationen werden durch Vermutungen und Spekulationen ergänzt.[515] So gab es beispielsweise im Insolvenzfall der Firma *AgfaPhoto* von den Mitarbeitern eigens eingerichtete Mitarbeiter-Foren im Internet, um einen schnellen und unkomplizierten Austausch von Informationen innerhalb der Belegschaft zu organisieren.[516] Da auch ausgewählte Journalisten einen Zugang erhielten, bedeuten derartige Informations-Substitute bei ausbleibender offizieller Kommunikation von der Unternehmensleitung möglicherweise auch eine zusätzliche öffentliche Imagekrise. „Unterlässt die Unternehmensleitung die rechtzeitige und ausreichende Information ihrer Führungskräfte und Mitarbeiter, dann finden sich stets genug Köche und Küchenhilfen, um unter dem Kessel kräftig nachzulegen, nachlassende Glut wieder anzufachen und in den Kessel die Zutaten nachzufüllen und schwungvoll umzurühren."[517] Themen, die von Mitarbeitern und Führungskräften als Ungewissheit, Bedrohung und Krise erlebt werden, wie z.B. Entlassungen, Versetzungen, Gehaltskürzungen oder eine drohende Insolvenz des Unternehmens, führen zu internen Gerüchten.[518]

---

[512] Vgl. Schick (Gerüchte, 2004), S. 228-229.

[513] Schick (Gerüchte, 2004), S. 228.

[514] Vgl. O.V. (Gerüchteküche, 1990), S. 40; Mast (Gegenspieler der Manager, 2003), S. 28.

[515] Vgl. O.V. (Gerüchteküche, 1990), S. 41; Mast (Gegenspieler der Manager, 2003), S. 28.

[516] Vgl. Schulz (Interne Kommunikation im Change Management, 2006, S. 16.

[517] O.V. (Gerüchteküche, 1990), S. 40.

[518] Vgl. Maletzke (Kommunikationsform Gerücht, 2002), S. 235.

Betrachtet man die Entstehungsgründe für Gerüchte im Unternehmen, wird deutlich, dass die offizielle Informationspolitik in Krisenzeiten gefordert ist, um Gerüchten vorzubeugen oder sie einzudämmen. Von Gerüchten können jedoch auch positive Wirkungen ausgehen, was gegen ihre vollständige Unterdrückung spricht. Dazu gehört beispielsweise die kathartische Wirkung, die von Gerüchten ausgehen kann. Diese meint das „Sich-Befreien" von seelischen Konflikten und inneren Spannungen, Angstreduktion und Minderung von Unsicherheiten beim Individuum. Auch entstehen durch den informellen Austausch von Informationen und die damit verbundene soziale Interaktion ein verstärkter Gruppenzusammenhalt, Solidarität und die Schaffung von Netzwerken bzw. abteilungsübergreifenden Kontakten.[519] *Piwinger* bezeichnet Gerüchte aufgrund ihrer schnellen Verbreitungsgeschwindigkeit sogar als „eine höchst ökonomische Form der Kommunikation"[520], welche nicht als „Teufelszeug" angesehen werden darf.[521] Doch diese schnelle Verbreitungsgeschwindigkeit können Gerüchte in ihrer Wirkung gefährlich für ein Unternehmen machen und schnell eine unkontrollierbare Eigendynamik entwickeln.[522]

Auch wenn es durchaus funktionale Wirkungen von Gerüchten gibt, ist der geplante und kontrollierte Einsatz der internen Kommunikation im Krisenmanagement unabdingbar, um den dysfunktionalen Wirkungen von Gerüchten in derartigen Situationen zu begegnen. Die negativen Wirkungen von Gerüchten lassen sich in psychologische und ökonomische sowie unternehmensinterne und -externe Wirkungen differenzieren, die eng miteinander verknüpft sind.[523]

Die psychologischen Wirkungen liegen vor allem in einem Motivations- und Vertrauensverlust bei den Mitarbeitern, dem Absinken der Arbeitszufriedenheit durch Verunsicherung und Unruhe, der Belastung des Betriebsklimas, dem Verlust von Vertrauen von Kunden und Geschäftspartnern des Unternehmens und der negativen

[519] Vgl. zu den funktionalen Wirkungen von Gerüchten Bruhn (Gerüchte, 2004), S. 34; Schick (Gerüchte, 2004), S. 244.

[520] Piwinger (Umgang mit Gerüchten, 2004), S. 251.

[521] Vgl. Piwinger (Umgang mit Gerüchten, 2004), S. 251.

[522] Vgl. O.V. (Gerüchteküche, 1990), S. 40; Mast (Gegenspieler der Manager, 2003), S. 28.

[523] Vgl. Mallmann (Wirkungen von Gerüchten, 2004), S. 159-167.

Beeinflussung des Unternehmensimages.[524] Die ökonomischen Wirkungen sind im unmittelbaren Zusammenhang zu den psychologischen Wirkungen zu sehen und drücken sich in einer verminderten Produktivität der Mitarbeiter aufgrund von unproduktiven Zeiten durch Gerüchteaustausch, zunehmendem Krankenstand, ungewollten Kündigungen, Verlust von Leistungs- und Know how-Trägern und den entsprechenden Kosten für die Wiederbesetzung von vakanten Stellen aus. Ebenso kann es aufgrund der beeinträchtigten Beziehung zu Kunden, Lieferanten und Investoren zu negativen Rückwirkungen auf den Umsatz oder den Aktienkurs kommen. Damit wäre auch die finanzielle Situation des betroffenen Unternehmens nachhaltig beeinflusst.[525] Die Kosten für Gerüchte und die sich daraus ergebende Unsicherheit und Lähmung eines Unternehmens lassen sich zwar nicht exakt quantifizieren. Die folgenden Fragen können einen Hinweis auf das Ausmaß geben:[526] Wie groß ist die verbleibende Arbeitsleistung eines Mitarbeiters, der die innere Kündigung ausgesprochen hat oder nur noch Dienst nach Vorschrift vollzieht? Wie zielstrebig arbeitet ein demotivierter Mitarbeiter? Was kostet die Teilnahme an der Gerüchteküche?

Die *Sparkassenversicherung HNT* mit 2000 Mitarbeitern hat im Zuge eines Kostensenkungsprogramms die Personalrisiken kalkuliert, die sich im Zuge von umfangreichen Kündigungen einstellen würden. Dazu gehörten auch die Kosten für Produktivitätsverluste durch eine gesteigerte Gerüchteküche. Wenn die Mitarbeiter nur 15 Minuten des Arbeitstages darauf verwenden, sich auf Gängen und Fluren mit Kollegen über die Situation auszutauschen, dann gingen drei Prozent der Personalkosten an Produktivität verloren. Für das untersuchte Unternehmen würde dies über 2 Millionen Euro im Jahr bedeuten. 15 Minuten waren dabei nachweislich sehr niedrig angesetzt.[527]

---

524 Vgl. dazu z.B. Bruhn (Gerüchte, 2004), S. 34-35; Mallmann (Wirkungen von Gerüchten, 2004), S. 159-161.

525 Vgl. zu den ökonomischen Wirkungen von Gerüchten z.B. Mallmann (Wirkungen von Gerüchten, 2004), S. 157-164; Schick (Gerüchte, 2004), S. 227.

526 Vgl. O.V. (Gerüchteküche, 1990), S. 41.

527 Vgl. Kempkes/Bindhardt (Personalführung mit Wertschätzung, 2003), S. 39-40. Fraglich ist, warum im vorliegenden Beispiel ausgerechnet eine Zeitdauer von 15 Minuten pro Arbeitstag für den Austausch von Gerüchten angenommen wurde. Um hier zu einer realistischen Zeiteinschätzung zu kommen, müsste dies empirisch untersucht und analysiert werden. Dies wäre jedoch schon allein deshalb nicht möglich, weil der informelle Austausch von Informationen keinesfalls nur negative Wirkungen, d.h. einen Produktivitätsverlust verursacht, sondern durchaus auch produktivitätssteigernde Wirkungen entfachen kann. Es wäre daher kaum möglich, die Zeit zu „messen", die Mitarbeiter mit dem Austausch von „schlechten" Gerüchten verbringen.

Die Grenze zwischen unternehmensinternen und -externen Wirkungen von Gerüchten ist nicht trennscharf zu ziehen. So nehmen Mitarbeiter z.B. interne Gerüchte mit in ihr Privatleben und werden zum externen Multiplikator bestimmter Botschaften. Landen diese in den Massenmedien, ist die Beeinflussungsmöglichkeit aufgrund der gesteigerten medialen Aufmerksamkeit kaum noch gegeben.[528]

Eine aktive Gerüchteküche ist folglich nicht nur Ausdruck für eine Krisensituation im Unternehmen. Sie kann diese auch noch zusätzlich verschärfen und den Maßnahmen zur Krisenbewältigung entgegenstehen. Vollzieht sich die Formulierung und Verbreitung von Informationen nicht aktiv durch das Unternehmen, so wird das Instrument der internen Kommunikation aus der Hand gegeben und ist nur schwer kontrollierbar. Es stellt sich die Frage nach der richtigen Strategie zum Umgang bzw. zur Vermeidung oder Regulierung von Gerüchten in Unternehmen im Krisenmanagement.

Eine proaktive Vorgehensweise besteht in erster Linie in einer grundsätzlich offenen und transparenten Informationspolitik, die den Dialog zwischen den einzelnen Betriebspartnern fördert. Es gilt daher, Situationen, die zu Gerüchten führen können, schon im Vorhinein zu identifizieren und zu vermeiden: „Wer nicht selbst schnell und aktiv informiert, muss in Kauf nehmen, dass es andere für ihn tun."[529] Mitarbeiter, die kontinuierlich und regelmäßig nicht ausschließlich über Unternehmenserfolge, sondern ebenso über mögliche Neuerungen und Problemlagen informiert werden, vertrauen der internen Kommunikation und glauben den verbreiteten Nachrichten.[530]

In Krisenzeiten möchte die Belegschaft eines Unternehmens besonders ausführlich und schnell zur zukünftigen Entwicklung informiert werden. Der Einsatz von schnellen und interaktiven Medien, wie Intranet und Emails gewinnt im Vergleich zu den klassischen Printmedien im Krisenmanagement an Bedeutung. Ebenso wichtig ist der persönliche Einsatz des Top-Managements in „gerüchteschwangeren" Zeiten, da

---

[528] Vgl. Mallmann (Wirkungen von Gerüchten, 2004), S. 161-167.

[529] Mallmann (Wirkungen von Gerüchten, 2004), S. 164.

[530] Vgl. Mallmann (Wirkungen von Gerüchten, 2004), S. 160-165.

diese eine Autorität darstellen, aus deren Mund drängende Fragen der Mitarbeiter beantwortet werden wollen.[531]

Sind Gerüchte bereits entstanden und kursieren im Unternehmen, ist es nur schwer möglich, diese zu korrigieren oder zu beherrschen. Als reaktives Mittel zum Umgang mit Gerüchten werden häufig Dementis eingesetzt, die aber lediglich der Schadensbekämpfung dienen können. Dementis erreichen außerdem auch nicht nur diejenigen, die die entsprechende Nachricht schon vernommen haben, sondern darüber hinaus auch noch weitere Rezipienten, die bisher noch keinerlei Informationen erhalten haben.[532]

Fasst man die genannten Aspekte zur internen Kommunikation im Krisenmanagement noch einmal zusammen, so ist es für Unternehmen von großer Bedeutung, sich zu vergegenwärtigen, dass Gerüchte meist zu wenig beachtet werden. Aufgrund ihrer unkontrollierbaren Eigendynamik können sie zu einer Reihe von negativen und bedrohlichen Auswirkungen führen. Insbesondere „schlechte" Nachrichten, wie Umstrukturierungen, Kosteneinsparungen und Personalabbau sollten schnell und offen kommuniziert werden, um einer spekulativen Gerüchteküche vorzubeugen. Damit kann erreicht werden, dass die Belegschaft vorgewarnt und auf evtl. schmerzliche Einschnitte vorbereitet wird.[533]

Die interne Krisenkommunikation kann dann als effektiv bezeichnet werden, wenn sie in der Lage ist, Gerüchte bereits im Vorfeld zu vermeiden oder mit bestehenden Gerüchten so umzugehen, dass die möglichen dysfunktionalen Wirkungen minimiert oder sogar ausgeschaltet werden können.

531 Vgl. Mast (Gegenspieler der Manager, 2003), S. 29; Schick (Gerüchte, 2004), S. 241.

532 Vgl. Maletzke (Kommunikationsform Gerücht, 2002), S. 231-232; Mast (Gegenspieler der Manager, 2003), S. 30.

533 Vgl. Mast (Gegenspieler der Manager, 2003), S. 30.

6.4.2 Regulierung von Konflikten

In der betriebswirtschaftlichen Literatur wird die Konfliktvermeidung als ein bedeutsames Effektivitätskriterium für Organisationen gesehen. Dabei wird davon ausgegangen, dass Konflikte per se die Kontrollkosten steigern, den Informationsaustausch zwischen den Organisationsmitgliedern reduzieren und meist in einer unproduktiven Gewinner-/Verlierer-Situation münden.[534] Im Rahmen der vorliegenden Diskussion soll daher die Regulierung von Konflikten in Krisensituationen als Effektivitätskriterium der internen Kommunikation herangezogen werden. Unterstellt wird, dass die interne Kommunikation eine Maßnahme des Konfliktmanagements darstellt und der Regulierung von Konfliktsituationen dienen kann. Es wird bewusst die Formulierung der Regulierung und nicht der Vermeidung von Konflikten in Krisensituationen gewählt, da Konflikte durchaus einen ambivalenten Charakter aufweisen und nicht ausschließlich mit negativen Wirkungen belegt sind.

In Krisensituationen sind Unternehmen gezwungen, auf die veränderten Rahmenbedingungen flexibel und variabel zu reagieren und damit Spannungsfelder, wie z.B. die Diskrepanz zwischen kurz- und langfristigen Zielen und zwischen Mitarbeiter- und Geschäftsinteressen, zu eröffnen. Erhöhter Druck durch verschärfte Wettbewerbsbedingungen, Umstrukturierungen, Änderungen von gewohnten Arbeitsabläufen, unzureichende Informationen und Missverständnisse und mangelnde Gesprächsbereitschaft bei bevorstehenden Entlassungen bilden meist den Zündstoff für Konflikte zwischen den Organisationsmitgliedern.[535]

Der Begriff „Konflikt" leitet sich aus dem lateinischen „confligere" ab und steht für zusammenstoßen bzw. kämpfen.[536] Immer dann, wenn mindestens zwei interagierende Parteien, die unterschiedliche Interessen verfolgen und deren Entscheidungen interdependent sind, zum gleichen Zeitpunkt Handlungen beabsichtigen oder auch durchführen, die die andere Partei behindern, blockieren, bedrohen oder verletzten,

---

[534] Vgl. dazu z.B. Titscher (Konflikte, 1995), Sp. 1335.

[535] Vgl. Wittschier (Konflikte, 1998), S. 33; Schoen (Konfliktmanagementsysteme, 2003), S. 8 ff.; Seiler (Konflikte, 2003), S. 52.

[536] Vgl. Jost (Konflikt- und Kooperationsmanagement, 2004), Sp. 1015.

spricht man von Konflikten.[537] Diese sind im sozialen Miteinander unvermeidlich. Je nach Bewertung und Handhabung können sie für die Konfliktparteien neutrale, positive oder auch negative Folgen haben.[538]

Die dysfunktionalen Wirkungen von Konflikten drücken sich in einer Störung der ökonomischen und sozialen Effizienz der Leistungsprozesse im Unternehmen aus.[539] So können direkte Konfliktkosten z.B. durch Gerichts- oder Mediationskosten und indirekte Konfliktkosten durch den zeitlichen Aufwand des Managements, Imageeinbußen und den Motivationsverlust der betroffenen Konfliktparteien entstehen. Zusammenarbeit und Kommunikation werden behindert. Es entstehen Leistungs- und Qualitätseinbußen. Die Störung der sozialen Effizienz eines Unternehmens zeigt sich in einem erhöhten Absentismus, mangelnder Loyalität der Mitarbeiter und einer misstrauischen Einstellung innerhalb der sozialen Gruppen im Unternehmen. Die negativen Folgen von Konflikten äußern sich in Verunsicherung, Reibungsverlusten, psychischen Belastungen und körperlichen Beschwerden, Produktivitätsverlusten, Störungen des Betriebsfriedens, einer geringeren Arbeitszufriedenheit und damit in einer sinkenden Arbeitsleistung.[540]

Weitaus seltener wird betont, dass Konflikte auch positive Effekte für ein Unternehmen haben können. „Konflikte sind zentrale Voraussetzung für unternehmerischen Erfolg."[541] Sie stellen eine Quelle für Flexibilität und Handlungsfähigkeit eines Unternehmens dar.[542] Beispielsweise fördern Konflikte das Problembewusstsein, fördern Innovationen, vertiefen Beziehungen zwischen den Mitarbeitern durch deren intensive Auseinandersetzung in Krisensituationen, festigen den Zusammenhalt innerhalb der Belegschaft, fördern die Kreativität und bieten dadurch die Chance auf

537 Vgl. Grunwald (Umgang mit Konflikten, 2000), S. 20; Berkel (Konflikte, 2003), S. 398-401; Jost (Konflikt- und Kooperationsmanagement, 2004), S. 1015-1016; Titscher (Konflikte, 1995), Sp. 1330.

538 Vgl. Berkel (Konflikte, 2003), S. 413.

539 Vgl. Gilbert (Konfliktmanagement, 1998), S. 39-40.

540 Vgl. Duve (Ursachen und Entwicklung von Konflikten, 2003), S. 12-14.

541 Tiehl (Populäre Irrtümer, 2003), S. 50.

542 Vgl. Gilbert (Konfliktmanagement, 1998), S. 40-41.

nachhaltige Strukturveränderungen und organisatorischen Wandel, der zur Bewältigung einer Unternehmenskrise unabdingbar ist.[543]

Die folgende Abbildung zeigt, dass die traditionelle Perspektive davon ausgeht, dass Kreativität und Leistung der Mitarbeiter mit zunehmender Konfliktintensität abnehmen. Die neue Sichtweise hingegen, die sowohl den dysfunktionalen als auch den funktionalen Charakter von Konflikten betrachtet, sieht eine „optimale Konfliktintensität". Bis zu einem gewissen Konfliktgrad kommt es zu einem Anstieg der Leistungsfähigkeit. Wird jedoch eine bestimmt Konfliktintensität überschritten, sinken Kreativität und Leistung wieder ab.

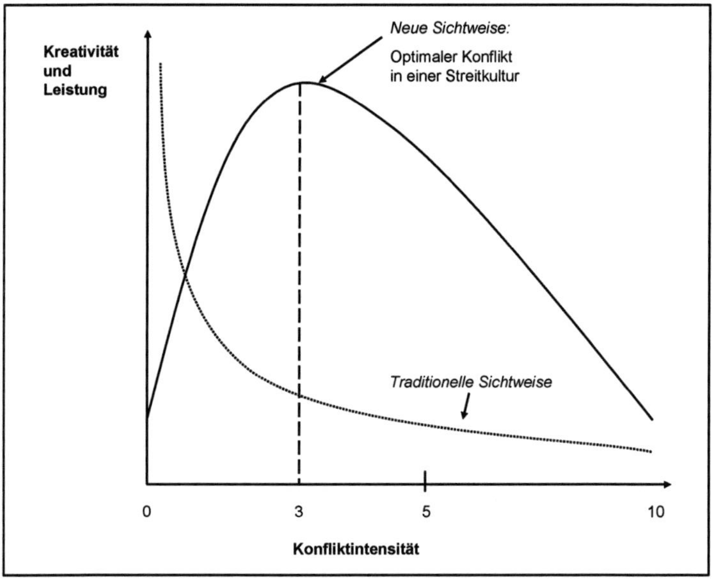

Abbildung 34: Optimale Konfliktintensität[544]

[543] Vgl. Gilbert (Konfliktmanagement, 1998), S. 40-41; Duve (Ursachen und Entwicklung von Konflikten, 2003), S. 12-14; Titscher (Konflikte, 1995), Sp. 1329.

[544] In Anlehnung an Grunwald (Umgang mit Konflikten, 2000), S. 23.

Fraglich ist, wie eine optimale Konfliktintensität zu bestimmen ist. Auch wird nicht beantwortet, ob ein bewusstes Herbeiführen von Konflikten im Unternehmen tatsächlich zuträglich für die Leistungsfähigkeit eines Unternehmens ist. Nichts desto trotz kann davon ausgegangen werden, dass die ohnehin in einem Unternehmen stets vorhandenen Konflikte dann ihre positiven Effekte entfalten können, wenn man ihre Handhabung aktiv gestaltet.

In Krisensituationen lässt sich häufig feststellen, dass in Unternehmen eine Konfliktscheu bzw. eine Mentalität des Aussitzens etabliert ist. Das Management versucht, keinen Streit oder Ärger in Krisensituationen entstehen zu lassen und stattdessen abzuwarten, auf Zeitablauf zu setzen und offene Auseinandersetzungen zu vermeiden.[545] Dies gilt es angesichts der möglichen negativen Effekte zu vermeiden, da die unkontrollierbare Eigendynamik von Konflikten ebenfalls zu einer Verschärfung der Krisensituation und Behinderung der Bewältigungsmaßnahmen führen kann.

Es ist Aufgabe der internen Kommunikation, Konflikte kommunikativ und informatorisch so zu steuern, dass dsyfunktionale Wirkungen vermieden und die Dynamik der auftretenden Konflikte in Krisensituationen konstruktiv gehandhabt werden. Die Ursachen von Konflikten, nämlich mangelnde Informationen zu den Folgen von Reorganisationen, Missverständnisse aufgrund falscher oder verspäteter Information und intransparente Entscheidungsprozesse gilt es zu erkennen. Klare und einfache interne Informationswege und das offene Thematisieren von vorhandenen Konfliktpotenzialen können dazu beitragen, eine Unternehmenskrise schneller oder erfolgreicher zu bewältigen. Dabei kann die interne Kommunikation nicht alleiniges Instrument eines Konfliktmanagements sein, sondern lediglich eine Ergänzung von personellen und strukturellen Maßnahmen zur Konfliktbewältigung.

Gelingt es mit Maßnahmen der Mitarbeiterkommunikation, die funktionalen Wirkungen von Konflikten der unterschiedlichen Interessengruppen im Unternehmen zu entfalten, kann von einer effektiven internen Krisenkommunikation gesprochen werden. Das Kriterium der Regulierung von Konflikten eignet sich folglich zur Bewertung der Effektivität der internen Kommunikation in Krisensituationen.

545 Vgl. LeMar-Klughardt (Kommunikation und Konflikt, 1995), S. 10; Grunwald (Umgang mit Konflikten, 2000), S. 18.

7 Implementierung der internen Kommunikation im Krisenmanagement

7.1 Gesamtkonzeption der internen Krisenkommunikation

Bevor die einzelnen Schritte der Umsetzung der internen Kommunikation im Krisenmanagement besprochen werden, zeigt die Gesamtkonzeption auf, wie der Planungsprozess einer systematischen Mitarbeiterkommunikation idealtypisch aussieht. Die zuvor beschriebene Erfolgsrelevanz der internen Kommunikation in der Krise macht eine gezielte Strukturierung der Kommunikationsaufgabe unentbehrlich, wenn ein mehr oder weniger unsystematisches und zufälliges Vorgehen vermieden werden soll.

Die Gesamtkonzeption wird unter Zuhilfenahme der drei wesentlichen Management-Funktionen, d.h. Planung, Durchführung und Kontrolle strukturiert und kann wie folgt abgebildet werden. Viele Teilaspekte der Gesamtkonzeption wurden bereits schon an anderer Stelle dieser Arbeit aufgegriffen. Nun werden die Einzel-Aktivitäten zu einem Kommunikations-Gesamtkonzept zusammengefasst.

Die Phase der Planung umfasst die Situationsanalyse der aktuellen Kommunikationsinfrastrukur und der bestehenden Kommunikationskultur. Von Bedeutung ist nicht nur der aktuelle Status Quo der bisher verwendeten Kommunikationsmittel und der entsprechenden Kommunikationsinhalte, sondern ebenso die Identifizierung interner und externer Einflussfaktoren. Dazu zählen beispielsweise die in Kapitel 4 dargestellten personellen, rechtlichen und öffentlichkeitswirksamen Rahmenbedingungen. Im weiteren Verlauf sind die Ziele der internen Kommunikation in der Krisensituation festzulegen. Dabei sind auf der einen Seite die Ergebnisse aus der Situationsanalyse sowie das Gesamtzielsystem des Unternehmens, die Ziele des übergreifenden Krisenmanagements und die Ziele der Unternehmensgesamtkommunikation zu berücksichtigen. So hängt von der Herangehensweise des übergreifenden Krisenmanagements und der zugrunde gelegten Krisenmanagementstrategie ab, wie intern kommuniziert werden soll.

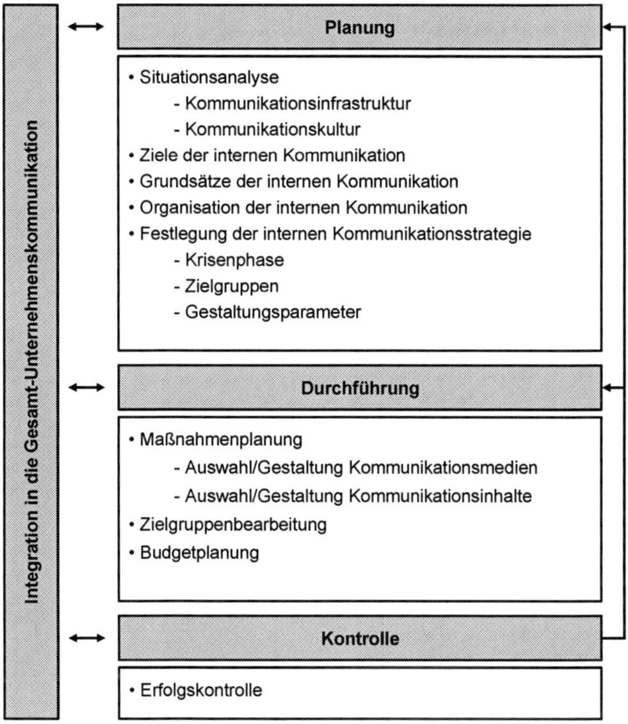

Abbildung 35: Gesamtkonzeption der internen Kommunikation

Ebenso wichtig ist vor dem Hintergrund der integrierten Kommunikation[546], dass das Zielsystem der gesamten Unternehmenskommunikation, d.h. sowohl der externen als auch internen Kommunikation harmonisiert wird, um zu große Diskrepanzen zu vermeiden. Mitarbeiter sollen eben nicht aus den Medien erfahren, dass es im Unternehmen eine Schieflage gibt. Es bedarf also einer engen Abstimmung. Zielkonflikte sind in einem frühen Stadium der Kommunikationsaktivitäten zu vermeiden und eine möglichst weitreichende Zielkomplementarität herzustellen.[547] Ebenso wichtig ist die Festlegung von Grundsätzen der internen Kommunikation, welche ähnlich wie ein Leitbild die Prinzipien der Ausgestaltung festschreiben und damit einen Orientie-

546 Vgl. hierzu Kapitel 4.3.

547 Vgl. zum gesamten Planungsprozess der Mitarbeiterkommunikation Bruhn (Kommunikationspolitik, 1997), S. 901-903.

rungsrahmen für die Rezipienten und entsprechenden Kommunikatoren festlegen. In die Planungsphase gehört ebenso die Bestimmung der Organisationsstruktur, d.h. sowohl der Aufbau- als auch der Ablauforganisation der internen Kommunikation. Die Frage nach der Organisation beantwortet das folgende Kapitel 7.3.

Die Festlegung der Kommunikationsstrategie orientiert sich wie bereits dargelegt idealerweise an der Identifikation der entsprechenden Krisenphase, der Bestimmung und Charakterisierung der zu bearbeitenden Zielgruppen und der Definition der grundlegenden Gestaltungsparameter. Die Umsetzung der internen Kommunikation bezieht sich auf die konkrete Maßnahmenplanung, d.h. die Auswahl und Gestaltung der Kommunikationsmaßnahmen sowie der Kommunikationsinhalte. Es geht um die physische Gestaltung, die Produktion und die Distribution der Kommunikationsmedien.[548] In einem nächsten Schritt werden die einzelnen Zielgruppen durch den gewählten Kommunikations-Mix bearbeitet. Im Rahmen der Budgetplanung ist die Bereitstellung finanzieller Ressourcen zu gewährleisten. Das Budget für die Mitarbeiterkommunikation ist meist in das Gesamt-Budget zur Unternehmenskommunikation eingebettet. Die Kontrolle der internen Kommunikation wird im Kapitel 7.5 näher betrachtet.

7.2 Anforderungskriterien an die interne Krisenkommunikation

Die Kommunikation im Krisenmanagement unterscheidet sich von der „Normal-Kommunikation“ dahingehend, dass es kaum regelmäßig wiederkehrenden Informationsbedürfnisse bei Mitarbeitern und Führungskräften gibt. Diese können folglich nicht durch ein etabliertes und standardisiertes Kommunikationsprogramm mit einem Medien-Mix aus regelmäßig erscheinender Mitarbeiterzeitschrift, Besprechungen und einer Unterstützung durch elektronische Kommunikationsmedien befriedigt werden. Die folgende Darstellung der Anforderungskriterien macht deutlich, dass die kommunikative Begleitung einer Unternehmenskrise spezielle Maßnahmen erfordert, die den veränderten Informationsbedürfnissen der Rezipienten gerecht werden. Es geht im Krisenmanagement weniger um die aufgabenbezogene Kommunikation, d.h.

548 Vgl. Bruhn (Kommunikationspolitik, 1997), S. 903.

die Koordination der betrieblichen Aufgabenstellung, sondern um die Bewältigung der Krisensituation und die zukünftige wirtschaftliche Entwicklung des Unternehmens. Die Kräfte der Leistungsträger sind zu erhalten und zu mobilisieren.[549] Welche Ziele die interne Kommunikation im Krisenmanagement verfolgt, wurde bereits in Kapitel 6.1 umfangreich dargestellt.[550] Zusammenfassend liegt die Aufgabe der internen Krisenkommunikation im Aufbau von Verständnis für die Entwicklungen und Neuerungen im Unternehmen, der Überzeugung der Mitarbeiter von der entsprechenden Strategie der Unternehmensleitung zur Krisenbekämpfung sowie der Mobilisierung von Motivation und Leistungsbereitschaft zur aktiven Unterstützung der Unternehmensleitung.

Die folgende Argumentation zeigt, in welchen Punkten sich die Anforderungen an die interne Kommunikation im Krisenmanagement von der Mitarbeiterkommunikation im „normalen" Geschäftsbetrieb unterscheiden. Zwar ist letztendlich in Abhängigkeit von der jeweiligen spezifischen Situation zu beantworten, wie die interne Kommunikation zu gestalten ist, um die Bedürfnisse der Zielgruppen bestmöglich zu erfüllen. Die Situation des Unternehmens ist auch im Bezug auf zeitliche, finanzielle und personelle Ressourcen zu analysieren. Ebenfalls ist zu beantworten, wie groß sich der Bedarf des Unternehmens zur Einstellungs- und Verhaltensbeeinflussung bei den Mitarbeitern darstellt. Dies ist wiederum vom Grad an vorhandenem Orientierungsbedürfnis der Mitarbeiter und Führungskräfte sowie dem Ausmaß an Ängsten, Unsicherheiten und Widerständen abhängig. So kann es nicht die eine Universallösung zur Gestaltung der Kommunikationspolitik und zur Auswahl der Kommunikationsinstrumente und -inhalte geben. Eine einheitliche Kommunikationsstrategie für alle Arten von möglichen Unternehmenskrisen existiert nicht. Nichts desto trotz ist es möglich, ein Kriterienraster zu entwickeln, welches die besonderen Anforderungen an die interne Kommunikation im Krisenmanagement abbildet und damit einen Rahmen zur Konfiguration eines Krisenkommunikations-Mixes liefert.

Bei der Entwicklung eines solchen Kriterienrasters kann auf bereits existierende Ansätze zur Festlegung von Qualitätskriterien von Information und Kommunikation zurückgegriffen werden. So lässt sich unter Informationsqualität im Allgemeinen

549 Vgl. dazu Kapitel 3.4.

550 Vgl. dazu Kapitel 6.1.

„die Gesamtheit der Anforderungen an eine Information bzw. ein Informationsprodukt, die sich auf die Eignung zur Erfüllung gegebener Informationsbedarfe beziehen“[551], verstehen. Die folgende Tabelle gibt eine Übersicht über die möglichen Dimensionen der Informationsqualität, welche meist aus Perspektive der jeweiligen Nutzer formuliert werden.

Dimensionen der Informationsqualität	
Berthel 1992	• Problemrelevanz: Zweckorientiertheit • Wahrscheinlichkeit: Grad der Sicherheit, wahr zu sein • Bestätigungsgrad: Glaubwürdigkeit aufgrund verfügbaren Erfahrungswissens • Überprüfbarkeit: Möglichkeit, einen Wahrheitsbeweis zu führen • Genauigkeit: Präzision, Detailliertheit • Aktualität: Neuheitsgrad
Gemünden 1993	• sachliche Eignung und Notwendigkeit: Relevanz • zeitliche Eignung: Aktualität, Alter, Rechtzeitigkeit, Zeitbezug, Wirkungsdauer • Aussagegehalt: Präzision, Genauigkeit, Bestimmtheit, Detailliertheit, Eindeutigkeit, Klarheit, Validität, Operationalität, Quantifizierbarkeit • empirischer und logischer Wahrheitsgehalt: Sicherheit, Zuverlässigkeit, Reliabilität, Fehlerfreiheit, Objektivität, Glaubwürdigkeit, Bestätigungsgrad, Wahrscheinlichkeit, Prüfbarkeit • Verwendungsbereitschaft: Verfügbarkeit, Zugänglichkeit • Vollständigkeit: hinsichtlich Menge und Zweckeignung
Nohr/Roos 2001	• Innere Qualität: Genauigkeit, Objektivität, Vertrauenswürdigkeit • Zugangsqualität: Zugänglichkeit, Sicherheit • Kontextuelle Qualität: Bedeutung, Mehrwert, Zeitgerechtheit, Vollständigkeit, Informationsgehalt • Darstellungsqualität: Interpretierbarkeit, Verstehbarkeit, Knappheit, Durchgängigkeit • Qualität der Metainformation: Existenz, Angemessenheit, Interpretierbarkeit • Qualität der Strukturierung: Existenz, Angemessenheit, Nachvollziehbarkeit

Abbildung 36: Anforderungen an eine effektive Kommunikation[552]

Es wird deutlich, dass ein enger Zusammenhang zu den in Kapitel 5.4 diskutierten Gestaltungsparametern der internen Kommunikation im Krisenmanagement besteht. Dort wurden die Grundhaltung der Kommunikation, die Wahrhaftigkeit und Quantität der Informationen sowie die Auswahl der Kommunikationssegmente und die Auswahl des Kommunikationszeitpunktes als wichtigste Entscheidungsoptionen für die Ausgestaltung einer Kommunikationsstrategie in Krisensituationen erläutert. Es gilt die in Abbildung 36 aufgeführten Kriterien zu berücksichtigen, um die Funktionen der internen Kommunikation in Krisensituationen optimal auszuschöpfen. Im Folgenden werden nun die Anforderungskriterien „Emotionalität“, „Unipersonalität“,

551 Nohr (Informationsqualität, 2001), S. 6.

552 Vgl. Berthel (Informationsbedarf, 1992), Sp. 873-874; Gemünden (Information, 1993), Sp. 1725-1726; Nohr/Roos (Informationsqualität, 2001), S. 29.

„Kompatibilität“, „Kontinuität“, „Dialogorientierung“, „Klarheit/Bestimmtheit“ und „Added Value“ als spezifische Anforderungen an die interne Krisenkommunikation näher erläutert. Diese greifen zum einen Aspekte der oben aufgeführten Dimensionen der Informationsqualität auf und ergänzen sie um die besonderen Anforderungen einer Krisensituation.

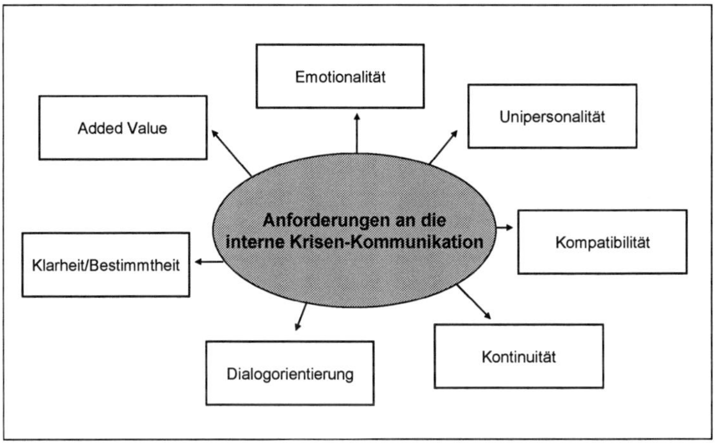

Abbildung 37: Anforderungskriterien an die interne Krisenkommunikation

7.2.1 Emotionalität

Wie bereits in Kapitel 6.3 und 6.4 dargestellt, sind Krisensituationen meist durch eine hohe Emotionalität der Beteiligten gekennzeichnet. Der ambivalente Charakter von Unternehmenskrisen führt dazu, dass Unsicherheiten und Ängste im Bezug auf die weitere Entwicklung des Unternehmens und die individuelle Zukunft, die Sicherheit des eigenen Arbeitsplatzes und die weitere Beschäftigung bestehen. Auch eine vermehrte Gerüchteküche und die Zunahme von Konfliktsituationen innerhalb der Belegschaft sind Symptome dieser verstärkten Emotionalität bei Mitarbeitern und Führungskräften. Ziel der internen Kommunikation ist es, die entstehenden Negativ-Emotionen einer Krise in eine positive Emotionalität zu transferieren. So gilt es, Unsicherheiten, Ängste und Widerstände in Aufbruchstimmung, Gestaltungswillen,

Engagement und Commitment umzuwandeln. Dabei entsteht ein schmaler Grad zwischen der Notwendigkeit der Versachlichung auf der einen und der Emotionalisierung der Kommunikation auf der anderen Seite. Emotionen sollen nicht „überkochen" und destruktive Wirkungen für das Unternehmen entfalten. Auf der anderen Seite dürfte eine überwiegend rationale Kommunikation nicht der Lage sein, Mitarbeiter zu mobilisieren und positive Energien freizusetzen. Das Anforderungskriterium Emotionalität beschreibt das Erfordernis, ein Kommunikationsprogramm zu entwickeln, welches als Vermittler zwischen Rationalität und Emotionalität auftritt.

7.2.2 Unipersonalität

Der Begriff der Unipersonalität steht in engem Zusammenhang zur Organisation der internen Kommunikation im Krisenmanagement.[553] Das Konzept „One-face-to-the-customer"[554] kann auf die Mitarbeiter des Krisenunternehmens übertragen und in „One-face-to-the-employees" oder auch in „One Company – One Voice" umgewandelt werden. Dem Vorstand[555] kommt im Krisenfall als zentrales Sprecherorgan eine bedeutsame Rolle zu. Für Mitarbeiter und Führungskräfte ist nicht nur von Bedeutung, was gesagt wird, welche Medien dazu eingesetzt werden und wie sich die zeitliche Abstimmung gestaltet. Für die Erzeugung von Aufmerksamkeit ist wichtig, wer etwas sagt. Die Einbindung des Vorstandes als Leitung oder auch Sprecher der Krisenkommunikation ist von der entsprechenden Krisenphase abhängig. Handelt es sich um eine Krise weniger großen Ausmaßes, so kann ein „Auftreten" eines Vorstandsmitgliedes dazu führen, dass der Situation eine zu hohe und damit zu beunruhigende Bedeutung beigemessen wird. Handelt es sich indessen um eine schwerwiegende Krisensituation, so ist die Einbindung des Vorstandes existenziell. Ein hohes Maß an Solidarisierung lässt sich auslösen, wenn die Unternehmensspitze eine eindeutige Linie verfolgt und diese ebenso klar kommuniziert. Es kommt weniger darauf an, dass der Vorstand Detailzusammenhänge und Hintergründe präsentiert. Diese Aufgabe kommt dem ergänzenden Kommunikationsinstrumentarium zu. Vielmehr

[553] Vgl. dazu Kapitel 7.3.

[554] Vgl. dazu z.B. Hippner (Customer Relationship Management, 2005), S. 116.

[555] Hier wird exemplarisch der Vorstand als Unternehmensleitungsorgan herausgegriffen. Die Aussagen gelten auch für Geschäftsleitung oder -führung.

soll der Vorstand durch seinen Auftritt die generellen Sinnzusammenhänge klar machen. Einsatz und Inszenierung des Vorstandes verlangen eine besondere „Regie-Führung", die von entsprechenden Kommunikations- und PR-Experten begleitet und professionell unterstützt werden kann.[556]

7.2.3 Kompatibilität

Das Kriterium der Kompatibilität beschreibt die Forderung, dass das Kommunikationsinstrumentarium, die Gestaltung der Inhalte und auch der journalistische Stil der Informationsübermittlung in Krisensituationen kompatibel zum vorhandenen Kommunikationsstil des betroffenen Unternehmens sind. Wie bereits in Kapitel 3.5.4 dargestellt, ist die Kommunikationskultur Teil der Unternehmenskultur und gilt damit als historisch gewachsene Verhaltensnorm. Sie beeinflusst die Identität des Unternehmens maßgeblich und dient als Orientierungsnorm. Mitarbeiter und Führungskräfte sind mit ihr vertraut und haben Erfahrung im Umgang mit den bestehenden Kommunikationsmitteln. Meist führt dies dazu, dass von den Kommunikationsverantwortlichen mit Zurückhaltung auf den Einsatz neuer und innovativer Kommunikationsmethoden reagiert wird. Zum einen möchte man nicht von bestehenden Gepflogenheiten abweichen und zum anderen die personellen und finanziellen Ressourcen schonen. Eine Krisensituation, die wie bereits erläutert einen hohen Grad an Emotionalität und einen hohen Bedarf an Einstellungs- und Verhaltensänderungen aufweist, erfordert jedoch eine bewusste Kontrapunktsetzung innerhalb der Kommunikationspolitik. Es ist durchaus sinnvoll, in einer außergewöhnlichen Situation auch außergewöhnliche Methoden einzusetzen und durch die erhöhte Aufmerksamkeit den Anstoß zur zusätzlichen Mobilisierung von Leistungsbereitschaft zu leisten. Dabei bleibt die Kompatibilität zur bestehenden Kommunikationskultur einzuhalten, um die Akzeptanz und Glaubwürdigkeit der Maßnahmen zu gewährleisten und nicht zusätzliche Unsicherheiten und Widerstände zu erzeugen. Bei der Auswahl der Kommunikationsmedien und der Aufbereitung der Inhalte ist auf die Kompatibilität zum bestehenden Medien-Mix zu achten, ohne auf den Einsatz neuartiger und kreativer Methoden verzichten zu müssen.

---

556 Vgl. dazu Barghop (Interne Kommunikation im Change, 2006), Chart 14.

7.2.4 Kontinuität

Das Kriterium der Kontinuität beschreibt die Anforderung eines kontinuierlichen Einsatzes der ausgewählten Kommunikationsinstrumente während des gesamten Prozesses der aktiven Krisenbewältigung. Es reicht nicht aus, interne Kommunikationsmedien sporadisch und punktuell zu betreiben. Vertrauen und Glaubwürdigkeit stellen sich dann ein, wenn Mitarbeiter und Führungskräfte das Gefühl bekommen, kontinuierlich und freiwillig auf dem Laufenden gehalten zu werden. Auch wird die Ernsthaftigkeit bereits gemachter Aussagen verdeutlicht, wenn die Kernbotschaften regelmäßig wiederholt und bekräftigt werden. Das Kriterium der Kontinuität bezieht sich nicht allein auf die Wiederholung der wichtigsten Kommunikationsinhalte. Als ebenso vorteilhaft erweist sich der kontinuierliche Einsatz der ausgewählten Kommunikationsmedien. Wird beispielsweise ein Krisen-Newsletter als Printmedium etabliert, so empfiehlt es sich, diesen auch für den weiteren Verlauf der Krisenkommunikation einzusetzen und nicht zwischen unterschiedlichen Medien zu wechseln. Die Akzeptanz für ein bestimmtes Medium steigert sich bei den Mitarbeitern auch durch einen gewissen Gewöhnungseffekt und die Möglichkeit zur vertrauten Nutzung.

7.2.5 Dialogorientierung

Das Kriterium der Dialogorientierung ist eng mit der Partizipation der Mitarbeiter und Führungskräfte in Krisensituationen verknüpft. „Betroffene zu Beteiligten machen" drückt die Kernidee aus. Bei der Auswahl eines Medien-Mixes ist zu beachten, dass nicht ausschließlich Instrumente der einseitigen Kommunikation ausgewählt, sondern auch solche herangezogen werden, die einen direkten Dialog ermöglichen. Zum einen kann durch die aktive Beteiligung der Belegschaft sichergestellt werden, dass deren Erwartungen und Vorstellungen berücksichtigt werden.[557] Zum anderen werden Botschaften stärker in das Bewusstsein der Rezipienten gerückt, wenn diese direkt partizipieren. Werden Mitarbeiter nicht nur passiv mit Informationsmaterial versorgt, sondern aktiv in unternehmerische Entscheidungsprozesse mit einbezogen,

557 Vgl. Noll (Gestaltungsperspektiven interner Kommunikation, 1996), S. 147-148.

so steigert dies ihre subjektiv erfahrene Wertschätzung und damit auch die Akzeptanz der Krisenbewältigungsmaßnahmen. Die Anforderung der Dialogorientierung macht auch noch einmal die besondere Rolle der Führungskräfte im internen Kommunikationsauftrag des Unternehmens deutlich. Insbesondere die Führungskräfte des mittleren Managements sind wichtige Botschafter und Multiplikatoren in der Mitarbeiterinformation, da sie in der Regel als erste Absprechpartner und Dialogpartner fungieren. In den seltensten Fällen sind die Führungskräfte in Krisensituationen auf diese besondere Herausforderung vorbereitet. Noch dazu sind sie von den entsprechenden Ängsten und Unsicherheiten auch betroffen. Wichtig wäre es daher, den Führungskräften im Rahmen der Kommunikationskaskaden eine zeitliche Priorisierung einzuräumen. Werden sie generell schon vor der Restbelegschaft informiert, ist sichergestellt, dass sie Fragen und Unsicherheiten ihrer Mitarbeiter beantworten können. Dazu wäre es vorteilhaft, die bevorzugten Hintergrundinformationen durch entsprechende didaktische Informationshilfen zu ergänzen.

7.2.6 Klarheit/Bestimmtheit

Das Kriterium der Klarheit bzw. Bestimmtheit bezieht sich weniger auf die Anforderungen an die Kommunikationsmedien, als vielmehr auf die Ausgestaltung der Kommunikationsinhalte sowie das Auftreten der Kommunikatoren im direkten und persönlichen Dialog. In Krisensituation versucht die Unternehmensleitung meist, unangenehme und schwierige Nachrichten so zu formulieren, dass diese sich harmlos und schonend darstellen. Letztendlich ist es nicht möglich, eine negative Nachricht so zu verpacken, dass daraus eine positive Nachricht wird. Durch ein hohes Maß an Klarheit und Bestimmtheit in den Aussagen des Managements kann aber signalisiert werden, dass im Umgang mit schwierigen Situationen Souveränität und Verantwortlichkeit für das eigene Handeln zu Tage treten. Die Begriffe „Klarheit" und „Bestimmtheit" stehen für die Anforderung, couragiert und konstruktiv die Wahrheit zu sagen und die Krise nicht zu verharmlosen. Unangenehme Dinge frühzeitig anzusprechen, ist eine wichtige Voraussetzung für Glaubwürdigkeit und Vertrauen in die gemachten Aussagen. In engem Zusammenhang zu Klarheit und Bestimmtheit der internen Krisenkommunikation steht auch die Wahl der richtigen Tonalität. So ist vor allem auf die Alltagstauglichkeit der verwendeten Begriffe und Botschaften zu achten, um das Verständnis der Aussagen zu sichern. Mit gewerblichen Mitarbeitern des Produktionsbereiches ist beispielsweise anderes zu kommunizieren als mit Führungskräften des oberen und mittleren Managements, wenn die Inhalte verstanden und die entsprechenden Mobilisierungsintentionen entfaltet werden sollen.

7.2.7 Added Value

Die Forderung nach einem „Added Value“ oder Mehrwert der Informationen soll vermeiden, dass es in Krisensituationen entweder zu einer zu ausgeprägten Informationszurückhaltung oder zu einem „information overload“ kommt. Mitarbeiter und Führungskräfte fühlen sich nicht ausreichend informiert oder erfahren aus den öffentlichen Medien von der Schieflage des eigenen Arbeitgebers. Für die betroffenen Unternehmen ist fraglich, wie häufig und in welchem Umfang sie die eigene Belegschaft mit Informationen versorgen möchten. Dabei ist auf der einen Seite genau so häufig und umfangreich zu kommunizieren, dass die Ziele der internen Kommunikation erreicht und die Informationsbedürfnisse der Zielgruppen erfüllt werden und auf der anderen Seite keine Überfrachtung mit Informationen stattfindet. Eine Informationsüberlastung würde mehr zu einer Abwehrhaltung und Verwirrung der Belegschaft führen, als zu einem deutlichen Informationsgewinn. Das Kriterium des Mehrwertes der Informationen kann eine Lösung für den Zwiespalt zwischen Informationszurückhaltung und „information overload“ liefern. Es stoßen solche Informationen bei den Zielgruppen auf Interesse und Bedürfnisbefriedigung, die einen Mehrwert enthalten, d.h. einen gewissen Grad an zusätzlicher und neuartiger Information liefern. Auch bieten solche Informationen einen Added Value, die auf die drängenden Fragen der Mitarbeiter und Führungskräfte eine Antwort geben können.

7.3 Organisation der internen Krisenkommunikation

Die organisatorische Ansiedlung der internen Kommunikation ist in der Praxis nicht einheitlich gestaltet.[558] Die Verantwortlichkeiten der Umsetzung lassen sich an verschiedenen Stellen im Unternehmen feststellen.[559] *Meier* kommt im Rahmen seiner Erhebung zu dem Ergebnis, dass ein Drittel der befragten Unternehmen über eine spezialisierte Abteilung für interne Kommunikation verfügen. Sofern vorhanden, ist diese in der Mehrzahl der Fälle als Stabstelle der Unternehmensleitung positioniert.[560] Eine solche funktionale und hierarchische Eingliederung trägt der Notwendigkeit Rechnung, dass die entsprechenden Redaktionen von Mitarbeiterzeitschrift und Intranet stets über die aktuellen betrieblichen Geschehnisse informiert und auf die enge Zusammenarbeit mit Unternehmensleitung und Betriebsrates angewiesen sind.[561] Ebenso wichtig ist die enge Verzahnung der Mitarbeiterkommunikation mit der externen Unternehmenskommunikation, um Kommunikationskonzepte „aus einer Hand“ zu präsentieren. Im Sinne der bereits dargestellten integrierten Unternehmenskommunikation können Dysfunktionalitäten durch unterschiedliche Kommunikationsinhalte und -zeitpunkte vermieden werden. Des Weiteren hängt die organisatorische Zuordnung von der Unternehmensgröße, den damit verbundenen finanziellen und personellen Kapazitäten und von den historisch gewachsenen Strukturen des Unternehmens ab.[562] Die Kernaufgaben der Abteilung für interne Kommunikation können wie folgt abgebildet werden:[563]

- Evaluation des Informationsstandes der Mitarbeiter durch regelmäßige Befragungen;

---

558 Vgl. Meisert (Gut geplant, 1988), S. 30.

559 Vgl. Meier (Interne Kommunikation im Unternehmen, 2002), S. 33. Vgl. dazu auch Kapitel 3.5.1.2.

560 Vgl. Meier (Interne Kommunikation im Unternehmen, 2002), S. 89-90. Diese Angaben beziehen sich auf die Situation im „Nichtkrisenfall“. Diese bildet zwar in Krisensituationen die Ausgangsbasis für die spezielle interne Kommunikation in der Unternehmenskrise, ist aber an die veränderten Anforderungen anzupassen. Im weiteren Verlauf dieses Kapitels wird dazu noch Stellung bezogen.

561 Vgl. Meisert (Gut geplant, 1988), S. 30; Klöfer (Mitarbeiterführung durch Kommunikation, 2003), S. 65.

562 Vgl. Kalmus (Öffentlichkeitsarbeit, 1982), S. 98.

563 Vgl. Meier (Interne Kommunikation im Unternehmen, 2002), S. 36-37.

- Beratung und Betreuung der Unternehmensleitung und der Führungskräfte bei der Umsetzung ihrer Kommunikationsaufgaben;
- Optimierung der internen Kommunikationsstrategie sowie kontinuierliche Verbesserung der Kommunikationsinfrastrukturen und -prozesse;
- Entwicklung und Betreuung der Kommunikations- und Medieninfrastruktur;
- Verfassen und Redaktion aller schriftlichen Medien der internen Kommunikation;
- Realisation und Vertrieb der schriftlichen Medien und Organisation von Dialogveranstaltungen, Versammlungen oder ähnlicher Events;
- Gegebenenfalls die Schulung von Mitarbeitern und Führungskräften in Gesprächsführung und Textverfassung.

Die folgende Abbildung differenziert die Aufgaben nach den entsprechenden Verantwortlichkeiten im Unternehmen. So obliegt der Unternehmensleitung in der Regel die Festlegung der übergeordneten Kommunikationsziele, die Genehmigung der entsprechenden Kommunikationsstrategie sowie die abschließende Erfolgskontrolle der Kommunikationsprozesse. Der Bereich für Unternehmenskommunikation sorgt dafür, dass interne und externe Kommunikation miteinander verzahnt werden und legt die integrierte Kommunikationsstrategie fest. Den Verantwortlichen für interne Kommunikation kommen überwiegend operative Aufgaben zu. Weiterhin spielen die Führungskräfte als Kommunikatoren und Multiplikatoren der Informationen in der Belegschaft eine große Rolle. Sie müssen auch aus der täglichen „Informationsflut" diejenigen Informationen filtern, die für ihre Mitarbeiter relevant sind, um diese vor Über- oder Desinformation zu schützen.

Die Organisation der internen Kommunikation dient im Folgenden als Grundlage für die außerordentliche Situation der Krisenkommunikation. Die vorhandenen Rahmenbedingungen sowie die existierende Kommunikationsinfrastruktur dienen als Ausgangspunkt für die Planung und Durchführung der internen Kommunikation im Krisenmanagement. Es wäre zwar auch denkbar, im Sinne des Business Process Reengineerings ein „White-Street-Planning" durchzuführen und eine Struktur zu entwickeln, die gänzlich unabhängig von der bestehenden Organisation ist. Allerdings bleibt zu bedenken, dass in Abhängigkeit des Fortschreitens innerhalb der Krisenphasen keine zeitlichen und finanziellen Ressourcen für eine umfangreiche Analyse und Restrukturierung des Bereichs zur Verfügung stehen.

Abbildung 38: Verantwortlichkeiten der internen Kommunikation[564]

Zu prüfen bleibt dennoch, ob das vorhandene Personal im Bereich der internen Kommunikation der anspruchsvollen Aufgabe einer Krisenkommunikation gewachsen ist, ausreichend Erfahrung mitbringt und auch über das notwendige Durchsetzungsvermögen verfügt. Krisensituationen stellen eine erhebliche Stresssituation für die Beteiligten eines Krisenkommunikations-Teams dar. Aus der akuten Existenzgefährdung ergibt sich vor allem eine psychische Belastung. Auf der einen Seite sind schnelle und richtige Entscheidungen für eine erfolgreiche Krisenbewältigung unabdingbar. Auf der anderen Seite wird die Entscheidungsfähigkeit der verantwortlichen Kommunikatoren durch mögliche Ängste vor dem Versagen des Krisenmanagements behindert. Insbesondere die Sprecher der internen Krisenkommunikation unterliegen einer solchen Belastung. Die unternehmensinterne Öffentlichkeit legt meist jedes Wort auf die Goldwaage und konfrontiert die repräsentierenden Verantwortlichen möglicherweise mit provozierenden Fragen. Weiterhin ist zu prüfen, ob die vorhandene Instrumentenstruktur für die Krisenkommunikation ausreicht oder ob zusätzliche Methoden zu entwickeln sind. Verfügt ein Unternehmen über ein Intranet und nutzt dieses bisher umfangreich zur Information der Mitarbeiter, so ist es sinnvoll, dieses auch in Krisensituationen einzusetzen. Es bedarf jedoch in diesem Fall einer

564 Modifiziert nach Meier (Interne Kommunikation im Unternehmen, 2002), S. 33.

Anpassung der Inhalte und der zeitlichen Erscheinung der Medien oder Informationen.[565]

Da der Kommunikationsauftrag in Krisensituationen ein schlecht strukturiertes Multi-Kontext-Problem darstellt, sind meist die Beiträge von Kommunikations- und PR-Experten notwendig.[566]. Im Krisenfall empfiehlt sich daher eine Projektorganisation, um damit die Voraussetzungen für eine effektive und effiziente Kommunikationspolitik zu schaffen. Planung und Durchführung der internen Krisenkommunikation im Krisenmanagement stellen außergewöhnliche Aufgaben dar, sind zeitlich befristet, verfolgen ein definiertes Ziel und weisen einen umfangreichen und komplexen Charakter auf. Es kann folglich von einem Projektvorhaben gesprochen werden, für welches sich die Bildung eines Projektteams eignet.[567] Eine Projektorganisation, die sich für die Bewältigung komplexer und singulärer Aufgaben mit spezifischen Leistungs-, Termin- und Kostenzielen eignet, kann in einer Stabsprojektorganisation entwickelt werden.[568] Beispielsweise kann ein Krisen-Kommunikations-Stab dem obersten Management eng angebunden sein, um sicherzustellen, dass die krisenbezogene Mitarbeiterkommunikation in Konsistenz zur gesamten Kommunikationspolitik des Unternehmens steht. Ebenso wichtig ist, dass die Kommunikationsstrategie von allen Mitgliedern der Unternehmensleitung einheitlich umgesetzt wird. Es mangelt ihr ansonsten an Durchschlagkraft in der Belegschaft. Unterschiedliche Aussagen und Wertungen könnten zu Irritationen, Unsicherheiten und Orientierungslosigkeit führen. Dies gilt es zu vermeiden.[569] Zum anderen kann eine hohe hierarchische Anbindung eine flexible Aufgabenzuweisung ermöglichen und kurze Dienstwege garantieren. Da der Zeitfaktor eine erhebliche Rolle spielt und der Zeitpunkt der Informationsweitergabe einen wichtigen Gestaltungsparameter der internen Kommunikation darstellt, ist eine derartige Projektorganisation vorteilhaft. Die als notwendig erachte-

565 Vgl. dazu das Anforderungskriterium der Kompatibilität der internen Krisenkommunikation in Abschnitt 7.2.3.

566 Vgl. Salecker (Kommunikationsauftrag, 1995), S. 181.

567 Vgl. zur Definition von Projekten Grün (Projektorganisation, 1992), Sp. 2101 ff.; Haberfellner (Projektmanagement, 1992), Sp. 2090 ff.

568 Vgl. Grün (Projektorganisation, 1992), Sp. 2107 ff.

569 Vgl. Meier (Interne Kommunikation im Unternehmen, 2002), S. 34.

ten Kommunikationsmaßnahmen können somit schnell und unbürokratisch umgesetzt werden.[570]

Neben der fachlichen Kompetenz der Teammitglieder ist eine ausgeprägte Handlungsfähigkeit von großer Bedeutung. Dafür ist es sinnvoll, die Zahl der Projektangehörigen möglichst klein zu halten. Es sollten also nur diejenigen Fachbereiche beteiligt werden, die in der Krisensituation unbedingt notwendig sind. Dazu zählen nicht nur Vertreter der Mitarbeiterkommunikation, sondern ebenfalls Mitglieder des Personalbereichs und ggf. externe Kommunikationsberater, die sich auf die Kommunikation in Krisensituationen gesondert spezialisiert haben. Die Leitung eines Krisen-Kommunikations-Teams durch ein Vorstandsmitglied erhöht außerdem die unternehmensinterne Durchsetzungsfähigkeit und demonstriert einen professionellen und seriösen Umgang mit der Situation.

Eine Anbindung an das unternehmensweite Krisenmanagement ist ebenfalls von großer Bedeutung. Die Kommunikationsverantwortlichen sollten stets über die Krisenbewältigungsmaßnahmen informiert sein, um deren Zielsetzung, Vorgehensweise und Notwendigkeit gegenüber der Belegschaft vermitteln zu können. So wäre es denkbar, dass der Hauptverantwortliche für die interne Krisenkommunikation gleichzeitig Mitglied in einem möglicherweise vorhandenen Krisenmanagement-Team ist. So ließe sich vermeiden, dass Stellungnahmen nicht abgestimmt sind und Fehlinformationen beinhalten.

7.4 Auswahl und Gestaltung der Kommunikationsmedien

7.4.1 Der crossmediale Mix der internen Kommunikation

Unterschiedliche Kommunikationsmedien kommen für den Einsatz im Krisenmanagement in Betracht. Die Facette der zugänglichen Erscheinungsformen ist außerordentlich vielfältig. Dazu wird im Folgenden zunächst die allgemeine Situation der internen Kommunikation präsentiert, um diese dann an die in Abschnitt 7.2 darge-

570 Vgl. Salecker (Kommunikationsauftrag, 1995), S. 182.

stellten speziellen Anforderungen des Krisenmanagements anzupassen. In nur wenigen Unternehmen wird den Instrumenten der Kommunikation eine hohe Beachtung beigemessen. Vielfach finden sich im bürokratischen Stil verfasste Mitarbeiterzeitschriften und Rundschreiben mit mangelnder Aktualität, einer einseitigen Berichterstattung sowie Problemarmut und Konfliktscheue.[571] Das alleinige Vorhandensein der Medien garantiert jedoch noch nicht, dass diese von den Mitarbeitern und Führungskräften auch genutzt und akzeptiert werden.[572]

Wie schon in Kapitel 3.4 dargestellt, können zahlreiche Kategorien der Mitarbeiterkommunikation unterschieden werden. Abbildung 39 führt die Unterscheidung in Individual- und Massenkommunikation auf, wobei bei der letzteren noch zusätzlich nach der Kommunikationsrichtung unterschieden wird.

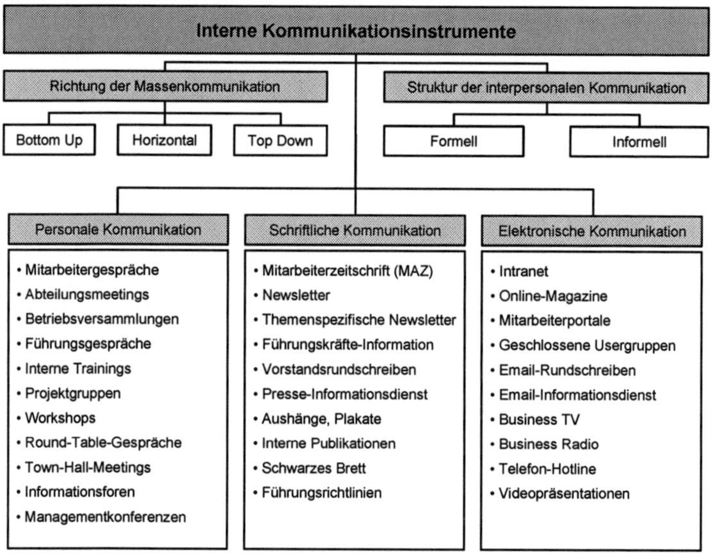

Abbildung 39: Instrumente der Mitarbeiterkommunikation

571 Vgl. Meier (Interne Kommunikation im Unternehmen, 2002), S. 46-47.

572 Vgl. Meier (Interne Kommunikation im Unternehmen, 2002), S. 47.

Die Top Down-Kommunikation beschreibt die Abwärtskommunikation, d.h. den Informationsfluss von oben nach unten. Insbesondere Instruktionen und Arbeitsanweisungen für die Belegschaft sowie Informationen über Vorhaben, Entwicklungen und Pläne des Unternehmens werden auf diesem Wege kommuniziert. Typische „Verteilmedien" der Top Down-Kommunikation sind Mitarbeiterzeitschriften, Rundschreiben, Arbeitsanweisungen, Handbücher und Aushänge am schwarzen Brett. Defizit dieser Kommunikationswege ist der mögliche „information overload". Diese gilt es bei der Medienauswahl für die Krisenkommunikation zu beachten. Eine Überfrachtung der Mitarbeiter und Führungskräfte mit einer möglichst hohen Informationsquantität, ohne nach dem Wert und Informationsnutzen der Einzelinformationen zu fragen, ist ebenso wenig sinnvoll, wie eine stark restriktive Informationspolitik. Hinzu kommt das „Timing-Problem" vieler der genannten Verteilmedien. Mitarbeiterzeitschriften oder Newsletter hinken oftmals schnelleren Informationswegen wie dem Intranet oder der persönlichen Kommunikation hinterher und liefern deshalb kaum Nachrichten mit aktuellem Informationsgrad.[573]

Die Zahl der Kommunikationswege der Bottom Up-, d.h. der Aufwärts-Kommunikation ist weitaus begrenzter. Es geht um die Kommunikation von unten nach oben wie beispielsweise Brief- und Kummerkästen, Berichte, Aktenvermerke und das betriebliche Vorschlagwesen. Im Krisenmanagement kann diese Art der Kommunikation von großer Bedeutung für den Erfolg der gesamten Krisenbewältigung sein. Die Mitarbeiter und Führungskräfte selbst verfügen in der Regel über Verbesserungsvorschläge und Problemlösungen. Häufig resultieren Unternehmenskrisen sogar aus der Tatsache, dass Fehlentwicklungen nicht in die entsprechenden Management- und Entscheidungsebenen transportiert werden. Weiterhin kann die Bereitstellung von zusätzlichen Möglichkeiten der Aufwärtskommunikation das Gefühl vermitteln, ernst genommen und gebraucht zu werden sowie einen eigenen Beitrag zur Krisenbewältigung beisteuern zu können.[574]

Zu den Instrumenten der horizontalen Kommunikation gehören beispielsweise Besprechungen, Gruppenmeetings, Projektgruppen, Qualitätszirkel oder Task Forces.[575]

---

573 Vgl. Mast (Unternehmenskommunikation, 2002), S. 255-256.

574 Vgl. Mast (Unternehmenskommunikation, 2002), S. 257-259.

575 Vgl. Mast (Unternehmenskommunikation, 2002), S. 259-260.

Auch informelle Gespräche und Gerüchte können der Horizontalkommunikation zugeordnet werden.[576] Diese dienen dem umfassenden Austausch von Wissen und Erfahrungen über alle Hierarchiestufen und Ressortgrenzen hinweg. Trotz der genannten Vorteile der Aufwärts- und Horizontalkommunikation verfügen Unternehmen meist nur über gut organisierte Kanäle der Abwärtskommunikation. Es gilt somit, die Bottom Up- und Horizontal-Kommunikation zu intensivieren.

Abbildung 39 zeigt eine Differenzierung der Medien nach personaler, schriftlicher und elektronischer Kommunikation. Die aufgeführten Instrumente stellen die gängigsten Medien dar. Studien zur Unternehmenskommunikation belegen, dass sich die interne Medienlandschaft gegenwärtig in einem rasanten Wandel befindet.[577] Dies bedeutet in erster Linie, dass das Intranet innerhalb weniger Jahre auf den ersten Platz der internen Medien vorgestoßen ist.[578] Vor allem internationale Organisationen sind noch stärker als nationale Unternehmen auf eine erfolgreiche interne Kommunikation angewiesen, um eine gemeinsame Organisationskultur und eine Identifikation der Mitarbeiter mit dem Unternehmen zu erreichen. Sowohl räumliche als auch zeitliche Barrieren können mit Hilfe von elektronischen Medien besser überwunden werden.[579] Das Auftauchen neuer Kommunikationswege hat in den letzten Jahren zu der Notwendigkeit geführt, den Einsatz dieser vielen verschiedenen Optionen systematisch zu planen.[580] Eine Kombination der Medien im so genannten Kommunikations-Mix im Sinne einer „crossmedialen Verknüpfung" ist sinnvoll.[581] Im Rahmen von Cross Media sind gedruckte und elektronische Medien sowie die persönliche Kommunikation bestmöglich zu vernetzen.[582] Im Folgenden wird auf die

---

576 Wie bereits in Kapitel 6.4.1 dargestellt, diffundieren in Gerüchte relative unsystematisch und über Hierarchiegrenzen hinweg. Informelle Gespräche und Gerüchte sind somit nicht ausschließlich der Horizontalkommunikation zuzuordnen, sondern gleichzeitig auch der vertikalen Kommunikation.

577 Vgl. dazu z.B. Mast (Crossmedia, 2003). Das Fachgebiet Kommunikationswissenschaft und Journalistik der Universität Hohenheim führt dazu eine Langzeitstudie durch, die jährlich den neuesten Entwicklungsstand bei den DAX-100-Unternehmen abfragt. Befragt werden die Leiter der Unternehmenskommunikation.

578 Vgl. Mast (Crossmedia, 2003), S. 6.

579 Vgl. Huck (Internationale Unternehmenskommunikation, 2005), S. 86.

580 Vgl. Mast (Unternehmenskommunikation, 2002), S. 270.

581 Vgl. Mast (Crossmedia, 2003), S. 27.

582 Vgl. Mast (Minimax-Prinzip, 2002), S. 28.

Besonderheiten der elektronischen, schriftlichen und persönlichen Kommunikation eingegangen.

7.4.1.1 Elektronische Kommunikation

„Wer vor 10 Jahren prognostiziert hätte, dass es möglich sein würde, den 100.000 Mitarbeitern eines weltweit vertretenen Unternehmens ohne großen logistischen, personellen und finanziellen Aufwand zur selben Minute ein und dieselbe Botschaft zukommen zu lassen, den hätte man für verrückt erklärt.“[583]

Die ersten Intranets als betriebsinterne elektronische Kommunikationssysteme entstanden in Deutschland Mitte der 90er Jahre. Zu dieser Zeit stellten diese in der Regel noch unsystematische und intransparente Informationssammlungen dar, die vordergründig nach dem persönlichen Geschmack der verschiedenen Aktivisten gestaltet wurden.[584] Mittlerweile gilt das Intranet in zahlreichen Unternehmen als das wichtigste Leitmedium und hat an Einfluss in der Mitarbeiterkommunikation gewonnen.[585] Stellte vor wenigen Jahren das Intranet noch das „neue“ Medium dar, so gilt es heute im Medien-Mix der internen Kommunikation schon als Standard.[586] Vor allem in Unternehmen mit einem hohen Anteil an Büro-Arbeitsplätzen, wie z.B. Banken, Versicherungen und Verwaltungen bekommen die Printmedien ernsthafte Konkurrenz durch interne Mitarbeiterportale. Auch in Unternehmen mit einem hohen Anteil an gewerblich Beschäftigten wird mittlerweile der Intranet-Zugang über PC-Kioske oder Internetcafes in den Produktionsbereichen gewährleistet.[587]

Abbildung 40 zeigt, dass bei den DAX-100 Unternehmen 75% der Mitarbeiter einen Zugang zum Intranet haben und bereits in der Hälfte der untersuchten Unternehmen das Intranet das wichtigste Medium der Mitarbeiterkommunikation darstellt. Die

583 Fey/Martin (Intranet, 2003), S. 257.

584 Vgl. Schick (Interne Unternehmenskommunikation, 2005), S. 174.

585 Vgl. dazu z.B. Mast (Minimax-Prinzip, 2002), S. 26; Mast (Interne Unternehmenskommunikation, 2002), S. 43.

586 Vgl. Fey/Martin (Intranet, 2003), S. 257.

587 Vgl. Mast (Unternehmenskommunikation, 2002), S. 263.

Abbildung präsentiert außerdem, für welche Inhalte das Intranet erfahrungsgemäß häufig und für welche selten genutzt wird.

Zugang der Mitarbeiter zum Intranet

...können das neue Medium direkt am Arbeitsplatz-PC nutzen	63%
...können es über Terminals, PC-Kioske oder Internetcafes nutzen	12%
...haben (noch) keinen Zugang zum Intranet	25%

Bedeutung des Intranet im Vergleich zu Printmedien

In der folgenden Anzahl der Unternehmen in % ist in der Unternehmenskommunikation

... das Intranet das wichtigste Medium geworden	49%
... Intranet und gedruckte Medien wie MAZ sind etwa gleich wichtig	31%
... gedruckte Medien, vor allen MAZ wichtiger	20%

Inhalte im Intranet

Erfahrungsgemäß werden häufig genutzt...

- Allgemeine Nachrichten, z.B. Ticker mit aktuellen Meldungen oder Aktienkursen
- Unternehmensspezifische News, z.B. über Ereignisse, Entscheidungen, Produkte, Projekte, Personen
- Pressespiegel, z.B. kommentierte Presseauswertungen
- Personensuchfunktionen, z.B. Telefonverzeichnisse
- Standortspezifische Informationen, z.B. Speiseplan der Kantine
- Allgemeine Personalinformationen, z.B. Gehalt, Weiterbildung, Dienstreisen
- Interner Stellenmarkt, z.B. Job-Börse
- Formulare und Vordrucke, z.B. Beschaffungs- und Dienstleistungsdatenbanken

Erfahrungsgemäß werden selten genutzt...

- Darstellungen einzelner Projekte
- Präsentation anderer Bereiche und Abteilungen
- Richtlinien und Informationen über Arbeitsabläufe
- Werbung
- Fachablagen zu Projekten, Themen, Vorgängen
- Selten benötigte Spezialinformationen

Abbildung 40: Bedeutung des Intranets in der Mitarbeiterkommunikation[588]

„Aufgrund seiner permanenten Verfügbarkeit und Schnelligkeit ist es besonders auch in Krisensituationen das wichtigste Medium."[589] Die Gründe für diese Aussage einiger Autoren liegen in der permanenten Verfügbarkeit sowie der Flexibilität und Aktualität des Instrumentes. Vor allem stark dezentral organisierte Unternehmen, die

[588] Vgl. dazu Mast (Crossmedia, 2003), S. 8-13.

[589] Mast (Interne Unternehmenskommunikation, 2002), S. 44.

über zahlreiche international verteilte Standorte verfügen, können vom Intranet als schnelles und kostengünstiges Kommunikationsnetz profitieren. Ein eigens für die Krisensituation eingerichteter Bereich bzw. eine „Krisen-Site" lässt sich relativ schnell einrichten, wenn das betroffene Unternehmen bereits über ein Intranet verfügt. So ließe sich demonstrieren, dass man die interne Kommunikation in Krisensituationen für bedeutsam einstuft. Die Mitarbeiter fühlen sich ernst genommen. Im Gegensatz zur Mitarbeiterzeitschrift kann tages- bzw. nahezu „real-time"-aktuell berichtet werden. Es besteht außerdem die Möglichkeit zu einem direkten Feedback oder einem Meinungsaustausch in dafür eingerichteten Foren. Mehr und mehr Unternehmen gehen gegenwärtig dazu über, geschlossene Nutzergruppen einzurichten und die Differenzierung von Informationen für bestimmte und klar definierte Personenkreise vorzunehmen.[590] So werden solche Bereiche für Führungskräfte, Betriebsratsinformationen und Projektkommunikation angeboten. Eine differenzierte Ansprache gemäß der zuvor aufgeführten Zielgruppen der internen Kommunikation im Krisenmanagement würde durch die Usergruppen im Intranet möglich. Es kann klar definiert werden, welche Mitarbeiter auf welche Inhalte und Anwendungen Zugriff haben sollen. Auch wenn die Vorteile der elektronischen Kommunikation aus Kosten-, Zeit- und Flexibilitätsaspekten offenkundig sind, werden weder Printmedien noch persönliche Kommunikation ersetzt. Immer dann, wenn es um ein besonderes Maß an Aktualität geht und ein rasches Feedback erforderlich ist, stellt die Online-Kommunikation ein optimales Kommunikationsinstrument dar. Besonders in akuten Krisensituationen, die rasches Handeln erforderlich machen, stellt das Intranet einen unverzichtbaren Kommunikationsweg dar. Dennoch ist eine Loslösung von der persönlichen Interaktion nicht sinnvoll.[591] Zwar sind Zwei-Weg-Kommunikations-Instrumente mit einem weitaus höheren Zeitaufwand und höheren Kosten verbunden, dennoch steigern sie die Akzeptanz der Informationen und es kann eine bessere Überzeugungsarbeit geleistet werden. Zwar eignet sich das Intranet für eine überwiegend sachliche Nachrichtenübermittlung. Eine emotionalisierte Ansprache ist jedoch kaum möglich. Im direkten Kontakt können schon deshalb eine höhere Glaubwürdigkeit und Akzeptanz der Informationen erreicht werden, weil das Gesagte durch Mimik, Gestik und Körpersprache unterstützt wird. So werden in Befragungen beispielsweise Kick-Off-Meetings und Workshops als Spezialform regelmäßiger Tref-

590 Vgl. Mast (Interne Unternehmenskommunikation, 2002), S. 44.

591 Vgl. Bernecker/Reiß (Kommunikation, 2003), S. 20.

fen als gute oder sogar sehr gute Instrumente der Kommunikation im Change-Management dargestellt.[592]

7.4.1.2 Schriftliche Kommunikation

Die schriftliche Kommunikation oder auch Print-Kommunikation setzt sich in der Regel aus der Mitarbeiterzeitschrift, Newslettern, Führungskräfte-Informationen, Pressespiegeln, Aushängen und internen Publikationen zusammen. Im Folgenden soll auf die Mitarbeiterzeitschrift als periodisch erscheinendes Printmedium im Detail eingegangen werden. Diese hat in der internen Kommunikation schon vor Jahren eine Vorreiterrolle eingenommen, stellt meist die Visitenkarte der betrieblichen Mitarbeiterkommunikation und damit das wichtigste Medium zur Information der Belegschaft dar.[593]

Die Mitarbeiterzeitschrift ist aus einer langen Tradition heraus gewachsen – ihre Geburtsstunde fällt in die Zeit der Industrialisierung.[594] Der „Schlierbacher Fabrikbote" als erste deutsche Mitarbeiterzeitschrift erschien erstmals im Jahre 1888 in der Steingutfabrik in Wächtersbach. Arbeiter konnten Nachrichten über Arbeitsjubiläen, Danksagungen, Ermahnungen des Fabrikbesitzers, Todesanzeigen, etc. lesen.[595] Aktuell gibt es in Westeuropa ca. 5.000 Werkszeitschriften mit etwa 40 Millionen Rezipienten. In Deutschland geht man von ca. 900 Mitarbeiterzeitschriften aus, wobei es Schätzungen gibt, die von rund 2.000 verschiedenen Exemplaren ausgehen. So kommt man auf eine Auflage zwischen 10-30 Millionen.[596]

---

592 Vgl. Bernecker/Reiß (Kommunikation, 2003), S. 18.

593 Vgl. dazu z.B. Zander/Halberstadt (Mitarbeiterinformation, 1995), S. 91; Mast (Unternehmenskommunikation, 2002), S. 254; Klöfer (Mitarbeiterführung durch Kommunikation, 2003), S. 43.

594 Vgl. Kalmus (Praxis der internen Kommunikation, 1998), S. 59.

595 Vgl. Mast/Fiedler (Mitarbeiterzeitschriften, 2004), S. 11 und 77.

596 Vgl. Mast/Fiedler (Mitarbeiterzeitschriften, 2004), S. 13-14. Es gibt außerdem einen jährlichen Wettbewerb, der die beste Mitarbeiterzeitschrift in Deutschland prämiert. Dieser Wettbewerb wird von der von der Deutschen Gesellschaft für Public Relations veranstaltet. Vgl. dazu Berg/Kalthoff-Mahnke/Wolf (Jahrbuch Interne Kommunikation, 2005) und Berg/Kalthoff-Mahnke/Wolf (Die Besten, 2004).

Über Jahre hinweg galt die Mitarbeiterzeitschrift als Zentralorgan der Mitarbeiterkommunikation, bis Mitte der 90er Jahre das Intranet und elektronische Medien immer mehr an Bedeutung gewannen.[597] Zwar entschieden sich nur wenige Unternehmen gänzlich gegen das etablierte Printmedium. Eine Neupositionierung in der Medienlandschaft der internen Kommunikation war jedoch unabdingbar, um sich den veränderten Rahmenbedingungen zu stellen.[598] Im Bezug auf die Aktualität und Flexibilität können Emails, Intranet und Business-TV die Mitarbeiterzeitschrift mühelos überholen. Dieser kommt somit eine neue Aufgabe zu.[599] Die Leistung der Printmedien verlagert sich zunehmend auf die Vermittlung von Hintergründen und Zusammenhängen, um die Orientierung und emotionale Bindung der Mitarbeiter an das Unternehmen zu forcieren.[600] Es steht weniger die aktuelle Information der Mitarbeiterschaft im Vordergrund, sondern die Vermittlung von Hintergründen, Zusammenhängen und Problemthemen.[601] Bei einschneidenden Veränderungen ist es unabdingbar, diese nicht nur bekannt zu machen, sondern mit Hilfe von weiterführenden Detailinformationen deren Akzeptanz zu sichern.[602]

Die Stärke der Printmedien im Vergleich zur elektronischen Kommunikation liegt dabei in der Möglichkeit zur vertieften Auseinandersetzung mit Inhalten, der emotionalen Ansprache der Mitarbeiter durch Fotos und Bilder, Zitate und die graphische Aufmachung des Magazins. Für schwierige und komplexe Themen eignet sich die Mitarbeiterzeitschrift besser als elektronische Medien. Unterschiedliche Meinungen und Standpunkte können verdeutlicht werden, es kommt seltener zu Missverständnissen und die Informationen liegen zum Nachlesen und Archivieren schriftlich vor.[603] Moderne Mitarbeiterzeitschriften zeichnen sich durch die folgenden Inhalte aus:[604]

---

597 Vgl. Schick (Interne Unternehmenskommunikation, 2002), S. 127.

598 Vgl. Mast (Minimax-Prinzip, 2002), S. 27; Mast (Interne Unternehmenskommunikation, 2002), S. 45; Mast (Crossmedia, 2003), S. 19.

599 Vgl. Mast/Fiedler (Mitarbeiterzeitschriften, 2004), S. 78.

600 Vgl. Mast (Unternehmenskommunikation, 2002), S. 255.

601 Vgl. Mast (Minimax-Prinzip, 2002), S. 27.

602 Vgl. Mast/Fiedler (Mitarbeiterzeitschriften, 2004), S. 16.

603 Vgl. Herbst (Interne Kommunikation, 1999), S. 83.

604 Vgl. Mast/Fiedler (Mitarbeiterzeitschriften, 2004), S. 84.

- Ziele, Strategien und wichtige Entscheidungen des Unternehmens;
- Visionen, Leitbilder, Grundsätze und ihre Praxis;
- Analyse aktueller Marktentwicklungen;
- Neue Produkte und deren Eingliederung in das Absatzprogramm;
- Erfahrungen aus Projekten;
- Personal- und Führungsthemen;
- Präsentation von Abteilungen und Teams zur Schaffung von Transparenz;
- Vorschlagswesen;
- Ideenwettbewerb;
- Leserbriefe.

In Krisensituationen können Berichte regelmäßiger Bestandteil der existenten Printmedien sein oder aber auch über Sonderausgaben publiziert werden. Vor allem für Unternehmen, die nicht über eine Mitarbeiterzeitschrift verfügen, eignen sich eigene Projektzeitungen oder Rundschreiben. Diese haben den Vorteil der kurzfristigen Anwendbarkeit und weisen bei sparsamer Anwendung eine gewisse Bedeutungssteigerung der übermittelten Inhalte auf.[605]

Von zentraler Bedeutung ist die Entwicklung einer angemessenen Tonalität, die der angespannten und konfliktträchtigen Lage entspricht. Die Mitarbeiter erwarten Antworten auf die Fragen: Bleibt der eigene Arbeitsplatz erhalten? Welche Auswirkungen haben die geplanten Neuerungen auf den individuellen Arbeitsplatz? Welche Abteilungen sind im Speziellen betroffen?[606] Dies gilt es kontinuierlich zu beantworten und nicht nur über positive Entwicklungen zu berichten und Negatives zu verschweigen.[607]

Im Krisenmanagement erweisen sich Printmedien aufgrund ihrer wenig differenzierten Ansprache der einzelnen Mitarbeitergruppen als nachteilig. Speziell zugeschnittene Informationen können hiermit nur bedingt zur Verfügung gestellt werden. Hinzu kommt, dass Mitarbeiterzeitschriften einen Mangel an Aktualität aufweisen, da sie oftmals nur monatlich oder auch nur vierteljährlich erscheinen. Auch sind sie organi-

[605] Vgl. Kling (Change Marketing, 2003), S. 139.

[606] Vgl. Meier (Interne Kommunikation im Unternehmen, 2002), S. 67-68.

[607] Vgl. Schick (Interne Unternehmenskommunikation, 2002), S. 134.

satorisch und finanziell im Vergleich zu den elektronischen Medien relativ aufwendig. In Krisensituationen braucht man einen Medien-Mix, der durch elektronische Instrumente dem Bedürfnis nach aktuellen und schnellen Informationen nachkommt und ergänzt durch Printmedien und persönliche Kommunikation der Emotionalisierung der Mitarbeiter folgt, indem Detailinformationen zu geplanten Vorhaben und Veränderungen geliefert werden. Erst ein solches Zusammenspiel im Medien-Mix kann ein zufrieden stellendes Ergebnis liefern.

7.4.1.3 Persönliche Kommunikation

Die persönliche Kommunikation kann sowohl als Individual- als auch als Massenkommunikation ausgestaltet sein. Zu den Instrumenten der persönlichen Kommunikation zählen beispielsweise Mitarbeiter- und Führungsgespräche, Abteilungsmeetings, Betriebsversammlungen, Round-Table-Gespräche und Managementkonferenzen sowie interne Trainings und Workshops, Projektgruppen und Informationsforen.

Die Bedeutung der persönlichen Kommunikation im Kontext der Mitarbeiterkommunikation steigt. Zwar werden die schriftlichen und elektronischen Medien zunehmend optimiert und professionalisiert. Dennoch ist davon auszugehen, dass die persönliche Kommunikation die wirksamste Form der Informationsübermittlung darstellt.[608] „Das persönliche Gespräch ist – wenn es richtig eingesetzt und praktiziert wird – die wirksamste und effizienteste Form der Kommunikation, da es mehrere Funktionen gleichzeitig erfüllt: Information, Interaktion, Interpretation und Beeinflussung.“[609]

In erster Linie bietet die direkte Kommunikation den Vorteil, dass unmittelbare Rückkopplungsmöglichkeiten bestehen. So können Gegenmeinungen ohne Umwege aufgenommen werden. Mitarbeiter können Rückfragen stellen, so dass bestimmte Sachverhalte zusätzlich detailliert und Missverständnisse geklärt werden.[610] Sollen

608 Vgl. Mast (Minimax-Prinzip, 2002), S. 28.

609 Mast (Unternehmenskommunikation, 2002), S. 268.

610 Vgl. Herbst (Interne Kommunikation, 1999), S. 97.

Mitarbeiter für unangenehme und schwierige Aufgaben gewonnen und Vertrauen und Glaubwürdigkeit in die Kompetenz und Souveränität des Managements vermittelt werden, so gilt der persönliche Dialog als präferiertes Medium. Ein Höchstmaß an emotionaler Ansprache ist möglich. Die Face-to-Face-Kommunikation eignet sich daher besonders zur Motivation und Integration von Mitarbeitern und Führungskräften in Krisensituationen.[611] Wird beispielsweise aus aktuellem Anlass von der Geschäftsleitung eine Betriebsversammlung einberufen, so kann die direkte Information eine Vielzahl von Mitarbeitern erreichen und die damit produzierte Öffentlichkeit signalisiert eine hohe Verbindlichkeit der übermittelten Informationen.[612] Vor allem zu Beginn von Veränderungen und Neuerungen im Unternehmen sind Kick-Off-Meetings und Auftaktveranstaltungen zur Information über Ziele, Hintergründe, Vorgehensweisen, Organisation und Zeitplan ein wichtiges Instrument.[613] Dabei sollten die Führungskräfte als Multiplikatoren speziell auf ihre neue Kommunikationsaufgabe in Krisensituationen sensibilisiert, vorbereitet und geschult werden. Sie nehmen im Rahmen der Face-to-Face-Kommunikation eine Sonderstellung ein, da sie im persönlichen Gespräch mit den eigenen Mitarbeitern überzeugen müssen. Die Kommunikationsfähigkeiten der leitenden Mitarbeiter sollten als Kriterium in die Planung und Durchführung von Personalentwicklungsmaßnahmen einfließen.

HypoVereinsbank und *Hypo Real Estate Bank AG* haben beispielsweise im Rahmen umfangreicher Restrukturierungsprojekte und Personalabbau Workshops für Führungskräfte durchgeführt, um diese auf ihre besondere Rolle in einem solchen Prozess vorzubereiten.[614] Es ging um die Vermittlung von Zielsetzung und Gründen, arbeitsrechtlichen Rahmenbedingungen und Hilfestellungen zum Umgang mit den verbleibenden Mitarbeitern. Diese Tagesworkshops wurden zusammen mit Personalbetreuern, Arbeitsrechtlern und Linienverantwortlichen geplant und durchgeführt. Weiterhin wurden Workshops für die verbleibenden Mitarbeiter organisiert, um Klarheit und Transparenz im Bezug auf die folgenden Fragen zu schaffen: Wie wird die Entwicklung des Unternehmens in Zukunft aussehen? Welche Rolle übernimmt der einzelne dabei? Wie gestaltet sich die Arbeit in den neu zusammengesetzten

611 Vgl. Mast (Unternehmenskommunikation, 2002), S. 268.

612 Vgl. Kling (Change-Marketing, 2003), S. 143.

613 Vgl. Kling (Change-Marketing, 2003), S. 144.

614 Vgl. Hindel/Ratzke (Personalabbau, 2004), S. 60-63.

Teams? Als Ergebnis konnten damit eine stärkere Vernetzung, eine Verringerung von Informationsdefiziten und damit eine Steigerung der Mitarbeitermotivation erzielt werden.

7.4.2 Untersuchungen und Beispiele zur internen Krisenkommunikation

Vor allem in der Krisensituation zwingen die eingeschränkten personellen, finanziellen und zeitlichen Kapazitäten und der gleichzeitige Handlungs- und Erfolgsdruck dazu, aus dem Überangebot an Kommunikationsmitteln das Richtige auszuwählen. Die crossmediale Bearbeitung von Inhalten gilt als Voraussetzung für einen kostengünstigen Ablauf und eine gezielte Vernetzung.[615] Es kann vermieden werden, dass unterschiedliche Teams z.B. für Mitarbeiterzeitschrift und Intranet getrennt voneinander agieren und damit wertvolle Ressourcen verschwenden. Eine enge Kooperation zwischen den Spezialisten für die verschiedenen Medien unter einheitlicher Leitung kann die Verknüpfung, Koordination und Integration der Kommunikationsanstrengungen in der Krise hinsichtlich Einsatz, Zielgruppe, Funktion, Inhalt und Form gewährleisten.[616] Dies kann zusätzlich durch die Einrichtung einer entsprechenden Projektorganisation unterstützt werden.[617]

An der Freien Universität Berlin wurde 2002 eine schriftliche Befragung unter Verantwortlichen für interne Kommunikation in deutschen Großunternehmen durchgeführt. Man ging der Frage nach, welche Rolle die Mitarbeiterkommunikation im organisatorischen Wandel einnimmt.[618] Überprüft wurde unter anderem, welche Medien und Maßnahmen in Veränderungsprozessen genutzt werden.

[615] Vgl. Mast (Crossmedia, 2003), S. 27-31.

[616] Vgl. Meier (Interne Kommunikation im Unternehmen, 2002), S. 49.

[617] Vgl. dazu Kapitel 7.3.

[618] Vgl. Rubba (Hofberichterstatter, 2003), S. 18 ff.

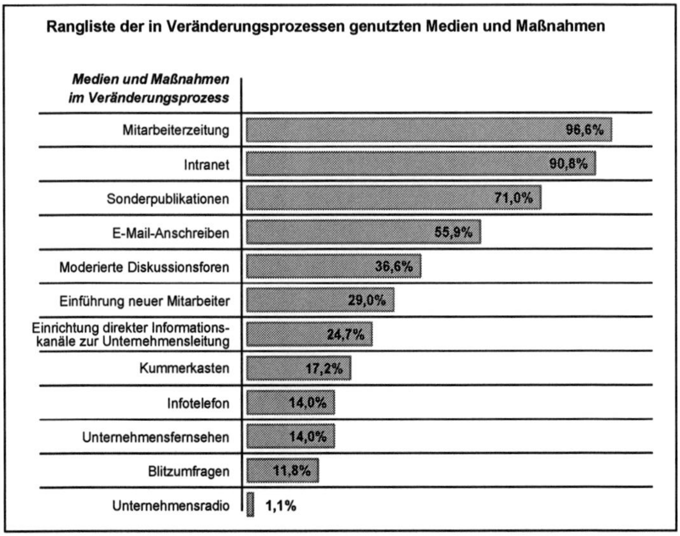

Abbildung 41: Kommunikationsmedien im Veränderungsprozess[619]

Abbildung 41 zeigt, dass in erster Linie Medien der internen Massenkommunikation genutzt werden. Die Mitarbeiterzeitung steht vor dem Intranet an erster Stelle der Rangfolge. Printmedien wie die klassische Mitarbeiterzeitschrift und Sonderpublikationen nehmen nach wie vor eine Vorreiterrolle im Medien-Mix ein. Weiterhin fällt auf, dass dialogorientierte Medien nur relativ spärlich eingesetzt werden. So werden beispielsweise moderierte Diskussionsforen in 37% der untersuchten Unternehmen angeboten. 25% etablieren bei organisatorischen Veränderungen direkte Kommunikationskanäle zur Unternehmensleitung. Die aufgeführten Ergebnisse sind für eine Übertragung auf die interne Kommunikation im Krisenmanagement nur bedingt geeignet. In der Regel lassen sich Veränderungsprozesse frühzeitig und längerfristig vorbereiten, während dies in Krisensituationen nur eingeschränkt möglich ist.[620] Je weiter ein Unternehmen demnach innerhalb der Krisenphasen fortgeschritten ist, d.h. je mehr bedrohlich die Krisensituation ist und je mehr sich damit der Handlungs- und Zeitdruck erhöhen, desto eher weicht die Krisensituation von den beschriebenen Veränderungsprozessen ab.

619 Vgl. Rubba (Hofberichterstatter, 2003), S. 21.

620 Vgl. dazu Kapitel 5.2.

Eine weitere empirische Untersuchung des Lehrstuhls für Organisation der Universität Stuttgart hat im Jahr 2002 die Bedeutung und Ausgestaltung der Mitarbeiterkommunikation im Change-Management untersucht.[621] Expertenbefragungen mit ausgewählten Change-Agents wurden durchgeführt. Mit Hilfe eines teil-standardisierten Fragebogens wurden Einschätzungen zum Thema „Kommunikation" im Change-Management abgefragt. Die Autoren der Studie fassen ihre Ergebnisse auf die folgenden Kernpunkte zusammen:[622] Konventionelle Kommunikationsinstrumente wie die Mitarbeiterzeitschrift oder Aushänge am schwarzen Brett werden nicht vollständig durch die neuen Medien substituiert. Intranet- und Email-Lösungen können zwar klassische Einweg-Informationsinstrumente weitgehend ersetzen, dennoch wird insbesondere die persönliche Interaktion im Change-Management als sinnvoll erachtet. Zwei-Wege-Kommunikationsinstrumente stellen nach Meinung der Befragten wertvolle, weil akzeptanzsteigernde Instrumente dar.

Im Bezug auf die Einsatzhäufigkeit der Medien lässt sich feststellen, dass Aushänge an schwarzen Brettern, die Mitarbeiterzeitschrift, Email-Newsletter und das Intranet immer bzw. oft genutzt werden. Instrumente der internen Massenkommunikation werden verstärkt eingesetzt. Gesonderte Instrumente für das spezielle Anwendungsgebiet „Change-Management" wie Change-Broschüren, Kick-off-Meetings und Workshops finden ebenfalls verbreitete Anwendung. Lediglich das Change-Video bzw. Business-TV findet nur sehr vereinzelten Gebrauch in der Unternehmenspraxis.[623]

621 Vgl. Bernecker/Reiß (Kommunikation im Wandel, 2002), S. 352-359; Bernecker/Reiß (Kommunikation, 2003), S. 14-20; Bernecker/Reiß (Wandel, 2003), S. 32-41.

622 Vgl. Bernecker/Reiß (Kommunikation, 2003), S. 20.

623 Dies mag daran liegen, dass sowohl Video als auch Business TV keine weit verbreiteten Medien der internen Kommunikation darstellen und deshalb auch im Change-Management nur selten zum Einsatz kommen.

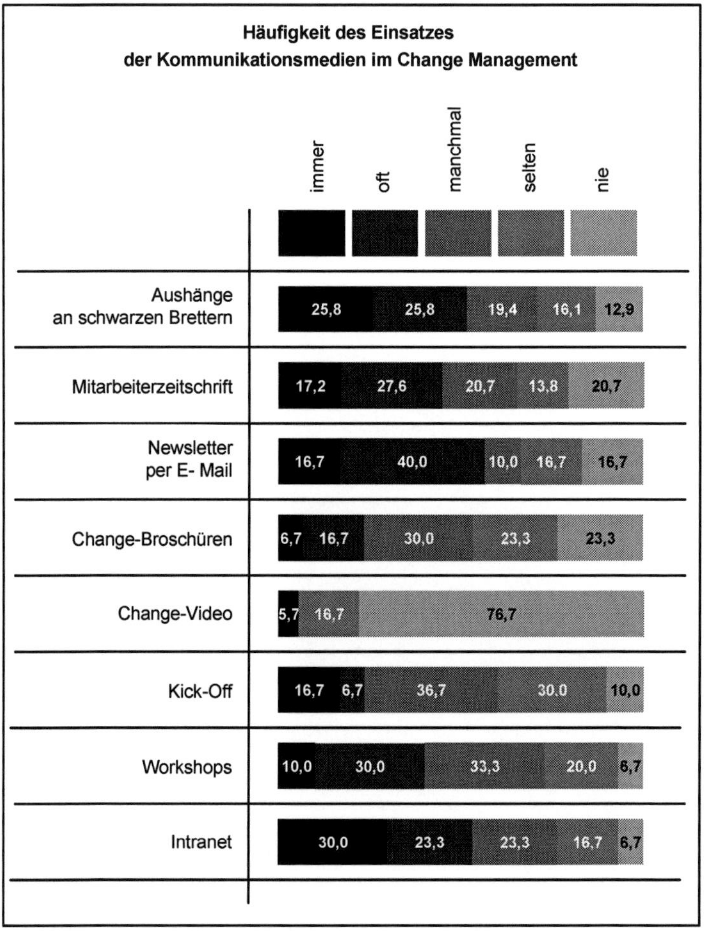

Abbildung 42: Einsatzhäufigkeit Medien im Change-Management[624]

Auch wenn die Zwei-Wege-Kommunikationsinstrumente „Kick-Off" und „Workshops" nicht in der gleichen Häufigkeit eingesetzt werden wie die Instrumente der internen Massenkommunikation, so wird ihnen doch die höchste Wirksamkeit im Change-Management beigemessen. Fast 90% der Befragten sind der Meinung, dass

[624] Vgl. Bernecker/Reiß (Kommunikation, 2003), S. 16-18.

diese Art der Kommunikation gute oder sogar sehr gute Instrumente der Informationsübermittlung darstellt.[625]

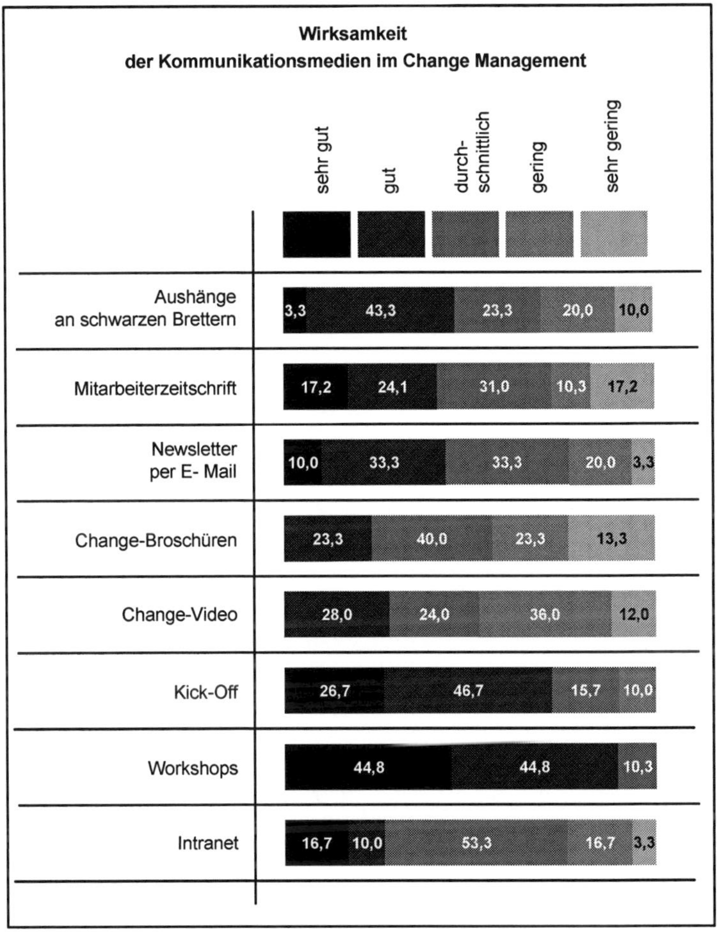

Abbildung 43: Wirksamkeit Medien im Change-Management[626]

625 Vgl. Bernecker/Reiß (Kommunikation, 2003), S. 18.

626 Vgl. Bernecker/Reiß (Kommunikation, 2003), S. 16-18.

Das Beispiel der Fusion von *Deutscher BP* und *Veba Oel/Aral* zeigt, wie ein crossmedialer Mix im Rahmen der internen Kommunikation dazu beitragen kann, den Zusammenschluss von zwei Großunternehmen aktiv zu unterstützen, indem Mitarbeiter nachhaltig motiviert und so die erhofften Synergiepotenziale ausgeschöpft werden.[627] Zwar handelt es sich bei einem derartigen Unternehmenszusammenschluss nicht um eine Krisensituation im engeren Sinne. Nichts desto trotz kann das vorliegende Beispiel im Sinne von „Best Practice“ wertvolle Hinweise für die Gestaltung der internen Krisenkommunikation liefern. So führte die Übernahme der *E.ON* Tochterfirma *Veba Oel/Aral* durch die *Deutsche BP* für nahezu jeden Konzernmitarbeiter zu weitreichenden Veränderungen im direkten persönlichen Umfeld (wie z.B. Umzug, Wohnungssuche), zu Veränderungen in der Arbeitsumgebung (wie z.B. neue Kollegen und Vorgesetzte) und zu neuen Arbeitsprozessen. Die Zielsetzungen der internen Kommunikation wurden wie folgt formuliert:[628]

- Die Mitarbeiter sollen die Notwendigkeit der Veränderungen verstehen.
- Die Mitarbeiter sollen Veränderungen mittragen und akzeptieren.
- Die Mitarbeiter sollen keine Angst vor Veränderung haben.
- Die Mitarbeiter sollen Energie und Motivation für den Veränderungsprozess aufbringen.
- Die Mitarbeiter sollen Veränderungen aktiv gestalten.
- Die Mitarbeiter sollen das Unternehmen nicht aus Angst vor der Veränderung verlassen.

Als Eckpunkt des Kommunikationsprogramms benannten Management und Personalvertretungen die Betonung emotionaler Aspekte. Es wurde erkannt, dass nur eine offene und direkte Kommunikation bei den Mitarbeitern Loyalität und Identifikation hervorbringen kann. Auch wurde bei der Abstimmung von interner und externer Kommunikation darauf geachtet, den Mitarbeitern einen Informationsvorsprung zu gewähren. In der Reihenfolge der Kommunikationsaktivitäten räumte man der Belegschaft eine Priorität vor der Öffentlichkeit ein. Für den Zeitraum der Integration der beteiligten Unternehmen wurden außerdem spezielle Kommunikationsmedien entwickelt. Die „Kernmedien“ waren ein neu entwickeltes Mitarbeitermagazin und

[627] Vgl. Weiand/Kopfer (Interne Kommunikation, 2006), S. 50 ff.

[628] Vgl. Weiand/Kopfer (Interne Kommunikation, 2006), S. 53.

ein spezieller Intranet-Auftritt, welche beide unter dem Logo *„strong2gether"* auftraten. Die neue Mitarbeiterzeitschrift erschien in der Integrationsphase alle zwei Monate und informierte 10.000 Mitarbeiter zeitnah über Änderungen in der Organisationsstruktur, neue Arbeitsprozesse und die entsprechenden Geschäftsbereiche, Standorte und Produkte der verschmelzenden Unternehmen. Unterstützt wurde dieses Printmedium durch das *„strong2gether"*-Intranet, welches zum Teil die gleichen Themen aufgriff und diese durch die Möglichkeit zu anonymen Fragen über einen Dialogbereich ergänzte. Auf elektronischem Wege wurde außerdem über Newsletter mit tages- bzw. stundenaktuellen Informationen zum Fusionsvorhaben kommuniziert. Emails hingegen wurden nur für besonders wichtige Nachrichten eingesetzt. Für die Zielgruppe der Führungskräfte wurde eigens der vierzehntägige *„Top 200 Newsletter"* etabliert, um das Topmanagement mit aktuellen Informationen zu versorgen, die dann an die Mitarbeiter weitergeben wurden. Im Rahmen der direkten bzw. persönlichen Kommunikation etablierte das Management so genannte *„Townhalls"*, die eine ungefilterte Kommunikation zwischen Mitarbeitern und Führungskräften ermöglichten. Zwar wurde die mündliche Kommunikation im Vergleich zur schriftlichen Kommunikation als aufwändiger, jedoch gleichzeitig als wirkungsvoller eingeschätzt. Das vorliegende Beispiel zeigt, dass mit Hilfe einer klarer Zielsetzung und der Formulierung von Leitideen die außergewöhnliche Kommunikationssituation einer Fusion oder auch Krise so beherrscht werden kann, dass hohe Unsicherheiten und kursierende Gerüchte von vornherein minimiert werden. Es wurde deutlich, dass ein speziell entwickeltes Instrumentarium der allgemeinen Emotionalität der Situation durch eine gezielte Kontrapunktsetzung gerecht wird und so eine höhere Aufmerksamkeit erzeugt als der Rückgriff auf ein bestehendes Instrumentarium. Auch kann ein kompatibles System aus Printmedien, elektronischen und persönlichen Kommunikationsinstrumenten im kontinuierlichen Einsatz die speziellen Anforderungen an ein Krisen-Kommunikationsprogramm erfüllen.

Ein ebenso gutes Beispiel liefert die Ausgliederung von Chemie-Aktivitäten sowie Teilen des Polymergeschäftes der *Bayer Chemicals AG* in die neue und eigenständige Gesellschaft *Lanxess* im Jahre 2004.[629] Es handelte sich um eine der größten Unternehmensausgründungen in Deutschland, da 20.000 der 115.000 *Bayer*-Mitarbeiter

629 Vgl. zu den Ausführungen des Lanxess-Beispiels: Müller (Interne Kommunikation im Change Management, 2006), S. 4 ff.

davon betroffen waren. Das Konzept und die Umsetzung der internen Kommunikation für diesen Reorganisations-Prozess wurden mit dem *Trimedia Award* für interne Kommunikation und Change-Management 2005 ausgezeichnet.[630] Die besondere Herausforderung der Entwicklung des Kommunikationskonzeptes lag in einer sehr kurzen Vorbereitungsphase, in der unter strenger Geheimhaltung sowohl die einzusetzenden Instrumente als auch ein detaillierter Zeitplan geplant und ausgearbeitet wurden. So war das neu ausgegliederte Unternehmen in der Lage, unmittelbar nach der Aufsichtsratssitzung, d.h. am „Day One" mit einer umfangreichen Informationskampagne zu starten. *Lanxess* bewältigte über einen Zeitraum von zwei Jahren eine hohe Zahl einschneidender Veränderungen, wie z.B. die Entscheidung zum Börsengang durch Spin-Off, diverse Restrukturierungsphasen und der Verkauf und die Ausgliederung einzelner Geschäftsbereiche. Bis zum gegenwärtigen Zeitpunkt kann auch noch nicht von einem Abschluss der Restrukturierung gesprochen werden. Zunächst galt es mit Hilfe der Kommunikationsaktivitäten für das neu gegründete Unternehmen mit geringer Unternehmensbekanntheit eine neue Unternehmenskultur und Identität aufzubauen. Die Mitarbeiter sollten von Anfang an in die Veränderungsprozesse einbezogen und von den positiven Auswirkungen auf ihren Arbeitsplatz überzeugt werden, da sie durch die umfangreichen Restrukturierungsmaßnahmen und Ängste vor Arbeitsplatzverlust im neuen *Lanxess* Konzern verunsichert waren. Als Kernziele der internen Kommunikation wurden der Aufbau eines entsprechenden Commitments der Mitarbeiter sowie die Bindung der Leistungsträger an das Unternehmen durch das Aufzeigen von Zukunftsperspektiven formuliert.

Auch galt es, den Konzern als attraktiven Arbeitgeber bei potenziellen Bewerbern und High-Potentials zu positionieren. Eine grundlegende Leitlinie der Kommunikationsstruktur war die so genannte „One-Voice Kommunikation". Ausschließlich *Lanxess* Vorstände und der Bereich für Corporate Communications hatten die Erlaubnis zu kommunizieren. Jede weitere Art der Kommunikation musste vorab autorisiert werden. Statements von Mitarbeitern waren nicht erlaubt. Weiterhin etablierte man eine weltweite „Kommunikationskaskade", die den Informationsfluss vom Vorstand bzw. Headquarter über die einzelnen Länder, Standorte und Group Functions hin zu den Teamleitern und Teams organisierte. Sowohl „One-Voice Kommunikation" als auch die „Kommunikationskaskade" ermöglichten die Weitergabe von stringenten

[630] Vgl. www.prreport.de/awards/2005/interne_kommunikation.html.

und eindeutigen Botschaften über die klar definierten Kommunikationswege und garantierten damit eine korrekte und unverfälschte Weitergabe der Informationen an die nachfolgenden Hierarchiestufen. Das Kommunikationsinstrumentarium zur kommunikativen Begleitung der Restrukturierungsprozesse setzt sich bei *Lanxess* aus einem zweitmonatlich erscheinenden Printmedium – der Mitarbeiterzeitung *„Xpress"* – sowie aus dem Intranetportal *„Xnet"* und der direkten und persönlichen Face-to-Face-Kommunikation zwischen Vorstand, Management und Mitarbeitern zusammen. Die Mitarbeiterzeitung dient in erster Linie der ausführlichen Berichterstattung und der Erklärung der Notwendigkeit der Restrukturierungsmaßnahmen. Das Intranetportal hingegen wird vor allem für die schnelle und kostengünstige Veröffentlichung von wichtigen Nachrichten genutzt. Für Mitarbeiter, die nicht über einen Intranet-Zugang verfügen, werden die entsprechenden Inhalte am schwarzen Brett ausgehängt. Der persönlichen Kommunikation wurde bei der Ausgliederung von *Lanxess* eine besonders große Bedeutung beigemessen. So gab es unmittelbar nach dem Beschluss über die Ausgründung eine Vollversammlung in Leverkusen, die live an alle deutschen Standorte übertragen wurde.

Auch wurden die unmittelbar betroffenen *Bayer*-Mitarbeiter von ihren Vorgesetzten persönlich über die anstehenden Veränderungen informiert. Zur Face-to-Face-Kommunikation gehörte außerdem der Besuch von Produktionsstätten durch die Vorstände, Round Table Gespräche sowie die Präsenz der Vorstände und des Managements bei Veranstaltungen. Die persönliche Kommunikation konnte einen Beitrag dazu leisten, den Informationen eine hohe Glaubwürdigkeit zu verleihen und so ein breiteres Verständnis für die Unternehmensziele zu erreichen. Die Mitarbeiter fühlten sich durch die Möglichkeit zum Dialog und zum Austausch mit den Vorständen ernst genommen und dies führte letztendlich dazu, dass die umfangreichen Restrukturierungen auf einen geringeren Widerstand stießen und die Bereitschaft zur aktiven und engagierten Unterstützung derselben gestärkt wurde.

7.5 Auswahl und Gestaltung der Kommunikationsinhalte

Nachdem im vorangegangenen Kapitel auf die Auswahl und Gestaltung der Medien eingegangen wurde, soll nun erläutert werden, wie die entsprechenden Inhalte der

Krisenkommunikation zu gestalten sind. Das traditionelle Kommunikatoren-Verständnis geht davon aus, dass man sich zunächst um die Auswahl der Medien kümmert und die entsprechenden Inhalte von selbst kommen.[631] In Krisensituationen ist diese Aussage jedoch umzudrehen: „Ich kümmere mich zunächst um die Inhalte, dann kommen die Instrumente."[632]

Mitarbeiter und Führungskräfte erwarten Antworten zu den Gründen von anstehenden Veränderungen und deren Bedeutung für den Arbeits- und Geschäftsalltag. Sie wollen plausibel erklärt bekommen, warum es sich für sie lohnt, die Veränderungen anzunehmen, zu akzeptieren und aktiv zu unterstützen.[633] Untersuchungen haben ergeben, dass nur 75% der so genannten Change-Agents die Betroffenen über die unmittelbaren Folgen einer Veränderung wie beispielsweise Personalfreisetzungen und neue Arbeits- und Stellenanforderungen in Kenntnis setzen. Vor allem dann, wenn Probleme auftreten, wird dies in weniger als 50% der Fälle kommuniziert, meist vor dem Hintergrund, einer Demotivation der Mitarbeiter vorzubeugen.[634]

Das Problem des richtigen Kommunikationszeitpunktes wurde bereits an anderer Stelle dieser Arbeit diskutiert.[635] Ein frühzeitiges Einbeziehen der Belegschaft erscheint sinnvoll. Es ist jedoch genau abzuwägen, welche Inhalte zu einem frühen Zeitpunkt kommuniziert werden.[636] Dabei sollten den Mitarbeitern aller Hierachiestufen die Ängste genommen werden, dass die anstehenden Veränderungen ausschließlich negative Konsequenzen für den eigenen Arbeitsplatz beinhaltet. Die Unternehmensleitung sollte offen klären, ob mit anstehenden Umstrukturierungen Personalabbau verbunden ist und wie das Unternehmen mit diesem Problem umzugehen gedenkt. Die folgenden Punkte bilden die Grundbausteine für eine erste Kontaktaufnahme zwischen Unternehmensleitung und Mitarbeitern:[637]

---

631 Vgl. Deekeling/Barghop (Kommunikation, 2003), S. 41.

632 Deekeling/Barghop (Kommunikation, 2003), S. 41.

633 Vgl. Deekeling/Barghop (Kommunikation, 2003), S. 40.

634 Vgl. Bernecker/Reiß (Kommunikation, 2003), S. 15.

635 Vgl. dazu Kapitel 5.4.5.

636 Vgl. Zowislo/Schwab (Interne Kommunikation, 2003), S. 27.

637 Vgl. Zowislo/Schwab (Interne Kommunikation, 2003), S. 29.

- Kurze Darstellung der Art der anstehenden Veränderung;
- Datum und Vorlaufzeit zur Einführung;
- Mögliche negative Konsequenzen für die Belegschaft;
- Aufforderung zum Dialog.

Insbesondere der letzte Punkt ist in der Krisenkommunikation von großer Bedeutung. Die Möglichkeit eines jeden Mitarbeiters, die eigene Meinung anzubringen, Probleme zu diskutieren und Bedenken zu äußern, kann Fehleinschätzungen des Managements vorbeugen und wertvolle Hinweise zur Krisenbewältigung beitragen. Ebenso wird damit eine hohe Wertschätzung der Mitarbeitermeinung und Partizipation derselben an den betrieblichen Geschehnissen demonstriert.

In der Regel beinhaltet die interne Kommunikation Informationen zu den folgenden Punkten:[638]

- Wie gestalten sich Prozesse und Strukturen im Unternehmen und wer ist Ansprechpartner für welche Problembereiche?
- Welche Ziele verfolgt das Unternehmen und welchen Beitrag kann der einzelne zur Erreichung dieser Ziele beitragen?
- Wie laufen Entscheidungsprozesse im Unternehmen ab?
- Was macht die Unternehmensidentität aus und wie unterscheidet sich das eigene Unternehmen von anderen?
- Wie werden Rückschläge, Fehlverhalten, Bedrohungen und Schwächen thematisiert und überwunden?

Dieses mögliche Spektrum an Informationsinhalten spricht die unterschiedlichen Interessenlagen und Ansprüche der einzelnen Mitarbeitergruppen an. Letztendlich sind die Informationsbedürfnisse nicht nur von der aktuellen Unternehmenssituation abhängig, sondern auch von der Dauer der Unternehmenszugehörigkeit des Mitarbeiters, dessen Bildungsgrad, Arbeitsbereich und auch von allgemeinen Unternehmensmerkmalen wie Größe, Struktur und Marktstellung des Unternehmens.[639]

---

[638] Vgl. Mast (Unternehmenskommunikation, 2002), S. 253-254.

[639] Vgl. Mast (Unternehmenskommunikation, 2002), S. 253.

In Krisensituationen wandelt sich das Informationsbedürfnis. Es werden vor allem Informationen zu den Gründen und Zielen anstehender Veränderungen, zum Zeitplan der Krisenbewältigungsmaßnahmen und zu den Auswirkungen für den eigenen Arbeitsalltag erwartet.[640] Dabei lassen sich drei Themenkomplexe identifizieren:[641]

1. **Gründe einer Veränderung**, d.h. warum sind die anstehenden Umgestaltungen im Unternehmen notwenig;

2. **Inhalte einer Veränderung**, d.h. welche Strukturen und Prozesse sind betroffen und handelt es sich um globale, unternehmensweite oder lokale, auf den einzelnen Arbeitsplatz bezogene Restrukturierungen;

3. **Folgen einer Veränderung**, d.h. welche Veränderungen ergeben sich im Bezug auf die Belegschaftsgröße, gibt es eine Neuverteilung der Aufgaben und wirken sich die Vorhaben auf das persönliche und unmittelbare Arbeitsumfeld des einzelnen aus.

Unsicherheiten ergeben sich insbesondere dann, wenn die wahrgenommene Komplexität und die Schwierigkeit des Verstehens der Inhalte besonders hoch sind.[642] Einfache und motivierende Kernaspekte sind zum Verständnis der Hintergründe zu unterstreichen und der relative Vorteil der eingeleiteten Maßnahmen herauszustellen. Der Nutzen der Veränderung ist hervorzuheben und gleichzeitig die Attraktivität des Status Quo zu verringern.[643] Kommunikation im Krisenmanagement ist ein Stück weit mit Werbung im klassischen Sinne zu vergleichen.[644] Mitarbeiter sollen in die Lage versetzt werden, sich in positiver Art und Weise auf die neue Situation einzulassen. Dabei darf das Anpreisen der Veränderung und ihrer Vorzüge nicht Oberhand über eine rational geführte Auseinandersetzung mit der entsprechenden Situation

[640] Vgl. Deekeling/Barghop (Kommunikation, 2003), S. 42.

[641] Vgl. Bernecker/Reiß (Kommunikation im Wandel, 2002), S. 354.

[642] Vgl. Kling (Change-Marketing, 2003), S. 121.

[643] Vgl. Kling (Change-Marketing, 2003), S. 122.

[644] Vgl. dazu die Ausführungen zur Rolle der internen Kommunikation als Komponente des internen Marketings in Kapitel 3.5.3.

nehmen. Eine werbende Botschaft kann dafür sorgen, dass die Belegschaft generell bereit ist, sich auf die anstehenden Herausforderungen einzulassen.[645]

Zusammengefasst kann bezüglich der Gestaltung der Kommunikationsinhalte in der Krise festgehalten werden, dass sich die Informationsbedürfnisse der Belegschaft in dieser Ausnahmesituation verändern. Ausmaß und Gründe der Veränderungen sind anzusprechen und nicht mit blindem Aktionismus und Willkür nach dem Gießkannenprinzip vorzugehen. Die Ziele des Krisenmanagements sollten aus dem „verklausulierten" Diskurs der Unternehmensleitung übersetzt und für den Unternehmensalltag aller Mitarbeiter tauglich gemacht werden.[646] Es ist ebenso wichtig, nicht die Kontrolle über die ablaufenden Kommunikationsprozesse zu verlieren und den Bedürfnissen der unterschiedlichen Zielgruppen der Kommunikation durch die optimale Nutzung der Medienlandschaft der Mitarbeiterkommunikation gerecht zu werden.[647] Den richtigen Medien sind die richtigen Inhalte zuzuordnen, um die Effektivität der internen Kommunikation im Krisenmanagement zu gewährleisten.

7.6 Kontrolle der internen Krisenkommunikation

7.6.1 Ziele und Aufgaben eines Kommunikations-Controllings

Die Möglichkeiten von Erfolgskontrollen in der Unternehmenskommunikation werden in Wissenschaft und Praxis kontrovers diskutiert.[648] So bilden Evaluationen zwar eine durchaus wichtige Phase im allgemeinen Kommunikationsprozess. Fraglich bleibt, ob es überhaupt möglich ist, Wirkungskontrollen in der Unternehmenskommunikation sinnvoll durchzuführen.[649]

Im weitesten Sinne kann ein Kommunikations-Controlling als die Überprüfung der Effektivität und Effizienz der Kommunikationsarbeit verstanden werden.[650] Dabei

645 Vgl. Zowislo/Schwab (Interne Kommunikation, 2003), S. 30.

646 Vgl. Deekeling/Barghop (Kommunikation, 2003), S. 41.

647 Vgl. Zowislo/Schwab (Interne Kommunikation, 2003), S. 32.

648 Vgl. dazu z.B. Bruhn (Integrierte Unternehmens- und Markenkommunikation, 2003), S. 320.

649 Vgl. Mast (Unternehmenskommunikation, 2002), S. 134.

650 Vgl. Mast (Unternehmenskommunikation, 2002), S. 135.

bedeutet das Controlling im Sinne von Steuerung und Kontrolle der Mitarbeiterkommunikation die Betrachtung der Kommunikationsaufgaben, -instrumente, -maßnahmen und -prozesse aus ökonomischer Perspektive. Der Beitrag der internen Kommunikation zur Erreichung der Unternehmensziele wird überprüft.[651] Dazu ist in der Unternehmenskommunikation eine Vielzahl von Prozessen zu kontrollieren, um letztendlich die zuvor gesetzten Ziele zu erreichen.[652]

Im Bezug auf die externe Unternehmenskommunikation ist man sich der monetären Relevanz von bestimmten Informationen und Nachrichten bereits bewusster. In diesem Bereich wird das Kommunikations-Controlling zur Optimierung der Kommunikationsmaßnahmen vielfältig und häufig eingesetzt.[653] Auch für die interne Kommunikation gilt: Wirtschaftliche Ressourcen werden eingesetzt, um bei den Mitarbeitern eine Verhaltensänderung hervorzurufen. In Krisenzeiten, in denen auf der einen Seite die Ansprüche an die Informationsversorgung steigen und gleichzeitig aber aufgrund begrenzter finanzieller, personeller und zeitlicher Ressourcen eine hohe Wirtschaftlichkeit der eingesetzten Maßnahmen erzielt werden sollte, sind Effizienzaussagen zu Einzelmaßnahmen, aber auch zum gesamten eingesetzten Kommunikations-Mix von großem Interesse. So dient die Messung des Kommunikationserfolges im Krisenmanagement nicht ausschließlich der Legitimation der „weichen“ Kommunikationsmaßnahmen gegenüber dem Management, sondern auch der Optimierung der Kommunikationsstrategie. Vor allem gilt es aus der Vielzahl der alternativen Medien, Instrumente und Akteure diejenigen zu identifizieren, die am wirkungsvollsten die Ziele der internen Kommunikation verfolgen. Auch ist darüber zu entscheiden, welche Aktionen fortgesetzt, welche eingestellt und wie die vorhandenen Ressourcen unter den konkurrierenden Kommunikationsinstrumenten neu verteilt werden.[654] Die folgende Auflistung präsentiert eine Übersicht über mögliche Ziele und Aufgabenstellungen eines Kommunikations-Controllings:[655]

---

651 Vgl. Schick (Interne Unternehmenskommunikation, 2002), S. 19; Jäger/Lang/Marquart (Controlling, 2003), S. 181.

652 Vgl. Rolke (Unternehmenskommunikation, 2005), S. 20.

653 So können bestimmte Unternehmenspublikationen oder Nachrichten den Börsenwert eines Unternehmens erheblich beeinflussen und somit eine direkte monetäre und quantifizierbare Wirkung für das Unternehmen haben. Vgl. Jäger/Lang/Marquart (Controlling, 2003), S. 177.

654 Vgl. Mast (Unternehmenskommunikation, 2002), S. 135.

655 Vgl. dazu z.B. die Auflistung von Noll (Gestaltungsperspektiven interner Kommunikation, 1996), S. 246-247 und Jäger/Lang/Marquart (Controlling, 2003), S. 179.

- Sicherung der inhaltlichen und formalen Ausrichtung der internen Kommunikation an den Unternehmenszielen und unternehmerischen Leitideen;
- Sicherung einer verständlichen, glaubwürdigen und akzeptierten Kommunikation;
- Sicherung einer intensiven Nutzung der Kommunikationsinstrumente durch die Mitarbeiter;
- Entwicklung eines Frühwarnsystems in Bezug auf die Chancen und Risiken der internen Kommunikation;
- Bereitstellung von Ressourcen, Methoden, Techniken und Systemen zur Umsetzung der internen Kommunikation;
- Informationsversorgung und Beratung der Führungskräfte im Zusammenhang mit kommunikationsrelevanten Fragestellungen;
- Impulsgebung für neue Kommunikationsinstrumente und -medien und deren unternehmenspolitische Durchsetzung;
- Budgetierung einzelner Kommunikationsmaßnahmen und -instrumente.
- Überwachung der Planfortschritte sowie Kontrolle der Kommunikationsinstrumente;
- Sicherung von Lernprozessen durch permanente Erarbeitung und Einleitung von Verbesserungsmaßnahmen.

Versteht man Controlling als ein Instrument der Unternehmensführung zur Gewährleistung der Koordination der betrieblichen Abläufe im Hinblick auf die Unternehmensziele[656], so lässt sich diese Definition auf das Controlling der internen Kommunikation übertragen. Kommunikationscontrolling meint die informatorische Unterstützung der Planung, Kontrolle und Koordination sowie die Überprüfung der Wirtschaftlichkeit der internen Kommunikationsaktivitäten. So lassen sich ebenfalls die allgemeinen Controlling-Funktionen auf ein spezielles Kommunikations-Controlling adaptieren, welche sowohl in Krisenzeiten als auch in der „Normalsituation" der unternehmerischen Tätigkeit Anwendung finden. Die folgende Abbildung zeigt die Funktionen des Kommunikations-Controllings.

[656] Vgl. Horvath (Controllinginstrumente, 1993), Sp. 670.

Koordinationsfunktion	Abstimmung der unterschiedlichen Kommunikationsziele, -maßnahmen und -instrumente im Kriseneinsatz; Integration der einzelnen internen Maßnahmen sowie zeitliche, inhaltliche und mediale Abstimmung der Mitarbeiterkommunikations-Strategie mit der externen Unternehmenskommunikation; Koordination der beteiligten Akteure und Kommunikatoren
Kontrollfunktion	Prüfung und Überwachung der zugrunde gelegten Rahmenbedingungen und Prämissen zur Ausgestaltung der internen Kommunikation im Krisenmanagement; Analyse der gesetzten Kommunikationsziele hinsichtlich Relevanz und Aktualität; Kontrolle der Kommunikationsprozesse im Hinblick auf die mediale, inhaltliche und zeitliche Ausrichtung an den festgelegten Anforderungen; Erfolgskontrolle der Kommunikationsmaßnahmen
Informationsfunktion	Beschaffung und Weiterleitung der erforderlichen Informationen über das Unternehmen, die allgemeine Krisenmanagement-Strategie, die Informationsbedürfnisse der Mitarbeiter, Führungskräfte und sonstiger interner Stakeholder in ausreichender Zahl und Qualität
Steuerungsfunktion	Entwicklung und Bereitstellung alternativ zu ergreifender Instrumente und Initiierung von Verbesserungsmaßnahmen bei Abweichungen zu den ursprünglichen Anforderungen und Vorgaben; Steuerung der finanziellen und personellen Ressourcen in eine optimale Verwendung im Kommunikationsmix

Abbildung 44: Funktionen des Kommunikations-Controllings in der Krise[657]

Die Koordinations-, Kontroll-, Informations- und Steuerungsfunktion des Kommunikations-Controllings in der Krise dürfen nicht als isolierte Elemente betrachtet werden. Nur eine simultane Berücksichtigung aller Funktionen, d.h. die kontinuierliche und parallele Durchführung, kann ein effektives Controlling der Kommunikationsmaßnahmen gewährleisten und damit dem Anspruch des Controllings auf einen permanenten Lernprozess gerecht werden.[658]

Die aufgeführten Ziele und Aufgaben der Kontrolle der Mitarbeiterkommunikation machen deutlich, dass es sich dabei um eine bedeutsame Phase innerhalb des gesamten Kommunikationsprozesses handelt. In Krisenzeiten ist der effektive und effiziente Einsatz von internen Kommunikationsmaßnahmen von großer Wichtigkeit, um die ohnehin knappen Ressourcen nicht unnötig zu verschwenden und dadurch die Unternehmenskrise zusätzlich zu verschärfen.

---

657 Modifiziert nach Noll (Gestaltungsperspektiven interner Kommunikation, 1996), S. 245.

658 Vgl. Noll (Gestaltungsperspektiven interner Kommunikation, 1996), S. 245.

7.6.2 Methoden eines Kommunikations-Controllings

Die Literatur zum Kommunikationscontrolling schlägt unterschiedliche Konzepte für die Erfolgskontrolle der internen Kommunikation vor. Eine mögliche Differenzierung der Controllingmaßnahmen richtet sich nach dem Untersuchungsgegenstand.[659] So kann auf der einen Seite die technische Seite der Kommunikationsaktivitäten im Krisenmanagement, nämlich z.B. die Benutzbarkeit und Zugangsmöglichkeiten der einzelnen Medien, die äußerliche Aufmachung bzw. das Design beispielsweise der Intranetseite, die Bedienbarkeit sowie die Zeitdauer der Informationsübermittlung untersucht werden. Auf der anderen Seite steht die inhaltliche Komponente als Untersuchungsgegenstand zur Verfügung. Weiterhin lassen sich unterscheiden:[660]

- Prämissen- und Zielcontrolling
- Prozess-Controlling
- Ergebnis-Controlling

Im Rahmen des Prämissen- und Zielcontrollings wird überprüft, inwiefern die informatorischen Grundlagen im Bezug auf die Unternehmensumwelt, das Unternehmen selbst und die Mitarbeiter noch aktuell und realitätsnah sind. Es wird danach gefragt, welche ursprünglich identifizierten Rahmenbedingungen bei der Bestimmung der aktuellen Ziele der Kommunikationsstrategie in der Krise noch Gültigkeit besitzen oder ob Veränderungen im Gange sind, die Modifikationen am Zielsystem der internen Kommunikation zur Folge haben. Auch gilt es zu untersuchen, ob die in der Vergangenheit formulierten Zielsetzungen noch dem aktuellen Kommunikationsbedarf entsprechen.[661] Dazu gehören ebenfalls die kontinuierliche Überwachung und Durchleuchtung der Unternehmensphilosophie und -kultur, Dokumentenanalysen, Mitarbeiterbefragungen und Verhaltensbeobachtungen sowie Stärken-Schwächen-Analysen und Soll-Ist-Vergleiche.[662]

659 Vgl. Zowislo/Schwab (Interne Kommunikation, 2003), S. 167-169.

660 Vgl. Salecker (Kommunikationsauftrag, 1995), S. 209 ff.; Noll (Gestaltungsperspektiven interner Kommunikation, 1996), S. 251 ff.; Bruhn (Kommunikationspolitik, 1997), S. 946 ff.; Nies (Controlling, 2003), S. 146 ff.; Bruhn (Integrierte Unternehmens- und Markenkommunikation, 2003), S. 300 ff.

661 Vgl. Bruhn (Kommunikationspolitik, 1997), S. 946.

662 Vgl. Noll (Gestaltungsperspektiven interner Kommunikation, 1996), S. 252-253.

Das Prozess-Controlling hingegen setzt an der konkreten Ausgestaltung der Kommunikationsmittel an. Es soll gesteuert werden, ob die Kommunikationsinstrumente und -inhalte die vorgegebenen Gestaltungsprinzipien einhalten, ob die Durchführung der Einzel-Projekte dem Gesamtkonzept entspricht, ob Termin- und Ressourcen-Planung eingehalten und ob die Maßnahmen und Instrumente im Sinne der integrierten Unternehmenskommunikation koordiniert werden. Werden daraufhin Diskrepanzen zwischen den Soll-Vorgaben und der tatsächlichen Ausführung der Kommunikationsstrategie in der Krise festgestellt, so können rechtzeitig Korrekturimpulse und Verbesserungsmaßnahmen vorgenommen werden.[663]

Das Ergebnis-Controlling wird oftmals auch als Kosten- und Nutzen-Controlling dargestellt. Es geht es um die Wirkungs- bzw. Erfolgskontrolle der Kommunikation im Sinne einer Effizienzanalyse, die zum einen den Zielerreichungsgrad der einzelnen Kommunikationsinstrumente bei den Zielgruppen ermitteln und in einem direkten Vergleich von Kosten- und Nutzen-Aspekten die ökonomische Vorteilhaftigkeit untersuchen möchte.[664] Die folgende Abbildung macht deutlich, dass man bei der Wirkungskontrolle Kennzahlen auf unterschiedlichen Ebenen ermitteln und überprüfen kann: dies sind die Input-, die Output- und die Ergebnis-Ebene.

So könnte man beispielsweise den Wirkungsgrad der internen Kommunikation in der Krise anhand der Anzahl der ausgesendeten Botschaften, d.h. der Input-Ebene oder auch anhand der Anzahl der erreichten Personen, d.h. der Output-Ebene oder innerhalb der Ergebnis-Ebene anhand der Anzahl derjenigen Personen feststellen, die die gewünschte Verhaltensänderung aufzeigen.

---

663 Vgl. Noll (Gestaltungsperspektiven interner Kommunikation, 1996), S. 253-255.

664 Vgl. Salecker (Kommunikationsauftrag, 1995), S. 209; Noll (Gestaltungsperspektiven interner Kommunikation, 1996), S. 256 ff.; Bruhn (Integrierte Unternehmens- und Markenkommunikation, 2003), S. 300.

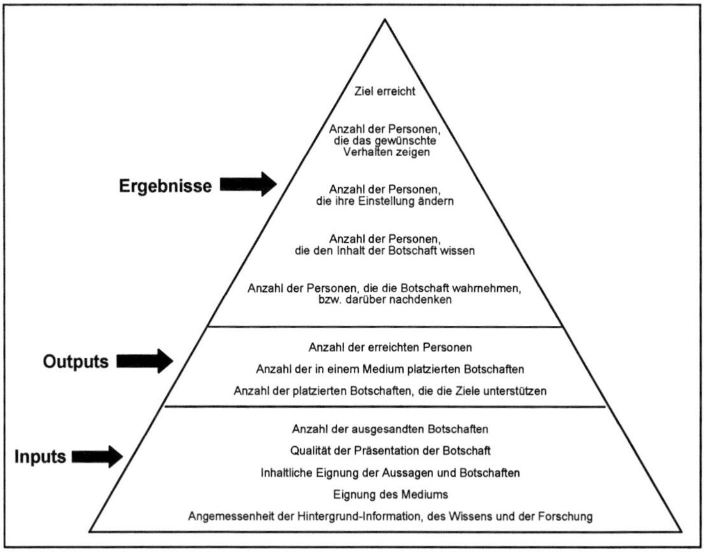

Abbildung 45: Ebenen der Kommunikationswirkungen[665]

Kling hingegen differenziert die Wirkungsebenen der internen Kommunikation in kognitive, affektive und konative Kriterien und präsentiert für diese vorwiegend psychographischen Wirkungen die entsprechenden Meßmethoden.

Betrachtet man die zu untersuchenden Inhalte, nämlich Aufmerksamkeit, Wissen, Einstellung und Verhalten, so wird deutlich, dass es sich dabei um qualitative bzw. psychologische Aspekte der Kommunikationswirkung handelt. Diese können mit Hilfe von Wahrnehmungs- und Verständnismessungen, Recall- und Recognition-Tests, sowie Einstellungs- und Imageskalen und Befragungen ermittelt werden. Fraglich bleibt jedoch die ökonomische Wirkung, die wie bereits schon genannt aufgrund der angespannten Finanzsituation in der Krise von besonderem Interesse ist.

665 In Anlehnung an Mast (Unternehmenskommunikation, 2002), S. 141.

Kriterien der Kommunikationswirkung	Inhalte	Mögliche Meßmethoden im Change Management
Kognitiv	• Aufmerksamkeit • Wahrnehmung • Verstehen • Wissen • Erinnerung	• Wahrnehmungs- und Verständnismessungen • Recall- und Recognition-Tests
Affektiv	• Emotionen • Einstellungen	• Verbale und nonverbale Ergebnismessungen • Einstellungs- und Imageskalen
Konativ	• Verhaltensabsicht • Verhalten	• Befragung nach erinnertem Verhalten • Verhaltensregistrierung

Abbildung 46: Kriterien und Meßmethoden der Kommunikationswirkung[666]

Die Kosten-/Nutzen-Analyse verfolgt das Ziel, die Auswirkungen der verschiedenen Kommunikationsalternativen in monetäre Größen oder Kennzahlen zu fassen und den dazu anfallenden Kosten gegenüber zu stellen.[667] Im Rahmen der Kostenanalyse werden beispielsweise die einmaligen und laufenden Hard- und Softwarekosten für interne Kommunikationseinrichtungen wie z.B. PCs, Vernetzung, etc. betrachtet. Hinzu kommen die Personalkosten für Mitarbeiter im Bereich interne Kommunikation, z.B. für interne Kommunikationsmanager und Redaktionsmitarbeiter sowie die Produktions- und Druckkosten für die internen Medien. Dies umfasst primär Kosten für z.B. den Druck der Mitarbeiterzeitschrift, die Verteilung und den Versand an die Mitarbeiter, Veranstaltungskosten für Betriebsversammlungen oder ähnliche Events. Mit Hilfe dieser Zahlen lassen sich die Kostenseite der internen Kommunikation und damit gleichzeitig mögliche Kosteneinsparungspotenziale ermitteln. Die folgenden Fragestellungen geben Aufschluss über Outsourcing-Potenziale und ineffiziente Vorgehensweisen:[668]

666 In Anlehnung an Kling (Change Marketing, 2003), S. 159.

667 Vgl. Bruhn (Integrierte Unternehmens- und Markenkommunikation, 2003), S. 312.

668 Vgl. Nies (Controlling, 2003), S. 146-149.

- Wann wurde die Druckleistung zuletzt ausgeschrieben?
- Muss der Versand der Mitarbeiterzeitschrift an die Heimatadresse erfolgen oder kann auch eine Verteilung am Arbeitsplatz vorgenommen werden?
- Ist die verwendete Papierqualität notwendig?
- Bietet sich die Auflage eines neuen Druckverfahrens an?
- Bietet sich für einzelne Prozessschritte innerhalb der internen Kommunikation eine externe Lösung an?

Die Identifizierung von Kostentreibern in Redaktion, Herstellung und Verteilung der Medien und anderen Kommunikationsmaßnahmen lässt sich relativ problemlos feststellen. Weitaus schwieriger ist die Nutzen-Erfassung der Kommunikationsaktivitäten, um diese den entsprechenden Kosten gegenüberzustellen. *Bruhn* unterscheidet dazu ein dreistufiges Nutzenkonzept, welches auf unterschiedlichen Nutzenkategorien aufbaut:[669]

- **Nutzenkategorie 1** beschreibt den direkt zurechenbaren Nutzen, der sich aus dem Einsatz von Kommunikationsmedien der internen Kommunikation ergibt. Diese sind z.B. Kosteneinsparungen aus der Nutzung neuer Medien der Mitarbeiterkommunikation bei Substitution älterer und teuerer Medien.

- **Nutzenkategorie 2** erfasst den nur indirekt zurechenbaren Nutzen aus verbesserten innerbetrieblichen Prozessen, d.h. die sich z.B. aus einer schnelleren und lückenlosen Distribution von relevanten Informationen im Unternehmen ergeben. Beispielsweise verringert sich die Zahl der Rückfragen, wenn von vornherein die richtigen Informationen zur richtigen Zeit an die richtige Zielgruppe kommuniziert werden.

- **Nutzenkategorie 3** ermittelt den strategischen Nutzen aufgrund unternehmenskultureller und -klimatischer Verbesserungen. Dazu zählen im Krisenmanagement die bereits aufgeführte Eindämmung der Gerüchteküche im Unternehmen, die Vermeidung von Konfliktsituationen und Auseinandersetzungen in der Belegschaft, Aufbau und Erhaltung von Vertrauen zwischen Unternehmensleitung

[669] Vgl. Bruhn (Kommunikationspolitik, 1997), S. 945.

und Mitarbeitern, der Abbau von Ängsten und Unsicherheiten sowie der Abbau von Widerständen gegen notwendige Restrukturierungs- und Veränderungsmaßnahmen zur Bewältigung der Unternehmenskrise.

Die Erfassung und Monetarisierung der Nutzenkategorien 2 und 3 stellt sich besonders schwierig dar. Wie die folgende Abbildung zeigt, lassen sich in Abhängigkeit von der Art der Kommunikation die aufgeführten Methoden zur Nutzenerfassung heranziehen.

Instrument	Geeignete Meßmethoden zur Nutzenerfassung im Change Management
Massenkommunikation	
• Mitarbeiterzeitung	➔ Verteilte Auflage, Befragungen
• Rundschreiben	➔ Befragungen
• On-Demand-Systeme	➔ Anrufe Hotline, Seitenabrufe Intranet
• Veranstaltungen	➔ Beobachtung Besucherzahlen, Befragungen
• Mitarbeiterbefragungen, Betriebliches Vorschlagwesen	➔ Befragungen (Relevanz der Inhalte), Anzahl eingereichter Verbesserungsvorschläge
• Pressespiegel	➔ Befragungen
Interpersonale Kommunikation	
• Gespräche, Besprechungen	➔ Checklisten, Befragungen
• Projektgruppen, Workshops	➔ Checklisten, Befragungen

Abbildung 47: Methoden der Effizienzmessung Kommunikationsinstrumente[670]

7.6.3 Probleme und Grenzen eines Kommunikations-Controllings

Die Herausforderung des Kommunikations-Controllings im Krisenmanagement liegt vor allem in der Tatsache, dass es sich bei der Mitarbeiterkommunikation um einen weichen Erfolgsfaktor handelt. Zwar wurde in zahlreichen empirischen Untersuchungen immer wieder festgestellt, dass gut informierte Mitarbeiter in der Regel motivierter und effektiver arbeiten. Fraglich bleibt trotzdem, wie die Informations- und Kommunikationsprozesse im Unternehmen letztendlich effektiv gestaltet werden können.[671]

670 In Anlehnung an Kling (Change Marketing, 2003), S. 160.

671 Vgl. Jäger/Lang/Marquart (Controlling, 2003), S. 181.

Notwendige Voraussetzung für eine sinnvolle Erfolgskontrolle der internen Kommunikationsmaßnahmen ist die hinreichende Operationalisierung der zugrunde gelegten Zielsysteme sowie eine systematisch angelegte und geplante Kommunikationsstrategie.[672] Nur wenn diese Voraussetzungen erfüllt sind, lassen sich auch sinnvolle Ergebnisse mit Hilfe einer Evaluation erzielen.

In der Literatur werden meist die auftretenden Wirkungsinterdependenzen zwischen den unterschiedlichen Kommunikationsinstrumenten und die damit verbundene fehlende Wirkungszurechenbarkeit als Problembereiche aufgeführt. Die vorangegangenen Ausführungen zu den zahlreichen optionalen Medien der internen Kommunikation im Krisenmanagement haben illustriert, dass zwischen den einzelnen Kommunikationsinstrumenten vielfältige Verzahnungen bestehen und bestehen sollen. Dies hat zur Folge, dass eine Erfolgskontrolle für ein einzelnes und isoliertes Instrument aufgrund der Wirkungsinterdependenzen und der beabsichtigten integrierten Kommunikationswirkungen nur schwer durchführbar ist. Eine Wirkungszurechenbarkeit des Beitrags eines einzelnen Mediums zum Erfolg der gesamten internen Kommunikation kann folglich nicht zweifelsfrei vorgenommen werden.[673]

Eine weitere Herausforderung des Kommunikations-Controllings stellt die geringe oder indirekte Messbarkeit und Quantifizierbarkeit qualitativer Aspekte der Kommunikationsanstrengungen dar. Adäquate Indikatoren müssen herangezogen und subjektive Schätzungen durchgeführt werden.[674] So ist beispielsweise das Verständnis für Inhalte eines Change-Management-Programms zur Überwindung einer Unternehmenskrise, d.h. das Verstehen von Inhalten äußerst schwierig zu messen. Dies könnte z.B. abgefragt werden, indem man vor, während und nach der Kommunikationskampagne immer wieder Fragen zum Verständnis stellt bzw. die Akzeptanz oder Glaubwürdigkeit der Inhalte abfragt. Eine Überführung dieser qualitativen Wirkung in monetäre Größen ist kaum möglich.[675]

672 Vgl. Mast (Unternehmenskommunikation, 2002), S. 156.

673 Vgl. Salecker (Kommunikationsauftrag, 1995), S. 208-209; Bruhn (Integrierte Unternehmens- und Markenkommunikation, 2003), S. 297-298; Kling (Change Marketing, 2003), S. 157.

674 Vgl. Noll (Gestaltungsperspektiven interner Kommunikation, 1996), S. 247-248.

675 Vgl. Zowislo/Schwab (Interne Kommunikation, 2003), S. 165-166.

Darüber hinaus gibt es in der Unternehmensin- und -umwelt auch andere Einflussfaktoren, die auf den Wissensstand, die Einstellung und Verhaltensweisen der Bezugsgruppe wirken.[676] So werden Arbeitsproduktivität, Motivation, Mitarbeiterzufriedenheit, Commitment der Mitarbeiter, Krankenstand und Fluktuationswahrscheinlichkeit im Krisenmanagement nicht ausschließlich durch die interne Kommunikation beeinflusst. Diese ist nur einer von vielen weiteren „weichen" Erfolgsfaktoren zur Sicherung des „Leistungsfaktors Mensch" in der Unternehmenskrise. Eine Monokausalität zwischen der internen Kommunikation und den beabsichtigten Wirkungen kann nicht unterstellt und muss bei der Erfolgskontrolle einbezogen werden.

Weiterhin stehen das Kommunikations-Controlling und die Umsetzung eines Kommunikations-Programms generell vor dem Problem, dass kommunikative Wirkungen bei den Rezipienten meist langfristiger Natur sind. Zwar sollte die Auswahl der Kommunikationsinstrumente und -inhalte so gestaltet sein, dass sie den Ansprüchen einer Krisenkommunikation gerecht werden. Es geht darum, auch kurzfristig die entsprechenden Botschaften zu vermitteln, Unsicherheiten kurzfristig zu mindern, Ängste und Konflikte zu vermeiden und die Gerüchteküche im Unternehmen einzudämmen. Verhaltensbeeinflussungen und Einstellungsänderungen bei den Mitarbeitern bedürfen jedoch einer langfristigen Beeinflussung und können daher nicht im Rahmen kurzfristiger Erfolgskontrollen überprüft werden.

Eine unbefriedigende Kontrolle der Kommunikation in Krisensituationen ist auch häufig darauf zurückzuführen, dass das Arbeitgeber-Arbeitnehmer-Verhältnis im Bezug auf Kontrollmaßnahmen eine hohe Sensibilität aufweist.[677]

Eine weitere Einschränkung des Kommunikations-Controllings liegt in den damit verbundenen Kosten. Umfangreiche Evaluationsmaßnahmen sind mit hohen Kosten verbunden, denen aufgrund der bereits aufgeführten Problembereiche unter Umständen nur geringe Nutzenerwartungen gegenüber stehen.[678] In Krisensituationen sind aufgrund der stark eingeschränkten oder nicht vorhandenen finanziellen Mittel nur

---

[676] Vgl. Mast (Unternehmenskommunikation, 2002), S. 156.

[677] Vgl. Kling (Change Marketing, 2003), S. 157.

[678] Vgl. Mast (Unternehmenskommunikation, 2002), S. 157; Kling (Change Marketing, 2003), S. 157.

die Maßnahmen zu ergreifen, die eine unmittelbare Unterstützung der Krisenbewältigung versprechen. Weniger erfolgreiche Maßnahmen können zu einem frühen Zeitpunkt eingestellt und so keine unnötigen Ressourcen verschwendet und einer optimaleren Verwendung zugeführt werden.[679]

8 Fazit und Ausblick

Unternehmenskrisen und Restrukturierungen determinieren gegenwärtig in zahlreichen Unternehmen die alltäglichen Management-Anstrengungen. Vielfach erfüllen die dafür eingesetzten Krisenbewältigungsmaßnahmen und Change-Management-Programme nicht die gewünschten Zielsetzungen. Dies liegt meist nicht an Versäumnissen im Bezug auf die „harten Sanierungskonzepte", d.h. die leistungs-, erfolgs- und finanzwirtschaftlichen Strategien.

Vielmehr werden Mitarbeiterinteressen vernachlässigt und damit das für eine erfolgreiche Krisenbewältigung unabdingbare Commitment der Belegschaft verspielt. Die interne Kommunikation zählt neben weiteren Anreizmechanismen zu den „weichen Erfolgsfaktoren" des Krisenmanagements – Wissenschaft und Praxis sind sich über deren positive Wirkung auf die Leistungsbereitschaft der Mitarbeiter einig. Nichts desto trotz mangelt es in den betroffenen Unternehmen an einer sinnvollen Umsetzung. Es lässt sich beobachten, dass sich die interne Kommunikation in Krisensituationen in den seltensten Fällen an den tatsächlichen Informationsbedürfnissen der Mitarbeiter und Führungskräfte ausrichtet. So kommt es auf der einen Seite entweder zu einer „Informationsüberflutung", d.h. die Belegschaft wird mit Informationen und Sonderpublikationen überschüttet, oder die Kommunikation seitens der Unternehmensleitung setzt aus. Es erfolgt keine offizielle, offene und transparente Berichterstattung über die Lage und Entwicklungen im Unternehmen. Lediglich informelle Informationskanäle, d.h. die Gerüchteküche, versorgen die Mitarbeiter mit den neuesten Nachrichten. Vielfach tritt auch der Fall ein, dass Mitarbeiter und Führungskräfte über die öffentlichen Medien von der Schieflage im Unternehmen erfahren.

679 Vgl. Mast (Unternehmenskommunikation, 2002), S. 157.

Der externen Unternehmenskommunikation mit Öffentlichkeit, Medien, Investoren und Kunden wird bisher in Krisensituationen eine weitaus höhere Bedeutung beigemessen als dem Dialog mit den internen „Unternehmensangehörigen". Die Literatur zum Thema Krisen-PR weist professionalisiertere Ansätze auf und auch die Wissenschaft hat sich mit diesem speziellen Teilgebiet der Unternehmenskommunikation weitaus intensiver auseinandergesetzt.

Ausgangspunkt der Arbeit war es, zu zeigen, warum die interne Kommunikation als ein wesentlicher Erfolgsfaktor des Krisenmanagements zu betrachten ist und die internen Zielgruppen stärker in den Fokus des Managements gerückt werden sollten. Dazu wurden neben einer Abgrenzung des Krisenbegriffes und einer Einordnung des Krisenmanagements die kommunikationswissenschaftlichen Grundlagen erläutert. Die Arbeit erfüllt die Aufgabe, eine systematische Einordnung der internen Kommunikation im organisatorischen Kontext vorzunehmen und die unterschiedlichen Gestaltungsmöglichkeiten derselben zu kategorisieren. Mitarbeiterkommunikation kommt in Krisensituationen nicht ausschließlich eine Informationsfunktion zu. Die motivatorischen und sozialen Wirkungen der Mitarbeiterkommunikation stehen im Vordergrund.

Neben einer Darstellung der Rahmenbedingungen der internen Kommunikation im Krisenmanagement in Kapitel 4 wird in Kapitel 5 eine Abgrenzung von Kommunikationsfeldern vorgenommen. Diese Parzellierung der gesamten Kommunikationsaufgabe ist deshalb von Bedeutung, als zum einen das Phänomen „Krise" nicht eindeutig zu definieren ist. Ausgestaltung und Bedeutung der internen Kommunikation sind in starkem Maße von der entsprechenden Krisenphase abhängig. So nimmt die Mitarbeiterkommunikation in akuten Krisensituationen eher einen reaktiven Charakter ein, während in potenziellen oder latenten Krisen die Mitarbeiterkommunikation eine präventive Krisenvermeidung unterstützen kann. Des Weiteren wird eine Differenzierung der unterschiedlichen internen Zielgruppen vorgenommen. So kann die gesamte Belegschaft in Einzelsegmente unterteilt werden, die zum einen unterschiedliche Informationsbedürfnisse aufweisen und auf der anderen Seite auch je nach Hierarchiestufe und Verantwortungsgrad nicht nur Kommunikationsempfänger, sondern auch gleichzeitig Kommunikatoren im Krisenmanagement darstellen. Als dritte Dimension der Kommunikationsfelder werden alternative Gestaltungsparameter der internen Kommunikation herangezogen. In der einschlägigen Literatur wird meist nur die Auswahl und Gestaltung der konkreten Kommunikationsinstrumente thematisiert. Es fehlen Ansätze zur Entwicklung einer übergeordneten Kommunikationsstrategie, die absteckt, auf welchen wesentlichen „Säulen" das zugrunde gelegte Kommunikationskonzept aufgebaut sein soll. Diese Lücke wird durch die Entwicklung der vorgestellten Gestaltungsparameter geschlossen. Um der internen Kommunikation im Krisenmanagement einen Gestaltungsrahmen zu verleihen, sind Entscheidungen über die Grundhaltung der Kommunikation, der Wahrhaftigkeit und Quantität der Informationen, die Auswahl der Kommunikationssegmente sowie die Auswahl des Kommunikationszeitpunktes zu treffen. Die jeweiligen Extremausprägungen werden vorgestellt und die entsprechenden Wirkungen diskutiert. Kapitel 6 stellt eine Analyse der Effektivität der internen Kommunikation im Krisenmanagement dar. Aufbauend auf dem Zielsystem der Mitarbeiterkommunikation werden Effektivitätskriterien im Bezug auf den einzelnen Mitarbeiter im Sinne eines Individuums und im Bezug auf die Mitarbeiter als Gruppe abgeleitet. Diese Kriterien stellen die vorwiegend sozi-psychologischen Effekte dar und überführen diese in die entsprechenden ökonomischen Wirkungen. Durch den Einsatz kommunikativer Maßnahmen kann auf den einzelnen Mitarbeiter als Individuum eingewirkt werden. Ängste lassen sich abbauen, Vertrauen zur Unternehmensleitung erhalten und Veränderungswiderstände abbauen. Ebenso wirkt die Mitarbeiterkommunikation auf das soziale Gefüge und die Interaktionen innerhalb der Belegschaft als Gruppe. In Krisensituationen betrifft dies in erster Linie die Regulierung von möglichen Konflikten und Gerüchten. Dies drückt sich nicht nur in einer Verbesserung der Mitarbeiterzufriedenheit und -motivation aus, sondern hat konkrete ökonomische Wirkungen zur Folge. So kann eine Krise nicht nur schneller oder nachhaltiger bewältigt werden. Es kommt zur Verringerung und Vermeidung von Kosten durch vermiedene Leistungsabfälle, Produktivitätsverluste, die ungewollte Abwanderung von Personal und die dadurch resultierenden Fluktuationskosten. Das anschließende Kapitel 7 widmet sich der konkreten Umsetzung der Kommunikationsaufgabe im Krisenmanagement. Die Gesamtkonzeption wird überblicksartig vorgestellt, bevor im Weiteren auf die Organisation der Mitarbeiterkommunikation, die Auswahl und Gestaltung der Kommunikationsmedien und -inhalte sowie die Aufgaben, Methoden und Grenzen des Kommunikations-Controllings erläutert werden.

Bevor nun auf einige Forschungslücken im Bereich der internen Kommunikation im Krisenmanagement eingegangen wird, sollen die wesentlichen Erkenntnisse der vorliegenden Arbeit an dieser Stelle noch einmal zusammengefasst werden.

- Der erste Schritt für eine erfolgreiche Umsetzung der Mitarbeiterkommunikation in Krisensituationen ist die Schaffung eines Bewusstseins zur Bedeutung der Mitarbeiter und Führungskräfte. Personal ist eben nicht nur ein Kostenfaktor, den es zur Sanierung eines angeschlagenen Unternehmens zu reduzieren gilt, um die Gemeinkostenbelastung des Unternehmens zu senken. Personal ist ein bedeutsamer Leistungsträger. Es ist daher unabdingbar, auch in schwierigen Situationen die „Guten" an das Unternehmen zu binden, um so auf der einen Seite eine Krisenbewältigung überhaupt bewerkstelligen zu können und auf der anderen Seite auch anschließend ein wettbewerbsfähiges Unternehmen darzustellen, das in der Lage ist, sich langfristig gegen die Konkurrenz durchzusetzen und eine Marktstellung zu behaupten.

- Weiterhin ist das Management von der Bedeutung der internen Kommunikation zu überzeugen. Die Mitarbeiterkommunikation darf nicht als „Mitläufer" der externen Kommunikation verstanden werden. Es reicht in Krisensituationen eben nicht aus, dass Mitarbeiter die Tagespresse oder das Fernsehen als Informationsquelle nutzen müssen, um über die Geschehnisse und Entwicklungen im eigenen Unternehmen informiert zu sein. Die internen Zielgruppen gilt es stärker zu fokussieren und im Informationsfluss zu priorisieren. Schließlich sind sie nicht nur interne Adressaten der Kommunikation. Meist sind sie gleichzeitig Kunden oder Aktionäre des eigenen Unternehmens und fungieren in ihrem sozialen Umfeld als Multiplikator von Informationen.

- Das Informationsbedürfnis der Belegschaft ist in Phasen von Unsicherheit und Instabilitäten im Unternehmen besonders groß. Dies darf aber nicht bedeuten, dass über Mitarbeitern und Führungskräften eine „Informationsflut" ausgekippt wird. Es geht um ein planmäßiges Vorgehen, das sich an den tatsächlichen Informationsbedürfnissen orientiert und zeitlich, inhaltlich, medial und formal abgestimmt und in das Gesamtkonzept der Unternehmenskommunikation integriert ist. Nur so lässt sich eine Demonstration von Vertrauenswürdigkeit, Glaubwürdigkeit, Ehrlichkeit und Offenheit durchsetzen: Nicht nur Worte zählen, sondern Taten. Es reicht nicht aus, mit den Mitarbeitern offen, ehrlich und umfassend zu kommunizieren. Wenn die tatsächlichen Handlungen und Maßnahmen nicht dem angekündigten Vorhaben entsprechen, kann dies einen noch viel schlimmeren Vertrauens- und Reputationsverlust bedeuten. Es führt daher auch zu nichts, Probleme und Schwierigkeiten zu beschönigen. Die internen Zielgruppen der Mitarbeiterkommunikation wünschen sich verlässliche Informationen.

- Krisensituationen können plötzlich auftreten oder auch zu spät als tatsächliche Bedrohung für das Unternehmen erkannt werden. Es kann zu einem extremen Handlungsdruck kommen, der die Bedingungen für eine planvolle Mitarbeiterkommunikation auch vor dem Hintergrund fehlender zeitlicher, finanzieller und personeller Ressourcen erschwert. Es gilt, das Unternehmen in „Normalsituationen" für den Ernstfall zu rüsten. Dies kann mit Hilfe einer etablierten Kommunikationskultur unterstützt werden, die zum einen die organisationellen Rahmenbedingungen und technologischen Infrastrukturen schafft, um auch in Krisensituationen adäquat reagieren zu können. Dazu ist ein Fokus auf die Schaffung allgemeiner Kommunikationsfähigkeiten bei den Mitarbeitern und Führungskräften zu legen. Wie an anderer Stelle schon mehrfach erwähnt, kommt den Führungskräften im Krisenmanagement eine besondere Bedeutung zu. Sie sind nicht nur Empfänger von Informationen des Managements. Sie fungieren als Kommunikatoren, die die Aufgabe übertragen bekommen, wichtige Informationen an die Mitarbeiter des eigenen Bereiches weiterzugeben, zu erklären, zu erläutern und zum Dialog aufzufordern. Dabei macht der direkte Face-to-Face-Kontakt zwischen Führendem und Geführten einen der wichtigsten Kommunikationskanäle im Unternehmen überhaupt aus, wenn es um die Vermittlung von Glaubwürdigkeit und Vertrauen geht. Schon bei der Auswahl und Einstellung der entsprechenden Führungskräfte ist auf Kommunikationsfähigkeiten zu achten. Auch im weiteren Verlauf der Beschäftigung sind die nötigen Kompetenzen für die Kommunikation in schwierigen Situationen durch entsprechende Personalentwicklungsmaßnahmen auszubilden. Dabei reicht es nicht, sich zu dieser Problematik erst Gedanken zu machen, wenn eine Krise bereits vorliegt. Diese Aufgabe zählt zu einer „Vorbeugung" für den Ernstfall.

Die aufgeführten Aspekte zeigen, dass die interne Kommunikation eine wesentliche Interaktionsvariable im Krisenmanagement darstellt. In der Praxis wird ihre Bedeutung und Wirkung noch immer weitgehend unterschätzt. Der Wissenschaft kommt in diesem Zusammenhang die Aufgabe zu, derartige integrierte Kommunikationskonzepte und deren Wirkungen in Krisensituationen empirisch zu überprüfen. Es wäre nachzuweisen, dass Krisenbewältigungen „mit planvoll gestalteter interner Kommunikation" besser, schneller und kostengünstiger von Statten gehen, als solche „ohne". Es handelt sich dabei um eine äußerst sensible Thematik, zu der die entsprechenden Unternehmensleitungen nur selten bereit sind, Auskunft zu erteilen und sich als Untersuchungsobjekt zur Verfügung zu stellen. Weiterhin sind die Messung und Beobachtung von Verhaltensänderungen dem Fachgebiet der psycho-sozialen Forschung zuzuordnen.

Kapitel 7.5.2 hat zahlreiche Probleme und Grenzen des Kommunikations-Controllings aufgeführt, die es ebenfalls von der Wissenschaft zu lösen gilt. Dies wäre eine wichtige Voraussetzung, um die Kommunikationsinstrumente und deren Einsatz so zu gestalten, dass damit die beabsichtigten Wirkungen bestmöglich erzielt werden können und es zu einem optimalen Ressourceneinsatz kommt. Ebenso bezieht sich die Diskussion der vorliegenden Thematik vordergründig auf Großunternehmen, die ihre Mitarbeiterkommunikation institutionell in deren Gesamtorganisation eingebunden haben und auch über die entsprechenden finanziellen und personellen Kapazitäten verfügen. Unbeantwortet bleibt bisher die Frage, wie in kleinen und mittleren Unternehmen mit der Problematik der Mitarbeiterkommunikation umzugehen ist. Da der Anteil der Unternehmen dieser Größe jedoch gemessen an der Gesamtzahl der Unternehmen in Deutschland einen Anteil von über 95% ausmacht, erscheint es sinnvoll, dass sich die Wissenschaft in Zukunft auch dieser Frage widmet.

Literaturverzeichnis

Achleitner, P.: Sozio-politische Strategien multinationaler Unternehmungen, Bern 1985.

Ahmad, S. J./O'Regan, N./Ghobadian, A.: Managing for performance: corporate responsibility and internal stakeholders, in: International Journal of Business Performance Management, Vol. 5, No. 2/3, 2003, S. 141-153.

Al-Ani, A./Gattermeyer, W.: Entwicklung und Umsetzung von Change Management-Programmen, in: Gattermeyer, W./Al-Ani, A. (Hrsg.): Change Management und Unternehmenserfolg. Grundlagen – Methoden – Praxisbeispiele, Wiesbaden 2000, S. 13-40.

Albach, H.: Kampf ums Überleben – Der Ernstfall als Normalfall für Unternehmen in einer freiheitlichen Wirtschaftsordnung; Vortrag aus der Reihe: Ernstfall, Siemens Stiftung, München 1978.

Albach, H.: Unternehmensethik: Konzepte - Grenzen - Perspektiven, Zeitschrift für Betriebswirtschaft, Ergänzungsheft 1, Wiesbaden 1992.

Albach, H.: Unternehmensethik: Ein subjektiver Überblick, in: ZfB – Special Issue 5, 2005, S. 3-36.

Armbrecht, W.: Innerbetriebliche Public Relations: Grundlagen eines situativen Gestaltungskonzepts, Opladen 1992.

Armbrecht, W.: Situationsbezug als Prämisse innerbetrieblicher Public Relations, in: Thexis, Heft 6, 1992, S. 55-62.

Baden, A.: Shareholder Value- oder Stakeholder-Ansatz? Zur Vorteilhaftigkeit der beiden Konzepte, in: WiSt, Heft 8, 2001, S. 398-403.

Badura, B./Schellschmidt, H./Vetter, C. (Hrsg.): Fehlzeiten-Report 2004. Gesundheitsmanagement in Krankenhäusern und Pflegeeinrichtungen, Berlin; Heidelberg 2005.

Bänsch, A.: Kommunikationspolitik,in: Tietz, B. (Hrsg.): Handwörterbuch des Marketing, 2. Aufl., Stuttgart 1995, Sp. 1186-1200.

Barghop, D.: Interne Kommunikation im Change, Vortragsunterlagen vom 21.09.2006, Praxisseminar zum Thema „Interne Kommunikation im Change-Management", veranstaltet von F.A.Z.-Insitut und Convent Seminare in Frankfurt am Main.

Barnard, C.: The Functions of the Executive, Cambridge 1938.

Bartscher-Finzer, S./Martin, A.: Die Erklärung der Personalpolitik mit Hilfe der Anreiz-Beitrags-Theorie, in: Martin, A. (Hrsg.): Personalpolitik, München 1998, S. 113-145.

Baumgarten, R.: Führungsstile und Führungstechniken, Berlin 1977.

Baumruk, R. V.: Motivation und Krisenmanagement, in: Management heute, Heft 2, 1984, S. 8-9.

Bea, F. X./Kötzle, A.: Ursachen von Unternehmenskrisen und Maßnahmen zur Krisenvermeidung, in: Der Betrieb, 36. Jg., Heft 11, 1983, S. 565-571.

Becker, H.: Unternehmenskrise und Krisenmanagement, in: ZfB, 1978, S. 672-685.

Beckmann, M./Brinkmann, J./Schuster, V.: 10 Thesen zu Corporate Citizenship als Ordnungsverantwortung – Eine interkationsökonomisches Forschungsprogramm, Diskussionspapier Nr. 04-11, herausgegeben vom Forschungszentrum des Wittenberg-Zentrums für Globale Ethik in Zusammenarbeit mit dem Lehrstuhl für Wirtschaftsethik an der Martin-Luther-Universität Halle-

Wittenberg und der Sektion Wirtschaftswissenschaften der Stiftung Leucorea in der Lutherstadt Wittenberg, 2004.

Beckmann, M./Pies, I.: Sustainability by Corporate Citizenship, Diskussionspapier Nr. 04-12, herausgegeben vom Forschungszentrum des Wittenberg-Zentrums für Globale Ethik in Zusammenarbeit mit dem Lehrstuhl für Wirtschaftsethik an der Martin-Luther-Universität Halle-Wittenberg und der Sektion Wirtschaftswissenschaften der Stiftung Leucorea in der Lutherstadt Wittenberg, 2004.

Beger, A./Gutzeit, M.: Der Mensch im Mittelpunkt von Veränderungsprozessen, in: Personal, Heft 5, 2003, S. 28-31.

Beger, R./Gärtner, H.-D./Mathes, R.: Unternehmenskommunikation: Grundlagen, Strategien, Instrumente, Wiesbaden 1989.

Bell, M.: Coppenrath & Wiese: Unter Verdacht, in: PR-Magazin, Heft 3, 2003, S. 26-30.

Bellinger, B.: Unternehmenskrisen und ihre Ursachen, in: Albach, H. (Hrsg.): Handelsbetrieb und Marktforschung: Festschrift Carl Ruberg zum 70. Geburtstag, Wiesbaden 1962, S. 51-74.

Berg, H.-J./Kalthoff-Mahnke, M./Wolf, E. (Hrsg.): Die Besten – Mitarbeiterzeitungen und -zeitschriften in Deutschland. Perspektiven der internen Kommunikation, Dortmund 2004.

Berg, H.-J./Kalthoff-Mahnke, M./Wolf, E. (Hrsg.): Jahrbuch Interne Kommunikation 2005. Die Besten – Mitarbeiterzeitungen und -zeitschriften in Deutschland. Perspektiven der internen Kommunikation, Dortmund 2005.

Bergauer, A.: Erfolgreiches Krisenmanagement in der Unternehmung: Eine empirische Analyse, Berlin 2001.

Berkel, C.: Führungsethik: Organisationspsychologische Perspektiven, in: Blickle, G. (Hrsg.): Ethik in Organisationen: Konzepte, Befunde, Praxisbeispiele, Göttingen 1998, S. 117-136.

Berkel, K.: Konflikte in und zwischen Gruppen, in: Rosenstiel, L. v. (Hrsg.): Führung von Mitarbeitern: Handbuch für ein erfolgreiches Personalmanagement, 5. Aufl., Stuttgart 2003, S. 397-414.

Bernecker, T./Reiß, M.: Kommunikation im Wandel, in: Zeitschrift Führung + Organisation, 71. Jg., Heft 6, 2002, S. 352-359.

Bernecker, T./Reiß, M.: Den Wandel kommunizieren, in: new management, Nr. 1-2, 2003, S. 32-41.

Bernecker, T./Reiß, M.: Kommunikation im Change Management, in: Personal, Heft 3, 2003, S. 14-20.

Berthel, J.: Informationsbedarf, in: Frese, E. (Hrsg.): Handwörterbuch der Organisation, 3. Aufl., Stuttgart 1992, Sp. 872-886.

Berthel, J./Becker, F. G. (Hrsg): Personalmanagement: Grundzüge für Konzeptionen betrieblicher Personalarbeit, 7. Aufl., Stuttgart 2003.

Bierhoff, H. W.: Vertrauen in Führungs- und Kooperationsbeziehungen, in: Kieser, A. (Hrsg.): Handwörterbuch der Führung, 2. Aufl., Stuttgart 1995, Sp. 2148-2158.

Blake, R./Mouton, J. S.: Verhaltenspsychologie im Betrieb, Düsseldorf/Wien 1968.

Bleicher, K.: Unternehmungskultur, in: Gaugler, E. /Weber, W. (Hrsg.): Handwörterbuch des Personalwesens, 2. Aufl., Stuttgart 1992, Sp. 2241-2252.

Bode, J.: Information, in: Die Betriebswirtschaft, 53. Jg., Nr. 2, 1993, S. 275-277.

Bode, J.: Der Informationsbegriff in der Betriebswirtschaftslehre, in: ZfbF, 49. Jg., Nr. 5, 1997, S. 449-468.

Boehncke, S.: Issues Management, in: Brauner, D. J./Leitolf, J./Raible-Besten, R./Weigert, M. M. (Hrsg.): Lexikon der Presse- und Öffentlichkeitsarbeit, München; Wien 2001, S. 185-188.

Böhme, G.: Information, in: Personal-Enzyklopädie, München 1978, S. 297-302.

Böhmer, R./Ruess, A.: Wettlauf gegen die Zeit, in: Wirtschaftswoche, Nr. 23, 2003, S. 88-91.

Bohr, K.: Effizienz und Effektivität, in: Wittmann, W. (Hrsg.): Handwörterbuch der Betriebswirtschaft, 5. Aufl., Stuttgart 1993, Sp. 855-869.

Börner, C. J.: Öffentlichkeitsarbeit als Management gesellschaftlicher Exponiertheit von Unternehmen, in: ZfB, 66. Jg., Heft 4, 1996, S. 419-436.

Bosetzky, H.: Die bewußte Schaffung von Unklarheit als innerorganisatorisches Problem, in: Zeitschrift für Organisation, 48. Jahrgang, Heft 2, 1979, S. 63-69.

Bräutigam, G.: Innerbetriebliches Informationswesen, in: Gaugler, E. (Hrsg.): Handwörterbuch des Personalwesens, 1. Aufl., Stuttgart 1975, Sp. 1027-1039.

Brehm, M.: Unternehmenskommunikation im Spannungsfeld von Differenzierung und Integration, in: WiSt, Heft 8, 2005, S. 430-434.

Bröckermann, R.: Führung und Angst, Frankfurt am Main 1989.

Bröckermann, R./Hainke, M.: Personalwirtschaft und Corporate Identity, in: Personal, Heft 1, 1998, S. 32-35.

Brox, H./Rüthers, B./Henssler, M.: Arbeitsrecht, 16. Aufl., Stuttgart 2004.

Bruhn, M.: Internes Marketing als Baustein der Kundenorientierung, in: Die Unternehmung, Heft 6, 1995, S. 381-402.

Bruhn, M.: Kommunikationspolitik: Grundlagen der Unternehmenskommunikation, 1. Aufl., München 1997.

Bruhn, M.: Internes Marketing als Forschungsgebiet der Marketingwissenschaft, in: Bruhn, M. (Hrsg.): Internes Marketing: Integration der Kunden- und Mitarbeiterorientierung; Grundlagen – Implementierung – Praxisbeispiele, 2. Aufl.,Wiesbaden 1999, S. 15-44.

Bruhn, M.: Notwendigkeit eines Internen Marketing für Dienstleistungsunternehmen, in: Bruhn, M./Meffert, H. (Hrsg.): Handbuch Dienstleistungsmanagement: Von der strategischen Konzeption zur praktischen Umsetzung, 2. Aufl., Wiesbaden 2001, S. 705-731.

Bruhn, M. (Hrsg.): Integrierte Unternehmens- und Markenkommunikation, 3. Aufl., Stuttgart 2003.

Bruhn, M.: Kommunikationspolitik: Systematischer Einsatz der Kommunikation für Unternehmen, 2. Aufl., München 2003.

Bruhn, M.: Gerüchte als Gegenstand der theoretischen und empirischen Forschung, in: Bruhn, M./Wunderlich, W. (Hrsg.): Medium Gerücht – Studien zu Theorie und Praxis einer kollektiven Kommunikationsform, Bern; Stuttgart; Wien 2004, S. 11-39.

Bruhn, M./Wunderlich, W. (Hrsg.): Medium Gerücht: Studien zu Theorie und Praxis einer kollektiven Kommunikationsform, Bern; Stuttgart; Wien 2004.

Buerke, G./Watzka, K.: Motivation ohne Zusatzkosten, in: Personal, Heft 12, 2004, S. 6-10.

Buffington, J.: Can Human Resources and Internal Communications Peacefully Coexist?, in: The Public Relations Strategist, Band 10, 2004, S. 33-35.

Bühler, H.: Krisenmanagement für Unternehmen durch Public Relations, Regensburg 2000.

Bühler, H.: Neue Wege der Krisen-PR, in: PR-Magazin, Heft 5, 2003, S. 41-48.

Burbach, C./Schuster, L.: Faire Personalanpassung, in: Personal, Heft 10, 2004, S. 42-45.

Büssing, A./Moranz, C.: Die Rolle von Face-to-Face Kommunikation beim Aufbau von Vertrauen in telekooperativen Geschäftsbeziehungen, in: Zeitschrift für Arbeitswissenschaft, Heft 1, Jg. 57, 2003, S. 27-34.

Büssow, T./Taetzner, T.: Sarbanes-Oxley Act Section 404: Internes Kontrollsystem zur Sicherstellung einer effektiven Finanzberichterstattung im Steuerbereich von Unternehmen – Pflicht oder Kür?, in: Betriebs-Berater, Heft 45, Vol. 60, S. 2437-2444.

Caroll, A. B.: The Four Faces of Corporate Citizenship, in: Business an Society Review, 100/101, 1998, S. 1-7.

Caspari, I./Maier, A./Caspari, H.: Neuausrichtung von internen Kontrollsystemen nach dem Sarbanes-Oxley Act, in: Controlling, Heft 12, 2005, S. 719-725.

Cezanne, M.: Krisenmanagement und Komplexität: Betriebswirtschaftliche Krisentheorien im Kontext multioptionalen Konsumentenverhaltens, Wiesbaden 1999.

Coenenberg, A. G.: Die Kommunikation in der Unternehmung, Wiesbaden 1966.

Coenenberg, A. G./Fischer, T. M. (Hrsg.): Turnaround-Management: finanzielle und strategische Werkzeuge der Restrukturierung, Stuttgart 1993.

Collins, B./ Payne, A.: Internes Marketing: Eine neue Perspektive für das Human Resource Management, in: Payne, A./ Rapp, R.: Handbuch Relationship-Marketing: Konzeption und erfolgreiche Umsetzung, München 1999, S. 187-205.

Dahl, H.-G.: Das Problem der konsequenten Führung, in: Personal, Heft 4, 2003, S. 34-36.

Deekeling, E./Barghop, D. (Hrsg.): Kommunikation im Corporate Change, Maßstäbe für eine neue Managementpraxis, Wiesbaden 2003.

Derieth, A.: Unternehmenskommunikation: eine Analyse zur Kommunikationsqualität von Wirtschaftsorganisationen, Opladen 1995.

Disselkamp, M.: Preis der Angst, in: Personal, Heft 2, 2004, S. 24-27.

Dollinger, M.: Psychologie und Wirtschaftskrise – Die Bewältigung der Wirtschaftskrise mit Hilfe von NLP, in: Personal, Heft 4, 1994, S. 180-185.

Doppler, K./Lauterburg, C.: Change Management. Den Unternehmenswandel gestalten, 10. Aufl., Frankfurt am Main 2002.

Drumm, H. J.: Personalführung, in: Wittmann, W. (Hrsg.): Handwörterbuch der Betriebswirtschaft, 5. Aufl., Stuttgart 1993, Sp. 3099-3114.

Dürr, A.: Information – der vierte Produktionsfaktor?, in: Schweizerische Arbeitgeber-Zeitung 12/13, 1994, S. 307-312.

Dütz, W.: Arbeitsrecht, 8. Aufl., München 2003.

Duve, C.: Ursachen und Entwicklung von Konflikten in der Wirtschaft verstehen, in: Duve, C./Eidenmüller, H./Hacke, A.: Mediation in der Wirtschaft, Frankfurt am Main, 2003, S. 11-40.

Dyllick, T.: Management der Umweltbeziehungen, in: Die Unternehmung, 42. Jahrgang, Nr. 3, 1988, S. 190-205.

Dyllick, T.: Management der Umweltbeziehungen. Öffentliche Auseinandersetzung als Herausforderung, Wiesbaden 1989.

Eberhardt, S.: Wertorientierte Unternehmensführung: der modifizierte Stakeholder-value-Ansatz, Wiesbaden 1998.

Eberl, P.: Vertrauen und Management. Studien zu einer theoretischen Fundierung des Vertrauenskonstruktes in der Managementlehre, Stuttgart 2003.

Ernst, E. E.: Faktor Vertrauen, in: Wirtschaft – Das IHK Magazin für München und Oberbayern, Heft 5, 2003, S. 46-49.

Feldbauer-Durstmüller, B.: Sanierungsmanagement – Die Bewältigung von Unternehmenskrisen durch Unternehmenssanierung, in: Zeitschrift Führung + Organisation, 72. Jahrgang, Heft 3, 2003, S. 128-132.

Fey, J. G./Martin, H.: Neue Wege der Mitarbeiterkommunikation über das Intranet. Beispiel: Das BASF Wide Web, in: Klöfer, F./Nies, U. (Hrsg.): Erfolgreich durch interne Kommunikation: Mitarbeiter besser informieren, motivieren und aktivieren, 3. Aufl., München 2003, S. 257-262.

Fiebes, H./Lau, V./Pilger, N.: Wie ist das HR-Management auf den Aufschwung vorbereitet? Ergebnisse einer bundesweiten Studie zur Arbeitssituation und zum Personalmanagement in deutschen Unternehmen, in: Personalführung, Heft 4, 2004, S. 48-57.

Figge, F./Schaltegger, S.: Shareholder Value dank Stakeholder-Beziehungen – Messung des Werts als strategisches Optimierungsinstrument, in: Neue Züricher Zeitung, Nr. 252, Samstag 28.10.2000, S. 103.

Fitting, K./Engels, G./Schmidt, I./Trebinger, Y./Linsenmaier, W.: Betriebsverfassungsgesetz, 23. Aufl., München 2006.

Freeman, R. E.: Strategic Management: A Stakeholder Approach, Boston 1984.

Füser, K./Gleißner, W./Meier, G.: Risikomanagement (KonTraG) – Erfahrungen aus der Praxis, in: Der Betrieb, Heft 15, 1999, S. 753-758.

Gabele, E.: Reorganisation, in: Frese, Erich (Hrsg.): Handwörterbuch der Organisation, 3. Aufl., Stuttgart 1992, Sp. 2196-2211.

Galford, R./Seibold Drapeau, A.: Die Feinde des Vertrauens, in: Harvard Business Manager, Mai 2003, S. 97-106.

Gaugler, E.: Information als Führungsaufgabe, in: Kieser, A. (Hrsg.): Handwörterbuch der Führung, 2. Aufl., Stuttgart 1995, Sp. 1175-1185.

Gauly, T.: Warum Ethik kein Luxus ist und Kommunikation Werte schafft, in: trend – Zeitschrift für Soziale Marktwirtschaft, 1999, S. 1. www.trend-zeitschrift.de/trend99/9913.html.

Gebert, D.: Organisationsklima, in: Gaugler, E./Weber, W. (Hrsg.): Handwörterbuch des Personalwesens, 2. Aufl., Stuttgart 1992, Sp. 1498-1507.

Gebert, D.: Kommunikation, in: Frese, E. (Hrsg.): Handwörterbuch der Organisation, 3. Aufl., Stuttgart 1992, Sp. 1110-1121.

Gemünden, H. G.: Information: Bedarf, Analyse und Verhalten, in: Wittmann, W. (Hrsg.): Handwörterbuch der Betriebswirtschaft, 5. Aufl., Stuttgart 1993, Sp. 1725-1735.

George, W. R./Grönroos, C.: Internes Marketing: Kundenorientierte Mitarbeiter auf allen Unternehmensebenen, in: Bruhn, M. (Hrsg.): Internes Marketing: Integration der Kunden- und Mitarbeiterorientierung; Grundlagen – Implementierung – Praxisbeispiele, 2. Aufl., Wiesbaden 1999, S. 45-68.

Gilbert, D. U.: Konfliktmanagement in international tätigen Unternehmen. Ein diskursethischer Ansatz zur Regelung von Konflikten im interkulturellen Management, Sternenfels 1998.

Göbel, E.: Das Management der sozialen Verantwortung. Berlin 1992.

Grof, E.: Risikomanagement, in: Feldbauer-Durstmüller, B./Schlager, J. (Hrsg.): Krisenmanagement – Sanierung – Insolvenz: Handbuch für Banken, Management, Rechtsanwälte, Steuerberater, Wirtschaftsprüfer und Unternehmensberater, Wien 2002, S. 107-132.

Grönroos, C.: Service Management and marketing: a customer relationship management approach, 2. Aufl., Chichester u.a. 2001.

Grün, O.: Informale Erscheinungen in der Betriebsorganisation. Eine betriebswirtschaftliche Untersuchung, Berlin 1966.

Grün, O.: Projektorganisation, in: Frese, E. (Hrsg.): Handwörterbuch der Organisation, 3. Aufl., Stuttgart 1992, Sp. 2102-2116.

Grunwald, W.: Führung in der Krise: Rückbesinnung auf die Tugend-Ethik!, in: io Managment Zeitschrift, Jg. 62, Heft 9, 1993, S. 34-40.

Grunwald, W.: Nach der Schlankheitskur: Vertrauen aufbauen!, in: Angewandte Arbeitswissenschaft, Heft 143, 1995, S. 1-14.

Grunwald, W.: Wie man Vertrauen erwirbt: Von der Misstrauens- zur Vertrauensorganisation, in: io Management Zeitschrift, Nr. 1/2, Jg. 64, 1995, S. 73-77.

Grunwald, W.: Umgang mit Konflikten, in: io management, Nr. 3, 2000, S. 18-24.

Günter, B.: Wettbewerbsvorteile, mehrstufige Kundenanalyse und Kunden-Feedback im Business-to-Business-Marketing, in: Backhaus, K./Günter, B./Kleinaltenkamp, M./Plinke, W./Raffée, H. (Hrsg.): Marktleistung und Wettbewerb, Festschrift für Werner Engelhardt zum 65. Geburtstag, Wiesbaden 1997, S. 213-231.

Günter, B.: Verlässlichkeit als Wettbewerbsvorteil im Business-to-Business-Marketing, unveröffentlichtes Manuskript, Düsseldorf 2006.

Günter, B./Platzek, T.: Stenose von Feedbackkanälen und ihre Bedeutung für kundenorientiertes Verhalten – Ein Problem des Internen Marketing, in: Bruhn, M. (Hrsg.): Internes Marketing, 2. Aufl., Wiesbaden 1999, S. 389-408.

Haberfellner, R.: Projektmanagement, in: Frese, E. (Hrsg.): Handwörterbuch der Organisation, 3. Aufl., Stuttgart 1992, Sp. 2090-2102.

Hahn, D.: Unternehmensführung und Öffentlichkeitsarbeit, in: ZfB, 62. Jg., Heft 2, 1992, S. 137-157.

Hahn, D./Krystek, U.: Betriebliche und überbetriebliche Frühwarnsysteme für die Industrie, in: ZfbF, Jg. 31, 1979, S. 76-88.

Hamel, W.: Personal als Investition?, in: ZfbF, 39. Jg., Heft 12, 1987, S. 1079-1087.

Hamel, W.: Zielplanung, in: Szyperski, N. (Hrsg.): Handwörterbuch der Planung, Stuttgart 1989, Sp. 2302-2316.

Hamel, W.: Bilanzierung unter Mitbestimmungs-Einfluß, Stuttgart 1992.

Hamel, W.: Zielsysteme, in: Frese, E. (Hrsg.): Handwörterbuch der Organisation, 3. Aufl., Stuttgart 1992, Sp. 2634-2652.

Hanau, P./Adomeit, K.: Arbeitsrecht, 12. Aufl., Neuwied; Kriftel 2000.

Hardt, C.: Aus für deutsche Handy-Werke, in: Handelsblatt, Nr. 189, 29./30.09./01.10.2006, S. 1.

Hardt, C.: Scheidung nach 363 Tagen, in: Handelsblatt, Nr. 189, 29./30.09./01.10.2006, S. 10.

Hauschildt, J.: Aus Schaden klug, in: Manager Magazin, Heft 10, 1983, S. 142-152.

Hauschildt, J.: Unternehmenskrisen – Herausforderungen an die Bilanzanalyse, in: Hauschildt, J. (Hrsg.): Krisendiagnose durch Bilanzanalyse, 1. Aufl., Köln 1988, S. 1-16.

Hauschildt, J.: Unternehmenskrisen – Herausforderungen an die Bilanzanalyse, in: Hauschildt, J./Leker, J. (Hrsg.): Krisendiagnose durch Bilanzanalyse, 2. Aufl., Köln 2000, S. 1-17.

Hauschildt, J./Grape, C./Schindler, M.: Typologien von Unternehmenskrisen im Wandel, in: Die Betriebswirtschaft, 66. Jrg, Heft 1, 2006, S. 7-25.

Hauser, M.: Unternehmungskrisen, in: WISU, Heft 2, 1988, S. 77-78.

Hegele-Raih, C.: Kommunikation im und über Change Management. Eine theoretische Betrachtung, Frankfurt am Main 2002.

Heiks, M.: Krisen-PR, in: Brauner, D. J./Leitolf, J./Raible-Besten, R./Weigert, M. M. (Hrsg.): Lexikon der Presse- und Öffentlichkeitsarbeit, München; Wien 2001, S. 205-210.

Hentze, J./Kammel, A.: Personalwirtschaftslehre 1, 7. Aufl., Bern u.a. 2001.

Herbst, D.: Interne Kommunikation, Berlin 1999.

Herbst, D.: Krisen meistern durch PR: Ein Leitfaden für Kommunikationspraktiker, Neuwied; Kriftel 1999.

Herbst, D.: Praxishandbuch Unternehmenskommunikation, 1. Aufl., Berlin 2003.

Hindel, C./Ratzke, B.: Personalabbau als Change-Projekt, in: Personalführung, Heft 11, 2004, S. 60-63.

Hippner, H.: Die (R)Evolution des Customer Relationship Management, in: Marketing – Zeitschrift für Forschung und Praxis, Jg. 27, Heft 2, 2005, S. 115-134.

Hoffmann, F./Rebstock, W.: Unternehmungsethik: Eine Herausforderung an die Unternehmung, in: ZfB, Jg. 59, Heft 6, 1989, S. 667-687.

Höland, A.: Arbeitsvertrag, in: Gaugler, E. (Hrsg.): Handwörterbuch des Personalwesens, 3. Aufl., Stuttgart 2004, Sp. 414-420.

Horvath, P.: Controllinginstrumente, in: Wittmann, W. (Hrsg.): Handwörterbuch der Betriebswirtschaft, 5. Aufl., Stuttgart 1993, Sp. 669-680.

Huck, S.: Internationale Unternehmenskommunikation. Ergebnisse einer qualitativen Befragung von Kommunikationsverantwortlichen in 20 multinationalen Großunternehmen. (Kommunikation & Analysen, Band 1), Herausgeber: Prof. Dr. Claudia Mast, Universität Hohenheim, Lehrstuhl für Kommunikationswissenschaft und Journalistik, Stuttgart 2005.

Jäger, W./Lang, A./Marquart, A.: Controlling (Steuerung) der internen Kommunikation. Beispiel: Elektronische Kommunikation, in: Klöfer, F./Nies, U.: Erfolgreich durch interne Kommunikation. Mitarbeiter besser informieren, motivieren und aktivieren. 3. Aufl., München 2003, S. 176-187.

Jost, P.-J.: Konflikt- und Kooperationsmanagement, in: Gaugler, E. (Hrsg.): Handwörterbuch des Personalwesens, 3. Aufl., 2004, Sp. 1014-1025.

Jumpertz, N.: Angst im Unternehmen, in: ProFirma, Heft 6, 2003, S. 8-11.

Kajüter, P./Winkler, C.: Die Risikoberichterstattung der DAX100-Unternehmen im Zeitvergleich, in: Zeitschrift für kapitalmarktorientierte Rechnungslegung (KoR), 3. Jg, Heft 5/2003, S. 217-228.

Kajüter, P./Winkler, C.: Praxis der Risikoberichterstattung deutscher Konzerne, in: Die Wirtschaftsprüfung (WPg), 57. Jg., Heft 6/2004, S. 249-261.

Kalmus, M.: Aufgaben und Probleme der innerbetrieblichen Öffentlichkeitsarbeit, in: Haedrich, G./Barthenheier, G./Kleinert, H. (Hrsg.): Öffentlichkeitsarbeit - Dialog zwischen Institutionen und Gesellschaft, Berlin; New York 1982, S. 93-103.

Kalmus, M.: Innerbetriebliche Kommunikation, in: Kalt, G. (Hrsg.): Öffentlichkeitsarbeit und Werbung: Instrumente, Strategien, Perspektiven, 5. Aufl., Frankfurt am Main 1994, S. 69-73.

Kalmus, M.: Praxis der internen Kommunikation: vom schwarzen Brett zum Intranet, Essen 1998.

Kapferer, J.-N.: Gerüchte. Das älteste Massenmedium der Welt, Leipzig 1996.

Kempkes, H. P./Bindhardt, R.: Personalführung mit Wertschätzung, in: Personalwirtschaft, Heft 7, 2003, S. 39-43.

Kesting, P.: Schumpeters Theorie der Innovation und der wirtschaftlichen Entwicklung, in: WiSt, Heft 1, 2003, S. 34-38.

Keuper, F.: Ökonomische Bedeutung der Information in der Informationsgesellschaft, in: Keuper, F. (Hrsg.): Electronic Business und Mobile Business – Ansätze, Konzepte und Geschäftsmodelle, Wiesbaden 2002, S. 119-141.

Kiechl, R.: Angst darf in Wandlungsprozessen nicht tabu sein, in: io Management, Jg. 65, Nr. 11, 1996, S. 85-88.

Kirchner, K.: Integrierte Unternehmenskommunikation: Theoretische und empirische Bestandsaufnahme und einen Analyse amerikanischer Großunternehmen, Wiesbaden 2001.

Kittner, C.: Angst im Job, 1. Aufl., München und Mering 2003.

Kittner, M./Kittner, S.: Arbeits- und Sozialrecht kompakt, 4. Aufl., Frankfurt am Main 2002.

Klaus, E.: Vertrauen in Unternehmensnetzwerken. Eine interdisziplinäre Analyse, Wiesbaden 2002.

Klein, J./Ringlstetter, M./Oelert, J.: Interne Kommunikation, in: Brauner, D. J./Leitolf, J./Raible-Besten, R./Weigert, M. M. (Hrsg.): Lexikon der Presse- und Öffentlichkeitsarbeit, München; Wien 2001, S. 160-168.

Kleinaltenkamp, M./Fließ, S.: Entwicklung einer strategischen Marketing-Konzeption, in: Kleinaltenkamp, M./Plinke, W. (Hrsg.): Technischer Vertrieb, Berlin; Heidelberg 1995, S. 947-1019.

Kleinschmidt, C.: Fehlende Anerkennung belastet die Gesundheit, in: Personalführung, Heft 12, 2004, S. 58-61.

Klimecki, R. G./Gmür, M.: Personalmanagement, 3. Aufl., Stuttgart 2005.

Kling, L.: Change Marketing: marketingsbasierte interne Kommunikation im Change Management, Mannheim 2003.

Klöfer, F.: Mitarbeiterkommunikation als Teil des Führungskonzepts – Bestandsaufnahme bei deutschen Unternehmen, in: Personalführung, Heft 12, 1996, S. 1054-1061.

Klöfer, F.: Mitarbeiterführung durch Kommunikation, in: Klöfer, F./Nies, U.: Erfolgreich durch interne Kommunikation. Mitarbeiter besser informieren, motivieren und aktivieren, 3. Aufl., München 2003, S. 21-107.

Klöfer, F./Nies, U.: Erfolgreich durch interne Kommunikation: Mitarbeiter informieren, motivieren und aktivieren, 3. Aufl., München 2003.

Knebel, H.: Mitarbeiterorientierte Führung – nur für gute Zeiten gut?, in: Personal, Heft 8, 1993, S. 368-371.

Köglmayr, H.-G./Lingenfelder, M./Müller, S.: Die Unternehmenskrise als führungspolitische Herausforderung, in: ZfbF, Jg. 40, Heft 1, 1988, S. 49-70.

Kotler, P.: Marketing-Management: Analyse, Planung und Verwirklichung, 10. Aufl., Stuttgart 2001.

Kreikebaum, H.: Grundlagen der Unternehmensethik, Stuttgart 1996.

Krulis-Randa, J. S.: Reflexionen über die Unternehmenskultur, in: Die Unternehmung, Heft 4, 1984, S. 358-372.

Krummenacher, A.: Krisenmanagement: Leitfaden zum Verhindern und Bewältigen von Unternehmungskrisen, Zürich 1981.

Krystek, U.: Organisatorische Möglichkeiten des Krisen-Managements, in: Zeitschrift für Organisation, Jg. 49, 1980, S. 63-71.

Krystek, U.: Unternehmungskrisen: Beschreibung, Vermeidung und Bewältigung überlebenskritischer Prozesse in Unternehmen, Wiesbaden 1987.

Krystek, U.: Krisenprophylaxe, in: Gablers Magazin, Heft 5, 1990, S. 6-8.

Krystek, U.: Unternehmenskrisen: Vermeidung und Bewältigung, in: Pastors, P. M. (Hrsg.): Risiken des Unternehmens – vorbeugen und meistern, München; Mering 2002, S. 87-133.

Kuhn, T./Weibler, J.: Führungsethik: Notwendigkeit, Ansätze und Vorbedingungen ethikbewusster Mitarbeiterführung, in: Die Unternehmung, Heft 5, 57. Jg., 2003, S. 375-392.

Kumar, B. N./Osterloh, M./Schreyögg, G. (Hrsg.): Unternehmensethik und die Transformation des Wettbewerbs: Shareholder – Value – Globalisierung – Hyperwettbewerb / Festschrift für Professor Dr. Dr. h.c. Horst Steinmann zum 65. Geburtstag, Stuttgart 1999.

Kunczik, M./Heintzel, A./Zipfel, A.: Krisen-PR: Unternehmensstrategien im umweltsensiblen Bereich, Köln u.a. 1995.

Lambeck, A.: Die Krise bewältigen: Management und Öffentlichkeitsarbeit im Ernstfall; ein praxisorientiertes Handbuch, Frankfurt am Main 1992.

Lau, V.: Pragmatismus im Personalmanagement, in: Personal, Heft 11, 2004, S. 6-8.

LeMar-Klughardt, B.: Kommunikation und Konflikt, in: Der Organisator, Heft 12, 1995, S. 10-11.

Liebl, F.: Issue Management, in: ZfB, 64. Jg, Heft 3, 1994, S. 359-383.

Lintemeier, K.: Internes Marketing als strategisches Konzept. Die interne Kommunikationspolitik der Stadtwerke Hannover AG, in: Bruhn, M. (Hrsg.): Internes Marketing: Integration der Kunden- und Mitarbeiterorientierung; Grundlagen – Implementierung – Praxisbeispiele, 2. Aufl., Wiesbaden 1999, S. 643-663.

Lötters, F./Rabbe, S./Berg, N.: Shareholder- versus Stakeholder-Orientierung deutscher und U.S.-amerikanischer Unternehmungen – Ein Vergleich, Dortmunder Beiträge zur Unternehmensführung, Nr. 39, Herausgegeben von Prof. Dr. Martin K. Welge, Dortmund 2004.

Löwisch, M.: Arbeitsrecht: Ein Studienbuch. 5. Aufl., Düsseldorf 2000.

Lutz, C.: Kommunikationskultur nach innen: Hintergründe des dialogischen Modells, in: io Management Zeitschrift, Jg. 62, Nr. 2, 1993, S. 36-39.

Macharzina, K.: Informationspolitik: Unternehmenskommunikation als Instrument erfolgreicher Führung, Wiesbaden 1990.

Macharzina, K.: Unternehmensführung: das internationale Managementwissen; Konzepte - Methoden - Praxis, 5. Aufl., Wiesbaden 2005.

Macharzina, K./Dedler, K.: Ökonomische Analyse der internen Informationspoltik der Unternehmung, Stuttgart 1998.

Maletzke, G.: Kommunikationswissenschaft im Überblick: Grundlagen, Probleme, Perspektiven, Opladen; Wiesbaden 1998.

Maletzke, G.: Kommunikationsform Gerücht, in: Mast, C.: Unternehmens-kommunikation: Ein Leitfaden. Stuttgart 2002, S. 225-240.

Mallmann, I.: Wirkungen von Gerüchten und Handlungsalternativen für Unternehmen, in: Bruhn, M./Wunderlich, W. (Hrsg.): Medium Gerücht – Studien zu Theorie und Praxis einer kollektiven Kommunikationsform, Bern; Stuttgart; Wien 2004, S. 155-177.

March, J. G./Simon, H.A.: Organizations, New York u.a. 1958.

Marten, E.: Integrierte Kommunikation, in: Brauner, D. J./Leitolf, J./Raible-Besten, R./Weigert, M. M. (Hrsg.): Lexikon der Presse- und Öffentlichkeitsarbeit, München; Wien 2001, S. 150-155.

Martin, A.: Vertrauen, in: Martin, A. (Hrsg.): Organizational Behaviour – Verhalten in Organisationen, Stuttgart 2003, S. 115-137.

Martin, A.: Die Leistungsfähigkeit der Anreiz-Beitrags-Theorie, in: Festing, M./Martin, A./Mayrhofer, W./Nienhüser, W. (Hrsg.): Personaltheorie als Beitrag zur Theorie der Unternehmung. Festschrift für Prof. Dr. Wolfgang Weber zum 65. Geburtstag, München und Mering 2004, S. 13-41.

Mast, C.: Interne Unternehmenskommunikation als Wettbewerbsfaktor. Ergebnisse aus Umfragen unter DAX-100-Unternehmen und Schlussfolgerungen, in: PR-Magazin, Heft 6, 2002, S. 41-48.

Mast, C.: Minimax-Prinzip, in: PR-Magazin, Heft 9, 2002, S. 26-29.

Mast, C.: Unternehmenskommunikation: ein Leitfaden, Stuttgart 2002.

Mast, C.: Crossmedia in der internen Unternehmenskommunikation. Ergebnisse der DAX-KOM-Umfragen und Schlussfolgerungen, Hohenheim 2003.

Mast, C.: Gerüchte: Gegenspieler der Manager, in: PR-Magazin, Heft 5, 2003, S. 28-31.

Mast, C.: Führungskräfte als Kommunikationsmanager, in: Sparkasse, Heft 4, 2004, S. 188-191.

Mast, C./Fiedler, K.: Mitarbeiterzeitschrift im Zeitalter des Intranet. Ergebnisse einer Umfrage bei Banken und Versicherungen. (Kommunikation und Management, Band 5), Herausgeber: Prof. Dr. Claudia Mast, Universität Hohenheim, Lehrstuhl für Kommunikationswissenschaft und Journalistik, Stuttgart 2004.

Matten, D.: Moral im Unternehmen: Philosophische Zierleiste oder knappe Ressource?, in: Haupt, R./Lachmann, W. (Hrsg.): Unternehmensethik – Wahre Leere oder leere Ware?, Neuenhausen/Stuttgart 1998, S. 11-33.

Matten, D./Crane, A.: Business ethics: a European perspective: managing corporate citizenship and sustainability in the age of globalization, Oxford 2004.

Mayrhofer, W.: Die Neuere Systemtheorie und ihr Beitrag zur Erklärung des Unternehmensverhaltens, in: Festing, M./Martin, A./Mayrhofer, W./Nienhüser, W. (Hrsg.): Personaltheorie als Beitrag zur Theorie der Unternehmung. Festschrift für Prof. Dr. Wolfgang Weber zum 65. Geburtstag, München; Mering 2004, S. 121-137.

Meffert, H.: Marketing: Grundlagen der Absatzpolitik, 7. Aufl., Wiesbaden 1991.

Meffert, H.: Marketing: Grundlagen marktorientierter Unternehmensführung, 9. Aufl., Wiesbaden 2000.

Meffert, H.: Marketing-Management: Analyse, Strategie, Implementierung, Wiesbaden 1994.

Meier, P.: Interne Kommunikation im Unternehmen: Von der Hauszeitung bis zum Internet, Zürich 2002.

Meisert, H.-J.: Gut geplant, ist halb geschrieben – Theorien, Konzepte und Organisation der deutschen Betriebspublizistik, 4. Aufl., Kassel-Wilhelmshöhe 1988.

Meisert, H.-J.: Theorien, Konzepte und Organisation der deutschen Betriebspublizistik, in: PR-Magazin, Vol. 19, Nr. 5, 1989, S. 35-46.

Merten, K.: Kommunikation. Eine Begriffs- und Prozeßanalyse, Opladen 1977.

Meyer, A.: Mitarbeiterführung im Alltag – Ein Spiel mit der Angst?, in: Personalführung, Heft 2, 1999, S. 22-26.

Mitroff, I. I./Alpaslan, C.: Gewappnet gegen das Böse, in: Harvard Business Manager, Heft 7, 2003, S. 61-77.

Moeller, U.: Störfall-PR: Ist der Ruf erst ruiniert, in: Harvard Business Manager, Heft 4, 1993, S. 23-32.

Mohr, N.: Kommunikation und organisatorischer Wandel: ein Ansatz für ein effizientes Kommunikationsmanagement im Veränderungsprozess, Wiesbaden 1997.

Möllering, G.: Hinein ins Vertrauen!? Eine konstruktive Kritik zum betriebswirtschaftlichen Vertrauensverständnis, in: Zeitschrift Führung + Organisation, 71. Jg., Heft 2, 2002, S. 81-88.

Müller, C.: Interne Kommunikation im Change-Management. Fallbeispiel: Ausgründung von Unternehmensteilen, Vortragsunterlagen vom 21.09.2006, Praxisseminar zum Thema „Interne Kommunikation im Change-Management", veranstaltet von F.A.Z.-Insitut und Convent Seminare in Frankfurt am Main.

Müller, M.: Die Institution Betriebsrat aus personalwirtschaftlicher Sicht, in: WSI-Mitteilungen, Heft 10, 2005, S. 554-560.

Müller, R.: Krisenmanagement in der Unternehmung: ein Beitrag zur Krisenbewältigung, Frankfurt am Main 1982.

Müller, F.-J./Schneider, M. C.: Für den Notfall gerüstet, in: Capital, Heft 9, 2003, S. 38-39.

Müller-Stewens, G.: Krisenmanagement, in: DBW, Jg. 49, Heft 5, 1989, S. 639-645.

Näf, H.-P.: Bedeutung und Auswirkungen von Angst am Arbeitsplatz, Zürich 1995.

Naumann, J.: Damit die Krise nicht zur Kommunikationskrise eskaliert, in: io new management, Heft 9, 2003, S. 22-27.

Neff, B.: PR mit Power. Erfolgreiche Informationspolitik bei Unternehmenskrisen, Wiesbaden 2002.

Neuberger, O.: Miteinander arbeiten – miteinander reden!, 6. Aufl., München 1985.

Neuhaus, P.: Interne Kunden-Lieferanten-Beziehungen, Wiesbaden 1996.

Nienhüser, W.: Die Resource Dependence-Theorie – wie (gut) erklärt sie das Unternehmensverhalten?, in: Festing, M./Martin, A./Mayrhofer, W./Nienhüser, W. (Hrsg.): Personaltheorie als Beitrag zur Theorie der Unternehmung. Festschrift für Prof. Dr. Wolfgang Weber zum 65. Geburtstag, München und Mering 2004, S. 87-119.

Nies, U.: Controlling in der internen Kommunikation – ja aber..., in: Klöfer, F./Nies, U.: Erfolgreich durch interne Kommunikation. Mitarbeiter besser informieren, motivieren und aktivieren. 3. Aufl., München 2003, S. 146-153.

Nohr, H.: Management der Informationsqualität, Arbeitspapiere Wissensmanagement, Nr. 3/2001, Fachhochschule Stuttgart, Studiengang Informationswirtschaft.

Nohr, H./Roos, A. W.: Informationsqualität als Instrument des Wissensmanagements, in: wissensmanagement, Heft 2, 2001, S. 28-31.

Noll, N.: Gestaltungsperspektiven interner Kommunikation, Wiesbaden 1996.

Oechsler, W. A.: Personal und Arbeit. Grundlagen des Human Resource Management und der Arbeitgeber-Arbeitnehmer-Beziehungen, 8. Aufl., München 2006.

O.V.: Gerüchteküche im Unternehmen, in: Personalwirtschaft, Heft 5, 1990, S. 40-42.

O.V.: Kommunikation, in: Gabler Wirtschafts-Lexikon, 15. Aufl., Wiesbaden 2000, S. 1765-1766.

O.V.: Kompetenz 1, Kommunikation und Krisenmanagement, K&K Kothes & Klewes Kommunikation, Düsseldorf 1997.

O.V.: Personal als Erstes dran, in: Wirtschaftswoche, Nr. 7, 2004, S. 77.

O.V.: Insolvenzen, Neugründungen, Löschungen. Jahr 2005. Eine Unteruchung zur Unternehmensentwicklung der Creditreform Wirtschafts- und Konjunkturforschung, Neuss 2005.

O.V.: „So etwas tut ein DAX-Unternehmen nicht“, in: Frankfurter Allgemeine Zeitung, Nr. 228, 30. September 2006, S. 16.

Oelsnitz, D. v. d.: Issue Management: Trends erkennen und Krisen begegnen, in: io new management, Nr. 6, 2004, S. 11-18.

Oertel, C.: Stakeholder Orientierung als Prinzip der Unternehmensführung, München 2000.

Panse, W.: Kostenfaktor Angst, in: Personalwirtschaft, Heft 5, 1999, S. 36-39.

Panse, W./Stegmann, W.: Angst – Macht – Erfolg. Erkennen Sie die Macht der konstruktiven Angst, München 2004.

Pepels, W.: Marketing: Lehr- und Handbuch mit Praxisbeispielen, 2. Aufl., München; Wien 1998.

Perlitz, M./Löbler, H.: Brauchen Unternehmen zum Innovieren Krisen?, in: ZfB, 55. Jg., Heft 5, 1985, S. 424-450.

Pfannenberg, J.: Veränderungskommunikation, Frankfurt am Main 2003.

Picot, A./Reichwald, R./Wigand, R. T.: Die grenzenlose Unternehmung: Information, Organisation und Management, 5. Aufl., Wiesbaden 2003.

Picot, A./Röntgen, W. K.: Kommunikation, in: Dichtl, E./Issing, O. (Hrsg.): Vahlens Großes Wirtschaftslexikon, Band 1, A-K, 2. Aufl., München 1993, S. 1142-1144.

Piwinger, M.: Der Umgang mit Gerüchten im Unternehmensumfeld. Ausgewählte Praxiserfahrungen, in: Bruhn, M./Wunderlich, W. (Hrsg.): Medium Gerücht – Studien zu Theorie und Praxis einer kollektiven Kommunikationsform, Bern; Stuttgart; Wien 2004, S. 249-274.

Platzek, T.: Selektion von Informationen über Kundenzufriedenheit, Wiesbaden 1998.

Prawitz, J.: Personal-Informationssysteme, in: Personal-Enzyklopädie, München 1978, S. 308-312.

Raven, W. v.: Die Kunst, Konflikte zu meistern, in: Die politische Meinung, Heft 124, 1968, S. 33.

Regnet, E.: Kommunikation als Führungsaufgabe, in: Rosenstiel, L. v. (Hrsg.): Führung von Mitarbeitern: Handbuch für ein erfolgreiches Personalmanagement, 2. Aufl., Stuttgart 1993, S. 185-195.

Reichwald, R.: Kommunikation und Kommunikationsmodelle, in: Wittmann, W. (Hrsg.): Handwörterbuch der Betriebswirtschaft, 5. Aufl., Stuttgart 1993, Sp. 2174-2188.

Reichwald, R.: Informationsmanagement, in: Bitz, M. (Hrsg.): Vahlens Kompendium der Betriebswirstchaftslehre, Band 2, 4. Aufl., München 1999, S. 221-288.

Reiss, M./Zeyer, U.: Widerstände vermeiden durch Opportunismus, in: io Management Zeitschrift, Jg. 63, Nr. 7/8, 1994, S. 87-90.

Richter, M.: Personalführung: Grundlagen und betriebliche Praxis, 4. Aufl., Stuttgart 1999.

Riklin, A. (Hrsg.): Wahrhaftigkeit in der Politik, Recht, Wirtschaft und Medien, Göttingen 2004.

Rischar, K.: Informationspolitik, in: Personal-Enzyklopädie, München 1978, S. 306-308.

Rolke, L.: Ein Cockpit für die Unternehmenskommunikation, in: Frankfurter Allgemeine Zeitung, Nr. 67, 21.03.2005, S. 20.

Roloff, J.: Stakeholdermanagement: Ein monologisches oder dialogisches Verfahren?, in: Zfwu, Jg. 3, Heft 1, 2002, S. 77-95.

Rosenstiel, L. v.: Betriebsklima, in: Strutz, H. (Hrsg.): Handbuch Personalmarketing, 2. Aufl., Wiesbaden 1989, S. 61-73.

Rosenstiel, L. v.: Grundlagen der Führung, in: Rosenstiel, L. v. (Hrsg.): Führung von Mitarbeitern: Handbuch für ein erfolgreiches Personalmanagement, 2. Aufl., Stuttgart 1993, S. 3-25.

Röthig, P.: Organisation und Krisenmanagement. Zur organisatorischen Gestaltung der Unternehmung unter den Bedingungen eines Krisen-Managements, in: ZO, Heft 1, 1976, S. 13-20.

Röttger, U.: Strategisches Issues Management. Konzepte und organisatorische Gestaltung, in: Zeitschrift Führung + Organisation, 74. Jg, Heft 3, 2005, S. 139-146.

Rubba, N.: Hofberichterstatter oder Partner im Change-Management? Empirische Daten zur Rolle der internen Kommunikation deutscher Großunternehmen im organisatorsichen Wandel, in: Personalführung, Heft 9, 2003, S. 18-22.

Rühli, E.: Das Corporate-Culture-Konzept als Herausforderung für die Führungslehre, in: Wunderer, R. (Hrsg.): Betriebswirtschaftslehre als Management- und Führungslehre, 3. Aufl. , Stuttgart, 1994, S. 337-352.

Sachs, S.: Wie aus Anspruch Mehrwert wird. Warum Stakeholder-Management eine strategische Führungsaufgabe ist, in: new management, Nr. 11, 2002, S. 28-33.

Salecker, J.: Der Kommunikationsauftrag von Unternehmen bei Mergers & Acquisitions: Problemdimensionen und Gestaltungsoptionen der Kommunikation bei Unternehmensübernahmen, Bern; Stuttgart; Wien 1995.

Sauter-Sachs, S.: Die unternehmerische Umwelt, in: Die Unternehmung, Heft 3, Jg. 46, 1992, S. 183-204.

Schäfer, C.: Die WSI-Befragung von Betriebs- und Personalräten 2004/2005 – Ein Überblick, in: WSI-Mitteilungen, Heft 6, 2005, S. 291-300.

Schäfer. C.: Zur Lage der Interessenvertretung: Die aktuelle WSI-Befragung von Betriebs- und Personalräten, in: WSI-Mitteilungen, Heft 6, 2005, S. 290.

Schaltegger, S.: Bildung und Durchsetzung von Interessen zwischen Stakeholdern der Unternehmung, in: Die Unternehmung, 53. Jg. Heft 1, 1999, S. 3-20.

Schanz, G.: Personalwirtschaftslehre, 3. Aufl., München 2000.

Scharfenkamp, N./Deppe, J.: Personelle Aspekte eines Krisenmanagements, in: Verwaltung + Organisation, Heft 11, 1990, S. 286-290.

Scherm, E./Süß, S.: Personalmanagement, München 2003.

Schewe, G./Schaecke, M./Nentwig, S.: Personenbedingte Widerstände bei Reorganisationsprozessen – Identifikation und Überwindung, Arbeitspapiere des Lehrstuhls für Betriebswirtschaftslehre, insb. Organisation, Personal und Innovation der Westfälischen Wilhelms-Universität Münster, Nr. 26, Münster 2004.

Schick, S.: Gerüchte in der internen Kommunikation. Die informelle Kommunikation von Mitarbeitern für Mitarbeiter in der Praxis, in: Bruhn, M./Wunderlich, W. (Hrsg.): Medium Gerücht – Studien zu Theorie und Praxis einer kollektiven Kommunikationsform, Bern; Stuttgart; Wien 2004, S. 223-247.

Schick, S.: Interne Unternehmenskommunikation: Strategien entwickeln, Strukturen schaffen, Prozesse steuern, 2. Aufl. Stuttgart 2005.

Schilder, P.: Lebenslügendetektor, in: Frankfurter Allgemeine Zeitung, Nr. 228, 30. September 2006, S. 1.

Schloter, C.: Vertrauen als Grundlage von Stakeholderbeziehungen, in: Zeitschrift Führung + Organisation, Heft 4, Jg. 73, 2004, S. 202-206.

Schmid, U.: Das Anspruchsgruppenkonzept, in: WISU, Heft 7, 1997, S. 633-635.

Schmidt, H.: McDonald's: Burger Krise, in: PR-Magazin, Heft 11, 1999, S. 28-29.

Schmitt, M./Hauser, T.: Krisen-PR von Unternehmen - ein funktionaler Ansatz zur effizienten Gestaltung der Öffentlichkeitsarbeit in Krisensituationen, in: Jahrbuch der Absatz- und Verbrauchsforschung, Heft 2, 1994, S. 122-141.

Schoen, T.: Konfliktmanagementsysteme für Wirtschaftsunternehmen. Aus deutscher und amerikanischer Sicht, Köln 2003.

Scholz, C.: Personalmanagement: informationsorientierte und verhaltenstheoretische Grundlagen, 5. Aufl., München 2000.

Schramm, F./Boeven, H.: Fünf Thesen zum Personalmanagement in der Wirtschaftskrise, in: Personal, Heft 9, 1994, S. 436-438.

Schulten, M. F.: Krisenmanagement, Berlin 1995.

Schulz von Thun, F.: Miteinander reden, Teil 1, Störungen und Klärungen, Hamburg 1993.

Schulz, R.: Externes Marketing – Internes Marketing: Analogien und Zusammenhänge, in: Bruhn, M./Meffert, H./Wehrle, F. (Hrsg.): Marktorientierte Unternehmensführung im Umbruch: Effizienz und Flexibilität als Herausforderungen des Marketing, Stuttgart 1994, S. 531-547.

Schulz, T.: Interne Kommunikation im Change Management. In 231 Tagen von „Dr. Abzock Borsig" zu „Der gute Mensch von Babcock", Vortragsunterlagen vom 21.09.2006, Praxisseminar zum Thema „Interne Kommunikation im Change-Management", veranstaltet von F.A.Z.-Insitut und Convent Seminare in Frankfurt am Main.

Schumpeter, J. A.: Theorie der wirtschaftlichen Entwicklung, 4. Aufl., Leipzig 1934.

Seiler, S.: Konflikte erkennen, überwinden und verhindern, in: io new management, Heft 7-8, 2003, S. 52-58.

Seiwert, L. J.: Kommunikation im Betrieb, in: Gaugler, E./Weber, W. (Hrsg.): Handwörterbuch des Personalwesens, 2. Aufl., Stuttgart 1992, Sp. 1126-1139.

Seiz, D.: Personalinformationssysteme, in: Strutz, H. (Hrsg.): Handbuch Personalmarketing, 2. Aufl., Wiesbaden 1989, S. 126-134.

Shannon, C. E./Weaver, W.: Mathematische Grundlagen der Informationstheorie, München 1976.

Shuchmann, M. L.: Die Kunst des Turnaround: Wie Sie ein Unternehmen retten, Düsseldorf 1995.

Sperka, M.: Richtig kommunizieren im Unternehmen: wer will das eigentlich?, in: Zeitschrift für Klientenzentrierung, Heft 1, 1996, S. 123-139.

Sperka, M.: Psychologie der Kommunikation in Organisationen: eine Einführung auf systemtheoretischer Grundlage, Essen 1996.

Staehle, W. H.: Krisenmanagement, in: Wittmann, W. (Hrsg.): Handwörterbuch der Betriebswirtschaft, 5. Aufl., Stuttgart 1993, Sp. 2452-2466.

Staehle, W. H.: Management. Eine verhaltenswissenschaftliche Perspektive, 8. Aufl., München 1999.

Stainer, A./Stainer, L.: Business performance – a stakeholder approach, in: International Journal of Business Performance Management, Vol. 1, No. 1, 1998, S. 2-12.

Starbuck, W. H./Nystrom, P. C.: Führung in Krisensituationen, in: Kieser, A. (Hrsg.): Handwörterbuch der Führung, 2. Aufl., Stuttgart 1995, Sp. 1386-1397.

Starke, H.: Krisen-PR, offen und offensiv an die Öffentlichkeit: Vorbeugen ist besser als Nachsorgen, in: Gablers Magazin, Heft 10, 1993, S. 51-52.

Stauss, B.: Internes Marketing, in: Tietz, B. (Hrsg.): Handwörterbuch des Marketing, 2. Aufl., Stuttgart 1995, Sp. 1045-1056.

Steinmann, H./Löhr, A.: Unternehmensethik, in: Strutz, H. (Hrsg.): Handbuch Personalmarketing, 2. Aufl., Wiesbaden 1989, S. 423-432.

Steinmann, H./Löhr, A.: Ethik im Personalwesen, in: Gaugler, E./Weber, W. (Hrsg.): Handwörterbuch des Personalwesens, 2. Aufl., Stuttgart 1992, Sp. 843-852.

Steinmann, H./Löhr, A.: Unternehmungsethik, in: Frese, E. (Hrsg.): Handwörterbuch der Organisation, 3. Aufl., Stuttgart 1992, S. 2451-2463.

Stempfle, J.: Lenker oder Macher? Eine empirische Untersuchung zum Handeln von Führungskräften, in: Zeitschrift Führung + Organisation, 72. Jahrgang, Heft 3, 2003, S. 138-144.

Stoehlker, K. J.: KKK - Kommunikation als Kunst des Krisenmanagements, in: Der Organisator, Heft 3, 1996, S. 26-27.

Strohner, H.: Information, Wissen und Bedeutung. Eine Analyse systemischer Strukturen sprachlicher Kommunikation, in: Weingarten, R. (Hrsg.): Information ohne Kommunikation? Die Loslösung der Sprache vom Sprecher, Frankfurt am Main, 1990, S. 209-226.

Sywottek, C.: Die Vertrauensfrage, in: Brand Eins, Heft 6, 2005, S. 73-77.

Tannenbaum, R./Schmidt, W. H.: How to Choose A Leadership Pattern, in: Harvard Business Review, 36. Jg, 1958, S. 95-101.

Tauss, J./Kollbeck, J./Mönikes, J.: Einführung: Wege in die Informationsgesellschaft, in: Tauss, J./Kollbeck, J./Mönikes, J. (Hrsg.): Deutschlands Weg in die Informationsgesellschaft: Herausforderungen und Perspektiven für Wirtschaft, Wissenschaft, Recht und Politik,Baden-Baden 1996, S. 13-80.

Thiel, A.: Populäre Irrtümer des Konfliktmanagements, in: Personal, Heft 10, 2003, S. 50-51.

Thießen, F.: Börse: Wie wirken Gerüchte?, in: Die Bank, Heft 7, 2005, S. 8-13.

Thom, N./Zaugg, R. J.: Die Unternehmenskrise als Auslöser für Change- und Innovationsmanagement, in: Feldbauer-Durstmüller, B./Schlager, J. (Hrsg.): Krisenmanagement – Sanierung – Insolvenz: Handbuch für Banken, Management, Rechtsanwälte, Steuerberater, Wirtschaftsprüfer und Unternehmensberater, Wien 2002, S. 351-369.

Titscher, S.: Kommunikation als Führungsinstrument, in: Kieser, A. (Hrsg.): Handwörterbuch der Führung, 2. Aufl., Stuttgart 1995, Sp. 1309-1318.

Titscher, S.: Konflikte als Führungsproblem, in: Kieser, A. (Hrsg.): Handwörterbuch der Führung, 2. Aufl., Stuttgart 1995, Sp. 1330-1337.

Tittel, S.: Coca Cola: Kalt erwischt, in: PR-Magazin, Heft 8, 1999, S. 44-45.

Trilling, S.: Business Television in der Mitarbeiterkommunikation bei Fusionen, Lohmar; Köln 2000.

Uhlenbruck, W.: Krise, Konkurs, Vergleich und Sanierung als neue Aufgabe der Betriebswirtschaft, in: Bratschitsch, R.: Unternehmenskrisen – Ursachen, Frühwarnung, Bewältigung, Stuttgart 1981, S. 173-214.

Ulrich, P.: Unternehmenskultur, in: Wittmann, W. (Hrsg.): Handwörterbuch der Betriebswirtschaft, 5. Aufl., Stuttgart 1993, Sp. 4351-4366.

Ulrich, P.: Führungsethik, in: Kieser, A. (Hrsg.): Handwörterbuch der Führung, 2. Aufl., Stuttgart 1995, Sp. 562-573.

Ulrich, P.: Führungsethik, in: Korff, W.; u.a. (Hrsg.): Handbuch der Wirtschaftsethik, Bd. IV: Ausgewählte Handlungsfelder, Gütersloh 1999, S. 230-248.

Ulrich, P./Kaiser, M.: Das Unternehmen, ein guter Bürger. Corporate Citizenship im Zeichen gesamtgesellschaftlicher Mitverantwortung, in: new management, Nr. 12, 2001, S. 25-31.

Ulsamer, L.: Krisenkommunikation: "Das Undenkbare denken", in: Information der Internationalen Treuhand AG, Heft 107, Basel 2000, S. 32-43.

Vahs, D.: Unternehmenswandel und Widerstand, in: io management, Nr. 12, 1997, S. 18-24.

Vogelsang, G.: Unternehmenskrisen – Hauptursachen und Wege zu ihrer Überwindung, in: zfbf, Jg. 40, Heft 2, 1988, S. 100-111.

Wagenhofer, A.: Unternehmenssanierung, in: Wittmann, W. (Hrsg.): Handwörterbuch der Betriebswirtschaft, 5. Aufl., Stuttgart 1993, S. 4380-4391.

Wagner, G. R. (Hrsg.): Unternehmensführung, Ethik und Umwelt: Hartmut Kreikebaum zum 65. Geburtstag, Wiesbaden 1999.

Watzlawick, P./Beavin, J. H./Jackson, D.: Menschliche Kommunikation: Formen, Störungen, Paradoxien, 1. Aufl., Bern u.a. 1969.

Weiand, A./Kopfer, B.: Interne Kommunikation bei der Fusion von Deutscher BP und Veba Oel/Aral, in: Personalführung, Heft 7, 2006, S. 50-57.

Weibler, J.: Personalführung, München 2001.

Weingarten, R.: Information ohne Kommunikation?, in: Weingarten, R. (Hrsg.): Information ohne Kommunikation? Die Loslösung der Sprache vom Sprecher, Frankfurt am Main 1990, S. 7-17.

Wever, U. A.: "Der Mensch im Mittelpunkt" – auch in Krisenzeiten?, in: Personalführung, Heft 2, 1994, S. 138-143.

Wiedemeyer, G. R.: Mitarbeiterinformation, in: Strutz, H. (Hrsg.): Handbuch Personalmarketing, 2. Aufl., Wiesbaden 1989, S. 637-646.

Wiget, C.: Zeit für eine neue Ethik? Die neue Legitimitätskrise, in: Personalführung, Heft 12, 2002, S. 22-24.

Winterstein, H.: Mitarbeiterinformation: Informationsmaßnahmen und erlebte Transparenz in Organisationen, 2. Aufl., München und Mering 1998.

Wischermann, C./Borscheid, P./Ellerbrock, K.-P. (Hrsg.): Unternehmenskommunikation im 19. und 20. Jahrhundert: neue Wege der Unternehmensgeschichte, Dortmund 2000.

Wissmeier, U. K.: Corporate Identity, in: Tietz, Bruno (Hrsg.): Handwörterbuch des Marketing, 2. Aufl., Stuttgart 1995, Sp. 389-402.

Witte, E.: Die Unternehmenskrise – Anfang vom Ende oder Neubeginn?, in: Bratschitsch, R.: Unternehmenskrisen – Ursachen, Frühwarnung, Bewältigung, Stuttgart 1981, S. 7-24.

Witte, E.: Effizienz der Führung, in: Kieser, A. (Hrsg.): Handwörterbuch der Führung, 2. Aufl., 1995, Sp. 263-276.

Wittmann, W.: Unternehmung und unvollkommene Information, Köln 1959.

Wittschier, B.: Konflikte frühzeitig erkennen und lösen, in: Gablers Magazin, Heft 4, 1998, S. 33-35.

Wolf, J.: Organisation, Management, Unternehmensführung. Theorien und Kritik, Wiesbaden 2003.

Wollert, A.: Unternehmenskultur, in: Strutz, H. (Hrsg.): Handbuch Personalmarketing, 2. Aufl., Wiesbaden 1989, S. 433-442.

Wunderer, R./Grunwald, W.: Führungslehre, Band I: Grundlagen der Führung, Berlin u.a. 1980.

Zander, E.: Personalführung, in: Wagner, D./Zander, E./Hauke, C. (Hrsg.): Handbuch der Personalleitung: Funktionen und Konzeptionen der Personalarbeit im Unternehmen, München 1992, S. 45-79.

Zander, E./Halberstadt, G.: Mitarbeiterinformation als Führungsaufgabe. Rechtsgrundlagen – Instrumente – Erfahrungen, 4. Aufl., Köln 1995.

Zeithaml, V. A./Bitner, M. J.: Services marketing: integrating customer focus across the firm, 2. Aufl., Boston u.a. 2000.

Zentes, J.: Grundbegriffe des Marketing, 5. Aufl., Stuttgart 2001.

Zowislo, N./Schwab, H. Interne Kommunikation im Veränderungsprozess: Mitarbeiter gezielt informieren und erfolgreich einsetzen, Wiesbaden 2003.

AUSGEWÄHLTE VERÖFFENTLICHUNGEN

EUL VERLAG

PERSONAL, ORGANISATION UND ARBEITSBEZIEHUNGEN

Herausgegeben von Prof. Dr. Fred G. Becker, Bielefeld, und Prof. Dr. Walter A. Oechsler, Mannheim

Band 18
Christian Orth
Unternehmensplanspiele in der betriebswirtschaftlichen Aus- und Weiterbildung – Entwicklung eines Planspiels mit variabler Modellkomplexität
Lohmar – Köln 1999 • 248 S. • € 39,- (D) • ISBN 3-89012-648-0

Band 19
Hanno Stöcker
Leistungsbeurteilungsverfahren in deutschen Banken – Eine empirische Untersuchung
Lohmar – Köln 1999 • 272 S. • € 43,- (D) • ISBN 3-89012-670-7

Band 20
Monika Stricker
Personalabbau mit Perspektive – Ansätze zur Förderung der beruflichen Neuorientierung vor dem besonderen Hintergrund von Restrukturierungen
Lohmar – Köln 1999 • 360 S. • € 46,- (D) • ISBN 3-89012-695-2

Band 21
Sven Günther
Evaluation von Personalentwicklung on-the-job – Konzeptionelle Grundlagen einer integrativen Gestaltung
Lohmar – Köln 2001 • 284 S. • € 44,- (D) • ISBN 3-89012-839-4

Band 22
André Fleer
Der Leistungsbeitrag der Personalabteilung – Systematisierung und Ansätze zu dessen Beurteilung
Lohmar – Köln 2001 • 322 S. • € 46,- (D) • ISBN 3-89012-879-3

Band 23
Marc Kastner
Nutzenanalyse von Personalprogrammen – Betriebliche Berufsausbildung und Personalauswahl aus entscheidungstheoretischer Sicht
Lohmar – Köln 2001 • 310 S. • € 45,- (D) • ISBN 3-89012-884-X

Band 24
Thomas Peuntner
Einfluß des Arbeitsrechts auf Beschäftigungsentscheidungen
Lohmar – Köln 2002 • 424 S. • € 51,- (D) • ISBN 3-89012-926-9

Band 25
Lars Renner
Flexibilität durch individualisierte Arbeitsinhalte und Arbeitszeiten
Lohmar – Köln 2002 ♦ 326 S. ♦ € 49,- (D) ♦ ISBN 3-89012-988-9

Band 26
Lars Reichmann
Entgeltflexibilisierung – Betriebswirtschaftliche und rechtliche Möglichkeiten an Beispielen der IT-Branche
Lohmar – Köln 2002 ♦ 362 S. ♦ € 53,- (D) ♦ ISBN 3-89012-989-7

Band 27
Frank Bau
Anreizsysteme in jungen Unternehmen – Eine empirische Untersuchung
Lohmar – Köln 2003 ♦ 282 S. ♦ € 47,- (D) ♦ ISBN 3-89936-081-8

Band 28
Maike Gattermann-Kasper
Gestaltungsperspektiven von Telearbeit
Lohmar – Köln 2003 ♦ 292 S. ♦ € 48,- (D) ♦ ISBN 3-89936-085-0

Band 29
Christian Rafflenbeul-Schaub
Die Wahl der Lohnform für Verkäufer im Einzelhandel – Eine empirische Untersuchung
Lohmar – Köln 2003 ♦ 254 S. ♦ € 46,- (D) ♦ ISBN 3-89936-151-2

Band 30
Katja Hüfner
Anreizsysteme für Führungskräfte in multinationalen Unternehmungen – Eine Konzeptualisierung unter Berücksichtigung multinational-relevanter Einflussfaktoren
Lohmar – Köln 2003 ♦ 322 S. ♦ € 52,- (D) ♦ ISBN 3-89936-152-0

Band 31
Dirk Quermann
Führungsorganisation in Familienunternehmungen – Eine explorative Studie
Lohmar – Köln 2004 ♦ 298 S. ♦ € 48,- (D) ♦ ISBN 3-89936-199-7

Band 32
Frank Schlein
Die marktorientierte Organisation einer virtuellen Unternehmung
Lohmar – Köln 2004 ♦ 362 S. ♦ € 54,- (D) ♦ ISBN 3-89936-207-1

Band 33
Karsten Huffstadt
Personal und Arbeit im CRM-Geschäftsmodell
Lohmar – Köln 2004 ♦ 286 S. ♦ € 48,- (D) ♦ ISBN 3-89936-262-4

Band 34
Lars W. Mitlacher
Zeitarbeit in Deutschland und den USA – Eine vergleichende Analyse von Einflussfaktoren auf die Nutzung von Zeitarbeit
Lohmar – Köln 2004 ♦ 456 S. ♦ € 59,- (D) ♦ ISBN 3-89936-298-5

Band 35
Hilmar F. Henselek
Gestaltung von Personalkosten und Personalinvestitionen in Unternehmungen
Lohmar – Köln 2005 • 436 S. • € 58,- (D) • ISBN 3-89936-334-5

Band 36
Anke Pankoke
Organisation der strategischen Führung von Energiekonzernen –
Fallstudien zu Führungsanspruch, Organisation und Restriktionen
Lohmar – Köln 2005 • 332 S. • € 53,- (D) • ISBN 3-89936-350-7

Band 37
Andreas Schmidt
Strategisch-aktienorientiertes Anreizsystem für Führungskräfte
Lohmar – Köln 2005 • 310 S. • € 52,- (D) • ISBN 3-89936-361-2

Band 38
Michael Gebauer
Unternehmensbewertung auf der Basis von Humankapital
Lohmar – Köln 2005 • 290 S. • € 49,- (D) • ISBN 3-89936-381-7

Band 39
Anja Karlshaus
Weiche HR-Kennzahlen im strategischen Personalmanagement
Lohmar – Köln 2005 • 370 S. • € 55,- (D) • ISBN 3-89936-391-4

Band 40
Markus Faller
Strategieorientierte HR Due Diligence
Lohmar – Köln 2006 • 324 S. • € 52,- (D) • ISBN 3-89936-421-X

Band 41
Mathias Friedrich Masberg
Implementierung der betrieblichen Altersversorgung in mittelständischen Unternehmen
Lohmar – Köln 2006 • 442 S. • € 58,- (D) • ISBN 3-89936-440-6

Band 42
Michael K. Ruppel
Vorstandsorganisation – Eine Betrachtung aus gruppenpsychologischer Perspektive
Lohmar – Köln 2006 • 276 S. • € 48,- (D) • ISBN 3-89936-471-6

Band 43
Nicole Richter
Interne Kommunikation im Krisenmanagement
Lohmar – Köln 2007 • 286 S. • € 48,- (D) • ISBN 978-3-89936-584-9

PLANUNG, ORGANISATION UND UNTERNEHMUNGSFÜHRUNG

Herausgegeben von Prof. Dr. Dr. h. c. Norbert Szyperski, Köln, Prof. Dr. Winfried Matthes, Wuppertal, Prof. Dr. Udo Winand, Kassel, Prof. (em.) Dr. Joachim Griese, Bern, PD Dr. Harald F. O. von Kortzfleisch, Kassel, Prof. Dr. Ludwig Theuvsen, Göttingen, und Prof. Dr. Andreas Al-Laham, Stuttgart

Band 111
Gerhard Sessing
Wissenstransfer zwischen Organisationen – Erfolgsfaktoren im interorganisationalen Lernprozess
Lohmar – Köln 2006 • 298 S. • € 49,- (D) • ISBN 3-89936-458-9

Band 112
Kai-Christian Muchow
Strategischer Wandel in Professional Service Firms – Eine prozeßorientierte Untersuchung am Beispiel deutscher Rechtsanwaltskanzleien
Lohmar – Köln 2006 • 314 S. • € 52,- (D)
ISBN-13: 978-3-89936-488-0 • ISBN-10: 3-89936-488-0

Band 113
Stefan Wittenberg
Gestaltung interner Märkte in Unternehmensnetzwerken
Lohmar – Köln 2006 • 256 S. • € 47,- (D)
ISBN-13: 978-3-89936-500-9 • ISBN-10: 3-89936-500-3

Band 114
Andreas Roß
Wertsteigerung durch Netzwerkkompetenz – Konzeption und praktisches Vorgehen
Lohmar – Köln 2006 • 300 S. • € 49,- (D)
ISBN-13: 978-3-89936-522-1 • ISBN-10: 3-89936-522-4

Band 115
Klaus-Philipp Koepff
Institutionelles Krisenmanagement – Ein empirischer Vergleich von Inhouse- und Interim-Management
Lohmar – Köln 2007 • 274 S. • € 48,- (D) • ISBN 978-3-89936-574-0

WIRTSCHAFTSINFORMATIK

Herausgegeben von Prof. Dr. Dietrich Seibt, Köln, Prof. Dr. Hans-Georg Kemper, Stuttgart, Prof. Dr. Georg Herzwurm, Dresden, Prof. Dr. Dirk Stelzer, Ilmenau, und Prof. Dr. Detlef Schoder, Köln

Band 50
Rolf G. Poluha
Anwendung des SCOR-Modells zur Analyse der Supply Chain – Explorative empirische Untersuchung von Unternehmen aus Europa, Nordamerika und Asien
2., überarbeitete Auflage
Lohmar – Köln 2006 • 544 S. • € 65,- (D)
ISBN-13: 978-3-89936-509-2 • ISBN-10: 3-89936-509-7

Band 51
Edeltraud Günther, Susann Kaulich, Lilly Scheibe, Wolfgang Uhr, Claudia Heidsieck, Jürgen Fröhlich
Leistung und Erfolg im betrieblichen Umweltmanagement – Die Software EPM-KOMPAS als Instrument für den industriellen Mittelstand zur Umweltleistungsmessung und Erfolgskontrolle
Lohmar – Köln 2006 • 258 S. + CD-ROM • € 52,- (D) • ISBN 3-89936-462-7

Band 52
Konrad Walser
Auswirkungen des CRM auf die IT-Integration
Lohmar – Köln 2006 • 532 S. • € 65,- (D) • ISBN 3-89936-474-0

Band 53
Florian Kupsch
Framework zur dezentralen Integration systemübergreifender Geschäftsprozesse
Lohmar – Köln 2006 • 296 S. • € 49,- (D)
ISBN-13: 978-3-89936-518-4 • ISBN-10: 3-89936-518-6

Band 54
Mathias Petsch
Offenheit von Multiagentensystemen – Eine integrative Betrachtung unter Berücksichtigung technischer, systemischer, sozialer und organisatorischer Aspekte
Lohmar – Köln 2007 • 306 S. • € 49,- (D) • ISBN 978-3-89936-582-5

ELECTRONIC COMMERCE

Herausgegeben von Prof. Dr. Dr. h. c. Norbert Szyperski, Köln, Prof. Dr. Beat F. Schmid, St. Gallen, Prof. Dr. Dr. h. c. mult. August-Wilhelm Scheer, Saarbrücken, Prof. Dr. Günther Pernul, Regensburg, Prof. Dr. Stefan Klein, Münster, Prof. Dr. Detlef Schoder, Köln, und Prof. Dr. Tobias Kollmann, Kiel

Band 32
Nils Madeja
Corporate Success in Electronic Business – Results from an Empirical Investigation
Lohmar – Köln 2005 • 292 S. • € 49,- (D) • ISBN 3-89936-385-X

Band 33
Stefan Grasmugg
Mass Customization als strategische Anwendung des Electronic Business – Eine empirische Untersuchung zu Status, Determinanten und Erfolgswirksamkeit
Lohmar – Köln 2006 • 360 S. • € 54,- (D)
ISBN-13: 978-3-89936-482-8 • ISBN-10: 3-89936-482-1

Band 34
Claas Müller-Lankenau
Multikanalstrategien im stationären Einzelhandel – Eine empirische Untersuchung in der Konsumelektronikbranche
Lohmar – Köln 2007 • 368 S. • € 54,- (D) • ISBN 978-3-89936-575-7

Weitere Schriftenreihen:

UNIVERSITÄTS-SCHRIFTENREIHEN

- Reihe: Steuer, Wirtschaft und Recht
Herausgegeben von vBP StB Prof. Dr. Johannes Georg Bischoff, Wuppertal, Dr. Alfred Kellermann, Vorsitzender Richter (a. D.) am BGH, Karlsruhe, Prof. (em.) Dr. Günter Sieben, Köln, und WP StB Prof. Dr. Norbert Herzig, Köln

- Reihe: Rechnungslegung und Wirtschaftsprüfung
Herausgegeben von Prof. (em.) Dr. Dr. h. c. Jörg Baetge, Münster, Prof. Dr. Hans-Jürgen Kirsch, Münster, und Prof. Dr. Stefan Thiele, Wuppertal

- Reihe: Informationsmanagement und Unternehmensführung – Schriften des IMU, Universität Osnabrück
Herausgegeben von Prof. Dr. Uwe Hoppe, Prof. Dr. Bodo Rieger, Jun.-Prof. Dr. Frank Teuteberg und Prof. Dr. Thomas Witte

- Reihe: Controlling
Herausgegeben von Prof. Dr. Volker Lingnau, Kaiserslautern, und Prof. Dr. Albrecht Becker, Innsbruck

- Reihe: Schriften zu Kooperations- und Mediensystemen
Herausgegeben von Prof. Dr. Volker Wulf, Siegen, Prof. Dr. Jörg Haake, Hagen, Prof. Dr. Thomas Herrmann, Dortmund, Prof. Dr. Helmut Krcmar, München, Prof. Dr. Johann Schlichter, München, Prof. Dr. Gerhard Schwabe, Zürich, und Prof. Dr.-Ing. Jürgen Ziegler, Duisburg

- Reihe: Telekommunikation @ Medienwirtschaft
Herausgegeben von Prof. Dr. Dr. h. c. Norbert Szyperski, Köln, Prof. Dr. Udo Winand, Kassel, Prof. Dr. Dietrich Seibt, Köln, Prof. Dr. Rainer Kuhlen, Konstanz, Dr. Rudolf Pospischil, Bonn, Prof. Dr. Claudia Löbbecke, Köln, und Prof. Dr. Christoph Zacharias, Köln

- Reihe: E-Learning
Herausgegeben von Prof. Dr. Dietrich Seibt, Köln, Prof. Dr. Freimut Bodendorf, Nürnberg, Prof. Dr. Dieter Euler, St. Gallen, und Prof. Dr. Udo Winand, Kassel

- Reihe: InterScience Reports
Herausgegeben von Prof. Dr. Dr. h. c. Norbert Szyperski, Köln, PD Dr. Harald F. O. von Kortzfleisch, Kassel, und Prof. Dr. Dietrich Seibt, Köln

- Reihe: FGF Entrepreneurship-Research Monographien
Herausgegeben von Prof. Dr. Heinz Klandt, Oestrich-Winkel, Prof. Dr. Dr. h. c. Norbert Szyperski, Köln, Prof. Dr. Michael Frese, Gießen, Prof. Dr. Josef Brüderl, Mannheim, Prof. Dr. Rolf Sternberg, Hannover, Prof. Dr. Ulrich Braukmann, Wuppertal, und Prof. Dr. Lambert T. Koch, Wuppertal

- Reihe: Venture Capital und Investment Banking, Neue Folge
Herausgegeben von Prof. Dr. Klaus Nathusius

- Reihe: Technologiemanagement, Innovation und Beratung
Herausgegeben von Prof. Dr. Dr. h. c. Norbert Szyperski, Köln, vBP StB Prof. Dr. Johannes Georg Bischoff, Wuppertal, und Prof. Dr. Heinz Klandt, Oestrich-Winkel

- Reihe: Kleine und mittlere Unternehmen
Herausgegeben von Prof. Dr. Jörn-Axel Meyer, Flensburg

- Reihe: Wissenschafts- und Hochschulmanagement
Herausgegeben von Prof. Dr. Detlef Müller-Böling, Gütersloh, und Prof. Dr. Reinhard Schulte, Lüneburg

- Reihe: Forum Finanzwissenschaft und Public Management
Herausgegeben von Prof. Dr. Kurt Reding, Kassel, und PD Dr. Walter Müller, Kassel

- Reihe: Finanzierung, Kapitalmarkt und Banken
Herausgegeben von Prof. Dr. Hermann Locarek-Junge, Dresden, Prof. Dr. Klaus Röder, Regensburg, und Prof. Dr. Mark Wahrenburg, Frankfurt

- **Reihe: Marketing**
  Herausgegeben von Prof. Dr. Heribert Gierl, Augsburg, Prof. Dr. Roland Helm, Jena, Prof. Dr. Frank Huber, Mainz, und Prof. Dr. Henrik Sattler, Hamburg
- **Reihe: Marketing, Handel und Management**
  Herausgegeben von Prof. Dr. Rainer Olbrich, Hagen
- **Reihe: Kundenorientierte Unternehmensführung**
  Herausgegeben von Prof. Dr. Hendrik Schröder, Essen
- **Reihe: Produktionswirtschaft und Industriebetriebslehre**
  Herausgegeben von Prof. Dr. Jörg Schlüchtermann, Bayreuth
- **Reihe: Europäische Wirtschaft**
  Herausgegeben von Prof. Dr. Winfried Matthes, Wuppertal
- **Reihe: Katallaktik – Quantitative Modellierung menschlicher Interaktionen auf Märkten**
  Herausgegeben von Prof. Dr. Otto Loistl, Wien, und Prof. Dr. Markus Rudolf, Koblenz
- **Reihe: Quantitative Ökonomie**
  Herausgegeben von Prof. Dr. Eckart Bomsdorf, Köln, Prof. Dr. Wim Kösters, Bochum, und Prof. Dr. Winfried Matthes, Wuppertal
- **Reihe: Internationale Wirtschaft**
  Herausgegeben von Prof. Dr. Manfred Borchert, Münster, Prof. Dr. Gustav Dieckheuer, Münster, und Prof. Dr. Paul J. J. Welfens, Wuppertal
- **Schriftenreihe des Europäischen Instituts für Internationale Wirtschaftsbeziehungen**
  Herausgegeben von Prof. Dr. Wilfried Fuhrmann, Potsdam, und Prof. Dr. Paul J. J. Welfens, Wuppertal
- **Reihe: Industrieökonomik**
  Herausgegeben von Prof. Dr. Frank C. Englmann, Stuttgart, Prof. Dr. Mathias Erlei, Clausthal, Prof. Dr. Ulrich Schwalbe, Hohenheim, und Prof. Dr. Bernd Woeckener, Stuttgart
- **Reihe: Studien zur Dynamik der Wirtschaftsstruktur**
  Herausgegeben von Prof. Dr. Heinz Grossekettler, Münster
- **Reihe: Versicherungswirtschaft**
  Herausgegeben von Prof. (em.) Dr. Dieter Farny, Köln, und Prof. Dr. Heinrich R. Schradin, Köln
- **Reihe: Wirtschaftsgeographie und Wirtschaftsgeschichte**
  Herausgegeben von Prof. Dr. Ewald Gläßer, Köln, Prof. Dr. Josef Nipper, Köln, Dr. Martin W. Schmied, Köln, und Prof. Dr. Günther Schulz, Bonn
- **Reihe: Wirtschafts- und Sozialordnung: FRANZ-BÖHM-KOLLEG – Vorträge und Essays**
  Herausgegeben von Prof. Dr. Bodo B. Gemper, Siegen
- **Reihe: WISO-Studientexte**
  Herausgegeben von Prof. Dr. Eckart Bomsdorf, Köln, und Prof. (em.) Dr. Dr. h. c. Dr. h. c. Josef Kloock, Köln
- **Reihe: Europäisches Wirtschaftsrecht – Jean-Monnet-Schriftenreihe**
  Herausgegeben von Prof. Dr. Dieter Krimphove, Paderborn
- **Reihe: Rechtswissenschaft**

FACHHOCHSCHUL-SCHRIFTENREIHEN

- Reihe: Institut für betriebliche Datenverarbeitung (IBD) e. V. im Forschungsschwerpunkt Informationsmanagement für KMU
Herausgegeben von Prof. Dr. Felicitas Albers, Düsseldorf

- Reihe: FH-Schriften zu Marketing und IT
Herausgegeben von Prof. Dr. Doris Kortus-Schultes, Mönchengladbach, und Prof. Dr. Frank Victor, Gummersbach

- Reihe: Marketing-Praxis – Schriften des Instituts für kreatives Marketing
Herausgegeben von Prof. Dr. Jochem Müller, FH Ansbach

- Reihe: Medienmanagement
Herausgegeben von Prof. Dr. Thomas Breyer-Mayländer, Offenburg

- Reihe: FuturE-Business
Herausgegeben von Prof. Dr. Michael Müßig, Würzburg-Schweinfurt

- Reihe: Controlling-Forum – Wege zum Erfolg
Herausgegeben von Prof. Dr. Jochem Müller, Ansbach

- Reihe: Unternehmensführung und Controlling in der Praxis
Herausgegeben von Prof. Dr. Thomas Rautenstrauch, Bielefeld

- Reihe: Economy and Labour
Herausgegeben von EUR ING Prof. Dr.-Ing. Hans-Georg Nollau MBCS, Regensburg

- Reihe: Institut für Regionale Innovationsforschung (IRI)
Herausgegeben von Prof. Dr. Rainer Voß, Wildau

- Reihe: Interkulturelles Medienmanagement
Herausgegeben von Prof. Dr. Edda Pulst, Gelsenkirchen

PRAKTIKER-SCHRIFTENREIHEN

- Reihe: Transparenz im Versicherungsmarkt
Herausgegeben von *ASSEKURATA* GmbH, Köln

- Reihe: Betriebliche Praxis
Herausgegeben von vBP StB Prof. Dr. Johannes Georg Bischoff, Wuppertal

- Reihe: Regulierungsrecht und Regulierungsökonomie
Herausgegeben von Piepenbrock ♦ Schuster, Düsseldorf – Wien